计算机应用与职业技术实训系列

计算机应用基础

实训教程

周萍 编

西北工业大学出版社

【内容简介】本书是计算机应用与职业技术实训系列教材之一。主要内容包括计算机基础知识、Windows XP/Vista 操作系统、中文输入法、Word 2007、Excel 2007、PowerPoint 2007、常用工具软件、计算机网络和 Internet 的应用，最后结合实例介绍计算机在行业方面的应用。

本书通俗易懂，操作步骤叙述详细，既可作为计算机应用基础培训教材，也可供广大办公人员和专业设计者参考。

图书在版编目（CIP）数据

计算机应用基础实训教程/周萍编. —西安：西北工业大学出版社，2008.7（2016.6 重印）

（计算机应用与职业技术实训系列）

ISBN 978-7-5612-2417-5

Ⅰ. 计…　Ⅱ.王…　Ⅲ.电子计算机—技术培训—教材　Ⅳ. TP3

中国版本图书馆 CIP 数据核字（2008）第 097612 号

出版发行：西北工业大学出版社

通信地址：西安市友谊西路 127 号　邮编：710072

电　　话：(029) 88493844　88491757

网　　址：www.nwpup.com

电子邮箱：computer@nwpup.com

印 刷 者：陕西宝石兰印务有限责任公司

开　　本：787 mm×1 092 mm　1/16

印　　张：14

字　　数：372 千字

版　　次：2008 年 7 月第 1 版　2016 年 6 月第 5 次印刷

定　　价：28.00 元

前 言

计算机的日益普及，极大地改变了人们的工作和生活方式，越来越多的人在积极学习计算机知识，掌握相关软件的使用方法，努力与现代社会同步。其中更多的人学习计算机知识是为了进一步提高自身的职业能力和职业素质，以适应激烈的市场竞争和就业竞争。为了满足读者的实际需求，我们精心编写了这套“**计算机应用与职业技术实训系列**”教材。

本系列教材真正从便于广大读者学习计算机知识的目的出发，根据国家教育部最新颁布的计算机教学大纲及人事部、信息产业部、劳动和社会保障部对计算机职业技能培训的要求，结合作者多年的教学实践经验，在听取了广大计算机初学者的意见和建议的基础上编写而成。全套书**突出为职业教育量身定制的特色，满足就业技能的培训要求，以工作任务为导向，以培养职业能力为核心，以工作实践为目的**。在理论与实践紧密结合的基础上进一步把内容做“**精**”，把形式做“**活**”，既利于教师上课教学，又便于读者理解掌握，使读者用最少的时间和金钱去获得最多的知识，并能真正地应用于实际工作中。

本书内容

全书共分 9 章。第 1 章主要介绍计算机基础知识，包括计算机系统的组成、计算机的连接等；第 2 章介绍中文输入法；第 3 章介绍 Windows XP/Vista 操作系统，主要包括 Windows XP 的基础知识及基本操作等；第 4 章介绍文字处理软件 Word 2007，主要包括 Word 2007 的基本知识、基本操作以及页面设置和打印输出；第 5 章介绍电子表格软件 Excel 2007，即 Excel 2007 的基本知识、基本操作、公式和函数的输入以及工作表的打印；第 6 章介绍演示文稿软件 PowerPoint 2007；第 7 章介绍常用工具软件，即压缩软件 WinRAR 的使用、图像浏览软件以及音频和视频播放软件的使用和操作；第 8 章介绍计算机网络和 Internet，包括 Internet 的基本知识、信息的搜索与下载、邮件的发送和接收等；第 9 章是行业应用实例。

特色展示

☑ 完整的教学体系和规范的课程安排，切合职业培训需要

本书是一本体系完整的计算机职业培训教材，选材全面，编排讲究，适合作为计算机职业应用教学用书，也可作为各大中专院校计算机相关专业教材，还可作为计算机爱好者的自学用书。

☑ **实例驱动的教学模式，紧扣教学需求**

本书将实用易学的实例贯穿于各个章节，不但可以调动读者的兴趣，而且能够最大限度地锻炼读者的实际动手能力。

☑ **图像解说的写作手法，便于学习掌握**

本书以活泼直观的图解方式来代替呆板的文字说明，使读者真正实现直观地学习，使学习的过程更加轻松有效。

☑ **结构设置合理，利于读者实践**

本书从最基础的理论知识讲起，在各章都附有重点提示，让读者有针对性地学习本章内容。同时在重点知识的讲解过程中配以“注意”“提示”“技巧”等精彩点拨，帮助读者更加准确地完成操作。

☑ **免费提供电子课件，活跃教学氛围**

为了方便教师开展教学活动，提高教学效果，我们将为教师免费提供与教材配套的电子课件及相关素材。

读者定位

☑ **需要接受计算机职业技能培训的读者**

☑ **全国各大中专院校相关专业的师生**

☑ **计算机初、中级用户**

由于编者水平有限，疏漏之处在所难免，敬请读者朋友批评指正。

编　者

目 录

第 1 章　计算机基础知识

计算机是 20 世纪最伟大的发明之一，自从第一台电子数字计算机诞生以来，计算技术的发展可谓日新月异，尤其是微型计算机的问世，打破了计算机只能由少数专业人员使用的局面。现代社会已成为信息的社会，微电子、通信以及数字技术的飞速发展，使得计算机及其应用渗透到社会的各个领域，成为人们日常生活和工作中必不可少的工具。所以，了解计算机、学会和更好地使用计算机已成为当今社会每一个人的迫切需求。

本章重点

（1）计算机概述。

（2）计算机系统的组成。

（3）微型计算机的组成。

（4）微型计算机的连接。

（5）多媒体计算机。

（6）计算机的启动与关闭。

（7）计算机中的数制与编码。

1.1　计算机概述

计算机是可以接受、处理、存储并输出信息的装置。由于计算机在计算、数据和信息管理方面比人工做得更快、更精确，从而迅速地进入到人们的工作和生活中。从 1946 年第一台电子计算机诞生以来，计算机学已成为发展最快的一门学科。尤其是微型计算机的出现，使得计算机成为人们学习和工作中必不可少的工具。

1.1.1　计算机的发展历程

1946 年 2 月第一台全自动电子计算机 ENIAC（Electronic Numerical Integrator And Calculator）即“电子数字积分计算机”诞生了。这台计算机的诞生标志着电子计算机时代的到来，它的出现具有划时代的意义。经过 60 多年的不断发展，计算机的更新换代越来越快，并推动人类更快地向前发展。根据计算机所使用的电子元器件，一般将计算机的发展分为 4 个阶段。

1．第一代（1946～1957 年）：电子管计算机时代

第一代计算机（见图 1.1.1）的内部元件使用的是电子管。由于一部计算机需要几千个电子管，每个电子管都会散发大量的热量，因此，散热是一个令人头痛的问题。电子管的寿命最长只有 3 000 小时，计算机运行时常常发生由于电子管被烧坏

图 1.1.1　第一代计算机

而使计算机出现死机的现象。操作计算机的科学家常常不能判断计算机死机是由程序设计问题引起的，还是由电子管问题引起的。那时，输入和输出都是在打孔卡片上执行，速度很慢，程序是用机器语言编写的，编程也十分困难。第一代计算机主要用于科学研究和工程计算。

2．第二代（1958～1964 年）：晶体管计算机时代

晶体管比电子管小得多，不需要暖机时间，消耗能量较少，处理更迅速、更可靠。第二代计算机的程序语言从机器语言发展到汇编语言。接着，高级语言 FORTRAN 和 COBOL 相继开发出来并被广泛使用。这时，开始使用磁盘和磁带作为辅助存储器。第二代计算机的体积和价格都下降了，使用的人也多了起来，计算机工业得以迅速发展。第二代计算机主要用于商业、大学教学和政府机关。

3．第三代（1965～1970 年）：中小规模集成电路计算机时代

集成电路（Integrated Circuit，简称 IC）是做在晶片上的一个完整的电子电路，这个晶片比手指甲还小，却包含了几千个晶体管元件。第三代计算机的特点是体积更小、价格更低、可靠性更高、计算速度更快。第三代计算机的代表是 IBM 公司花了 50 亿美元开发的 IBM 360 系列。

4．第四代（1971 年至今）：大规模和超大规模集成电路计算机时代

第四代计算机使用的元件依然是集成电路，不过，这种集成电路已经大大改善，它包含着几十万到上百万个晶体管，人们称之为大规模集成电路（Large Scale Integrated Circuit，简称 LSI）和超大规模集成电路（Very Large Scale Integrated Circuit，简称 VLSI）。1975 年，美国 IBM 公司推出了个人计算机 PC（Personal Computer），从此，人们对计算机不再陌生，计算机开始深入到人类生活的各个方面。

中国的计算机事业创始于 20 世纪 50 年代中期。1956 年，国家制定了《1956—1967 年科学技术发展远景规划》，将“计算机技术的建立”列为紧急措施之一，并筹建中国科学院计算机技术研究所，该所分别于 1958 年和 1959 年研制出我国最早的计算机——103 小型数字计算机和 104 大型通用数字计算机。中国集成电路计算机的研究始于 1965 年。国防科技大学先后于 1983 年和 1992 年研制出巨型机银河系列；国家智能计算机研究开发中心于 1995 年研制出大规模并行计算机——曙光 1000；长城计算机公司与清华大学联合研制的 0520 机是国内最早的国产微型计算机。中国的微型计算机的装机量已从 1978 年的 500 台猛增到目前的几百万台。在中文信息处理方面的研究与开发工作取得了一系列重大成果。

1.1.2 计算机的分类

从计算机诞生至今，人们从不同的角度对计算机进行了分类，具体介绍如下。

1．按规模大小分

根据计算机的机器规模的大小、运算速度的快慢、主存储器容量的大小、系统性能的强弱以及价格等，可将计算机分为巨型机、大型机、中型机、小型机、微型机和工作站。

（1）巨型机。巨型机是指运算速度达到每秒亿次以上，功能最强、性能最好的计算机。主要应用于尖端科技和军事等领域。

（2）大、中型机。大、中型机是指运算速度达到每秒几千万次以上，通用性好、功能强大的计算机。主要应用于国家级科研机构。

（3）小型机。小型机是指运算速度达到每秒几百万次以上，结构简单、价格便宜、操作简便的计算机。主要应用于一般的中、小型机构。

（4）微型机。微型机也称为个人计算机，简称 PC 机或微机。是目前应用最广泛的机型，具有线路先进、小巧灵活、价格便宜、省电等优点。主要应用于一般的科研与设计机构以及普通高校等。

（5）工作站。工作站是介于微型机与小型计算机之间的一种高档微型机。它的主要特点是速度快、容量大、网络通信功能强、价格便宜等。它主要应用于图像处理、计算机辅助设计和办公自动化等方面。

2．按处理信息的形式分

从总体上讲，电子计算机可以分为模拟计算机和数字计算机。

（1）模拟计算机。模拟计算机是指对模拟变量进行操作的计算机，它处理的信息是以模拟量来表示的。

（2）数字计算机。数字计算机是指以“0”和“1”数字代码的数据形式来表示要处理的信息。通常所说的计算机即数字计算机。

3．按用途分

计算机按用途又分为通用计算机和专用计算机。

（1）通用计算机。通用计算机能够解决各类问题，具有较强的通用性。

（2）专用计算机。专用计算机是专为处理某些问题而设计的计算机。

1.1.3　计算机的特点

计算机是一种可以进行自动控制、具有记忆功能的现代化信息处理工具。它的主要特点是运算速度快、计算精确度高、具有记忆和逻辑推理功能等。

1．运算速度快

运算速度快是计算机最显著的特点。计算机采用存储程序设计思想，使得电子器件的快速性得到了充分的发挥，计算机的运算速度飞速提高，目前最快可达到每秒上百亿次。

2．计算精确度高

计算机的精确度取决于运算中的数字位数，位数越多越精确。目前普通的计算机就能达到十几位甚至几十位有效数字和计算精度，这是一般的计算工具无法相比的。

3．存储容量大

计算机能够把大量的数据和程序存入存储器，并能把处理的结果也保存在存储器中，当需要这些信息时，可以准确快速地把它们调出。

4．具有逻辑推理能力

计算机能在执行命令的过程中，自动根据上一步执行结果判断下一步该做什么，并可根据判断自动地决定以后要执行的命令。

5. 可靠性高

因为采用了大规模和超大规模的集成电路，所以现在的计算机可靠性非常高，可以自动连续地高速、准确计算，可以不分昼夜地工作而不发生故障，这是它与其他计算工具的本质区别。

正是因为计算机具有以上几方面的特点，才促进了计算机的快速发展和广泛应用。

1.2 计算机系统的组成

计算机是由若干相互区别、相互联系和相互作用的要素组成的有机整体。一个完整的计算机系统包括计算机硬件系统和计算机软件系统两大部分，其中硬件是计算机的物质基础，主要包括计算机本身和各种外部设备；软件主要包括系统软件和一些应用软件，软件在硬件的基础上发挥作用，两者相辅相成，协调工作，共同构成一个完整的计算机系统。计算机系统组成如图 1.2.1 所示。

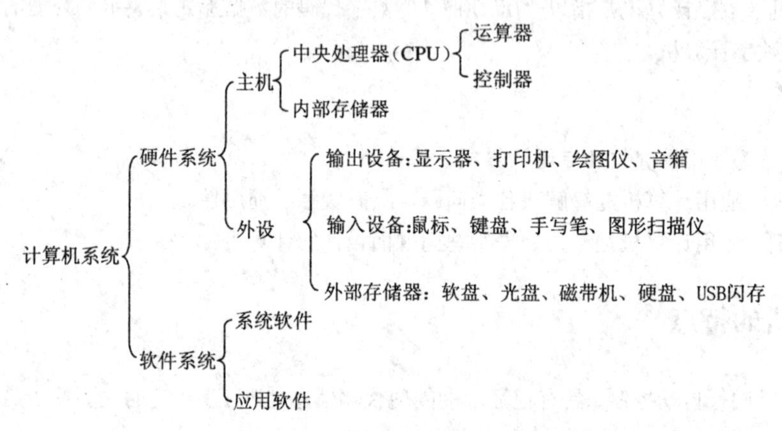

图 1.2.1 计算机系统组成

1.2.1 计算机硬件系统

计算机硬件系统是指构成计算机物理结构的电气、电子和机械部件，它是计算机系统的物质基础。1946 年美籍匈牙利数学家冯·诺依曼提出了计算机的硬件结构，其主要由运算器、控制器、存储器、输入设备和输出设备五大基本部件组成，其中以运算器为中心，其结构如图 1.2.2 所示。

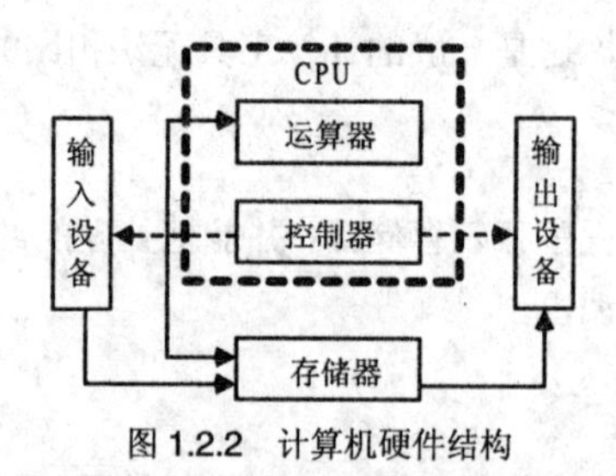

图 1.2.2 计算机硬件结构

提示 CPU（Central Processing Unit）是中央处理器的缩写，又称为微处理器。它是计算机的核心，包括运算器和控制器两部分（见图 1.2.2）。

1．运算器

运算器是计算机进行信息加工的场所，所有的算术运算和逻辑运算都在这里进行。算术运算指的是加、减、乘、除等各种数值运算；逻辑运算指进行逻辑判断、逻辑比较的非数值运算。

2．控制器

控制器是计算机的指挥控制中心，是计算机的“神经中枢”。它负责对控制信息进行分析，通过分析发出操作控制信号，控制数据的传输和加工；同时，控制器也接收其他部件送来的信号，协调计算机各个部件之间步调一致地工作。

3．存储器

存储器是计算机的存储与记忆的装置，用来存放计算机的数据与程序。通常存储器分为内存储器和外存储器。

4．输入设备

输入设备是计算机用来接收外界信息的设备，主要是把程序、数据和各种信息转换成计算机能识别接收的电信号，按顺序送往计算机内存中。目前常用的输入设备有键盘、鼠标、扫描仪等。

5．输出设备

输出设备是用来输出数据处理结果或其他信息的，主要是把计算机处理的数据、计算结果等内部信息按人们需要的形式输出。常见的输出设备有显示器、打印机、绘图仪等。

1.2.2　计算机软件系统

计算机软件是指在硬件设备上运行的各种程序及其相关的资料。软件可以充分扩展计算机的功能和提高计算机的效率，它是计算机系统的重要组成部分。计算机软件系统可分为系统软件和应用软件两大部分。

1．系统软件

系统软件是为管理、监控和维护微型计算机资源所设计的软件，包括操作系统、数据库管理系统、语言处理程序、实用程序等。

（1）操作系统。操作系统是为了提高计算机的利用率、方便用户使用计算机以及加快计算机响应时间而研制的一种软件。操作系统是最重要的系统软件，用户通过操作系统使用计算机，其他软件则在操作系统提供的平台上运行。离开操作系统，计算机将无法工作。操作系统可分为单道批处理系统、多道批处理系统、分时系统、实时系统、网络操作系统和分布式操作系统等。目前常用的系统软件主要有 Windows，UNIX，Linux 以及用于苹果机的 Mac OS 等，其中 Microsoft 公司的 Windows 最为著名，应用最为普遍。

（2）数据库管理系统。数据库管理系统是操纵和管理数据库的软件。数据库是在计算机存储设备上存放的相关数据的集合，这些数据是按一定的结构组织起来的，可服务于多个程序。常用的数据库有 Informix，DB2，Microsoft SQL Server，FoxPro，Oracle 和 MySQL 等。

（3）语言处理程序。计算机语言一般可分为机器语言、汇编语言和高级语言 3 类。对计算机语言进行有关处理的程序称为语言处理程序。

1）机器语言。机器语言是第一代语言，它使用直接为CPU识别的一组由二进制构成的指令码，也称“二进制代码语言”。用机器语言编写的程序执行效率高，但存在着编程费时、费力，不便记忆、阅读，无通用性等缺点。

2）汇编语言。汇编语言是第二代语言，它是一种符号化的机器语言，也称为符号语言。它更接近机器语言而不是人的自然语言，所以仍是一种面向机器的语言。

3）高级语言。高级语言是第三代语言，也就是算法语言。它与自然语言和数学语言更为接近，可读性强，编程方便，从根本上摆脱了语言对机器的依附，使之独立于机器，由面向机器改为面向过程，所以也称为面向过程语言。

常用的高级语言程序有如下几种：

FORTRAN：它是最早使用的高级语言，从20世纪50年代中期产生至今，在科学计算机领域，始终占据着重要地位。

LISP：它是20世纪60年代开发的一种表处理语言，适用于人工智能程序设计，具有较强的表达能力，可以进行符号演算、公式推导及其他各种非数值处理。

COBOL：它是通用的面向商业语言，主要用于进行数据处理、商业运作和管理。其特点是源程序接近英语口语。

BASIC：它是一种简单易学的计算机高级语言，尤其是Visual Basic语言，具有很强的可视化设计功能。这给用户在Windows环境下开发软件带来了方便，是重要的多媒体编程工具语言。

C：该语言具有灵活的数据结构和控制结构，表达力强，可移植性好。用C语言编写的程序兼有高级语言和低级语言两者的优点，表达清楚且效率高。C语言主要用于系统软件的编写，也适用于科学计算等应用软件的编制。

C++：该语言是在C语言基础上发展起来的。C++保留了结构化语言C的特征，同时融合了面向对象的能力，是一种有广泛发展前景的语言。

Java：该语言是近几年发展起来的一种新型的高级语言。它简单、安全、可移植性强，适用于网络环境的编程，多用于交互式多媒体应用。

（4）实用程序。实用程序是为其他系统软件和应用软件及用户提供某些通用支持的程序。典型的实用程序有诊断程序、调试程序、编辑程序等。

2. 应用软件

应用软件是微型计算机系统支持下的所有面对实际问题和具体用户群的应用程序的综合，主要包括数据处理软件、文字处理软件、表格处理软件、计算机辅助软件、实时处理软件、多媒体信息处理软件和网络应用软件等。例如Office，WPS，Photoshop，AutoCAD，3DS MAX，Flash，Winamp，E-mail，BBS等。

1.2.3 计算机的基本工作原理

启动计算机后，CPU首先执行固化在只读存储器（ROM）中的一小部分操作系统程序，这部分程序称为基本输入输出系统（BIOS）。它启动操作系统的装载过程，先把一部分操作系统从磁盘中读入内存，然后再由读入的这部分操作系统装载其他的操作系统程序。装载操作系统的过程称为自举或引导。操作系统被装载到内存后，计算机才能接收用户的命令，执行其他的程序，直到用户关机。

1. 指令和程序

指令就是计算机完成某个操作的依据。一条指令通常由操作码和操作数两部分组成。操作码指明该指令要完成的操作，如加、减、乘、除等。操作数是指参加运算的数或数所在的单元地址。一台计算机的所有指令的集合称为该计算机的指令系统。

使用者根据解决某一问题的步骤，选用一条条指令进行有序排列，计算机执行了这一指令序列，便可完成预定的任务。这一指令序列就称为程序。显然，程序中的每一条指令必须是所有计算机的指令系统中的指令，因此指令系统是提供给使用者编制程序的基本依据。指令系统反映了计算机的基本功能，不同的计算机其指令系统也不相同。

2. 计算机执行指令的过程

计算机执行指令一般分为两个阶段。首先，将要执行的指令从内存中取出送入 CPU，然后由 CPU 对指令进行分析译码，判断该条指令要完成的操作，向各部件发出完成该操作的控制信号，完成该指令的功能。当一条指令执行完成后就处理下一条指令。一般将第一阶段称为取指周期，第二阶段称为执行周期。

3. 程序的执行过程

计算机在运行时，CPU 从内存读出一条指令到 CPU 内执行，指令执行完，再从内存读出下一条指令到 CPU 内执行。CPU 不断地取指令、执行指令，这就是程序的执行过程。

总之，计算机的工作就是执行程序，即自动连续地执行一系列指令，而程序开发人员的工作就是编制程序。

1.3　微型计算机的组成

微型计算机自 20 世纪 70 年代初诞生以来，发展异常迅速，应用范围不断扩大，几乎遍及各行各业和多种应用领域。微型计算机简称为微机，是计算机大家族中的一员。虽然其中每一个成员的规模、性能、结构和应用等都不尽相同，但是它们的组成部分是相同的，由硬件系统和软件系统两大部分组成。硬件系统由运算器、控制器、存储器、输入设备和输出设备 5 部分组成；软件系统是由系统软件和应用软件两部分组成。

微机与传统的计算机没有本质的区别，不同之处在于，随着集成电路工艺的不断提高，微机把控制器和运算器集成在电路芯片上，统称为微处理器或中央处理器，是计算机的心脏。

从微机的外观看，它由主机、显示器、键盘和鼠标等组成，如图 1.3.1 所示。

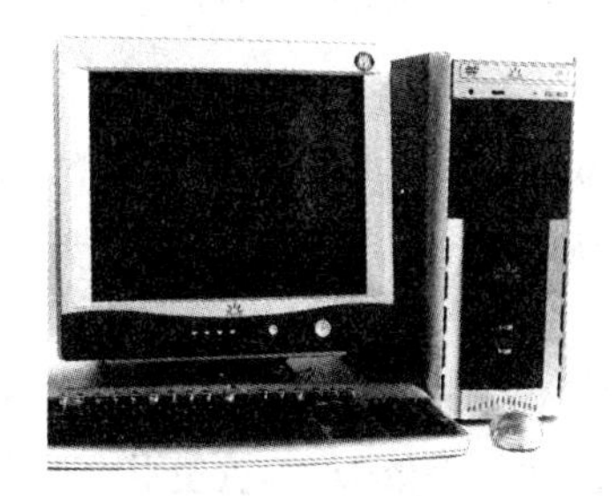

图 1.3.1　微型计算机硬件组成

1．主机

主机是计算机最重要的部分。主机是由主机板、CPU、内存、机箱和电源构成，如图 1.3.2 所示。主机箱内主要有主机板、CPU、硬盘驱动器、软盘驱动器、电源和显示适配器等。主机板是一块矩形的电路板，上面布满了各种电子元件、插槽和接口等。主机板将各种周边设备如 CPU、内存、扩展卡和硬盘等紧密地联系在一起。

图 1.3.2　主机

2．显示器

显示器是计算机必不可少的输出设备，它是人机交流的主要部件，用于显示文字、图表等各种信息。微型计算机的显示系统主要由显示器和显卡构成。显卡用于控制字符与图形在显示器屏幕上的输出，而显示器只是将显卡输出的信号显示出来。显示器的显示内容和显示质量的高低主要由显卡的性能决定，常见的有阴极射线管（CRT）显示器和液晶（LCD）显示器两种，如图 1.3.3 所示。

图 1.3.3　显示器

3．键盘

键盘是用户和计算机进行对话的工具，通过它可以输入各种数据和程序。最早的计算机键盘为 83 键键盘，而目前使用最多的是 101 键键盘。键盘按材料可划分为电容式、机械式和机电式等几种。用户可根据自己的习惯选用手感较好和使用较为方便的一种。键盘如图 1.3.4 所示。

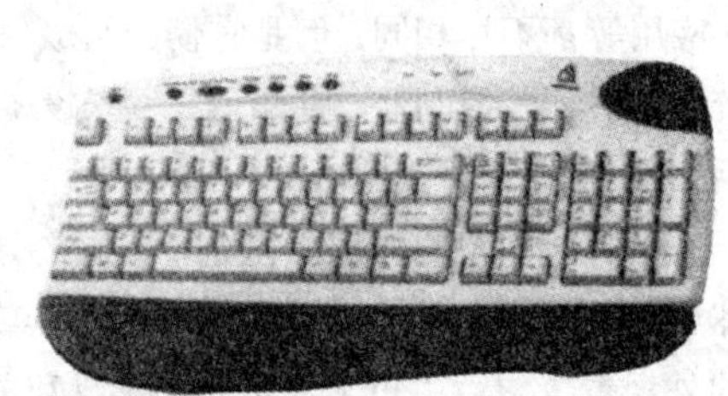

图 1.3.4　键盘

4．鼠标

近年来，另一种输入设备随着 Windows 的推广，使用也越来越广泛，这就是鼠标。常用的鼠标按工作原理分为机械式和光电式两种；按照按键的数目可以分为一键式、两键式和三键式 3 种，但使用最多的是两键式，用户可根据自己的习惯设置鼠标的按键功能，如左键用于选择菜单、工具，右键用于弹出快捷菜单。鼠标如图 1.3.5 所示。

鼠标以其成本低、使用方便的优点，已成为计算机使用者不可缺少的帮手。

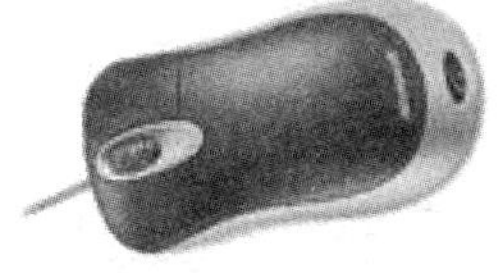

图 1.3.5　鼠标

5. 音箱

音箱的外形如图 1.3.6 所示，它通过声卡把声音传达出来，现在多媒体电脑的音响效果越来越接近于家庭影院的水准。

图 1.3.6　音箱

6. 打印机

打印机的外形如图 1.3.7 所示，与显示器一样，打印机也是一种常用的输出设备，它通过一根并口电缆与主机后面的并行口相连。打印机有 3 种类型：针式打印机、喷墨打印机和激光打印机，其性能是逐渐递增。

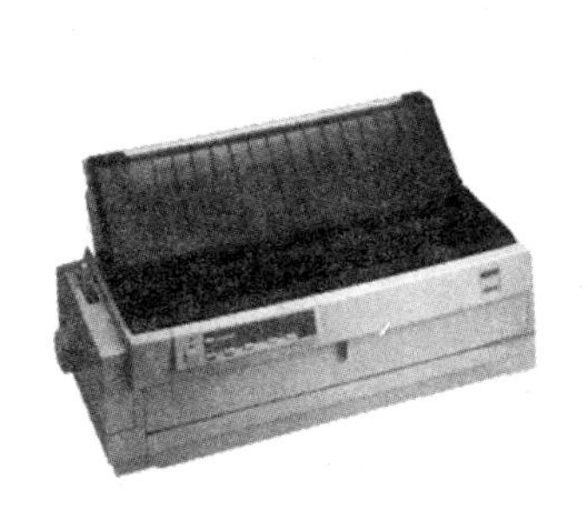

图 1.3.7　打印机

7. 扫描仪

扫描仪是常见的外部输入设备，可以将照片、文字、图像等扫描到计算机中，并以图片的格式进行保存，如图 1.3.8 所示。

图 1.3.8　扫描仪

1.4　微型计算机的连接

微型计算机的各个部分有机地连接起来后才能正常使用。在认识了计算机的各个部件之后，下面介绍各部件之间的连接。

机箱背面分布有电源插座和鼠标、键盘、显示器等外部设备的插孔，微型计算机的连接就是指通过各种数据线和电源线，将主机与显示器、键盘和鼠标等设备连接在一起。

1.4.1　主机与显示器的连接

显示器信号线一端是一只 D 形 15 针插头，应插在显卡的 D 形 15 孔插座上，插好后，用手拧紧插头上的固定螺栓，如图 1.4.1 所示。

图 1.4.1　连接显示器信号线

信号线连接好后，再连接显示器的电源线。根据显示器的不同，有的将电源连接到主板电源上，有的则直接连接到市电。

1.4.2　鼠标、键盘与主机的连接

在机箱背面找到鼠标和键盘的插孔（鼠标和键盘插孔一般并排在一起），然后将鼠标和键盘插头插入到插孔中，如图 1.4.2 所示。在插接时应注意鼠标和键盘卡口的方向，如果方向错误将插不进去，同时也可能损坏插头。

1.4.3　音箱与主机的连接

将音箱插头插入到机箱背面的音箱插孔中，即可将音箱与主机连接起来，如图 1.4.3 所示。

图 1.4.2　插入鼠标和键盘

图 1.4.3　音箱线的连接

1.4.4　机箱电源线连接

在机箱背面找到机箱电源插座，如图 1.4.4 所示，将机箱电源的插头插入该插座，机箱电源线的另一端插头与外部电源相连，如图 1.4.5 所示。

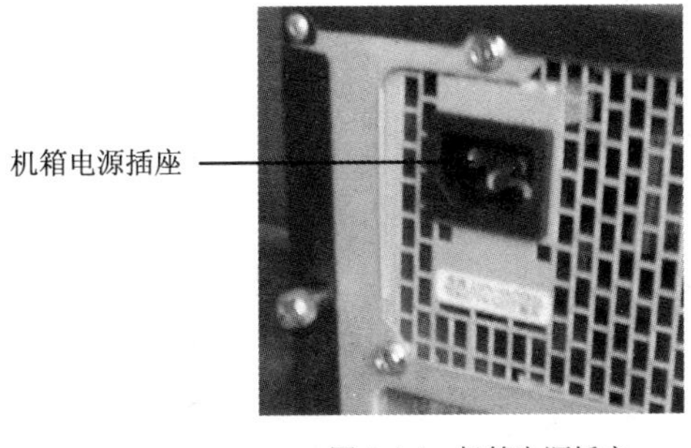

图 1.4.4　机箱电源插座

图 1.4.5　机箱电源的连接

在打开计算机电源之前，应该仔细检查电源插座是否插好；各接口是否插牢；注意各部件与主机之间信号线和电源线不要拉得太紧，以免受到外力牵引造成接触不良；一些过长的线可以用塑料绳将它们系住，以免过于混乱。

1.5　多媒体计算机

多媒体就是一种以交互方式将图形、图像、文本、音频、视频等多种媒体信息，经过计算机设备的综合处理，以单独或合成的形态表现出来的技术和方法。它在表现方式上直观、生动，容易被人们接受。多媒体是计算机在信息界的一个新的应用领域，从 20 世纪 90 年代开始是多媒体的发展和普及的时代，也是我国科技跻身于国际高科技的时代。

1.5.1　多媒体计算机及其组成

多媒体计算机要求具有综合处理声音、图形、文本信息的能力。为了达到满意的效果，高质量的多媒体系统要求具有三维图形、立体声音、真彩高保真运动画面；要求实时地处理数字化视频、音频信息，这对计算机是一个严峻的挑战。

而计算机今后应具有的新特点是：支持 DVD、支持通用串行总线 USB、全立体声、多监视器、具有 TV 功能、内存在 1GB 以上、集成化网络接口卡等。

多媒体计算机基本的硬件设备组成为：声频卡（Audio Card）、视频卡（Video Card）和光盘机（CD-ROM）。在普通的个人计算机上加上声频卡和 CD-ROM 就可成为最简单配置的多媒体计算机。

1.5.2　多媒体计算机标准

随着计算机技术的不断发展，多媒体 PC 机的标准也在不断提高。1990 年 Microsoft 公司创建了多媒体 PC 市场协会（Multimedia PC Marketing Council，MPC）。1991 年 Microsoft 公司发表了第一代多媒体 MPC 的规格标准，1993 年又发表了 MPC 2.0 的技术规格。而现在普通的多媒体 PC 机的配置已超过了这个标准，并且还在不断地发展。所以，现在MPC只规定了多媒体PC机的最低配置，凡超过这个标准的系统都可以用MPC标识。

1996年多媒体PC市场协会发表的MPC 4.0规格为：操作系统Windows 95；CPU Pentium133；内存容量16 MB；硬盘容量1.6 GB；CD-ROM速度10×；声卡16位；分辨率32位真彩；图像16位；软驱1.44 MB。

1.6 计算机的启动与关闭

计算机也可以说是我们日常的家用电器，和一般的家用电器一样，也要接通电源才能启动，不同的是计算机启动时需要经过各种测试及一系列的初始化。启动计算机的过程根据性质不同可分为冷启动、复位启动和热启动。

1.6.1 冷启动

冷启动即电脑在未通电的情况下接通电源来启动。具体操作步骤如下：

（1）接通电源。

（2）打开显示器电源开关。

（3）接通主机电源。

这时计算机开始启动，首先对内存开始自检，屏幕左上角不停地显示已检测的内存量，然后启动硬盘，计算机自动显示提示信息。

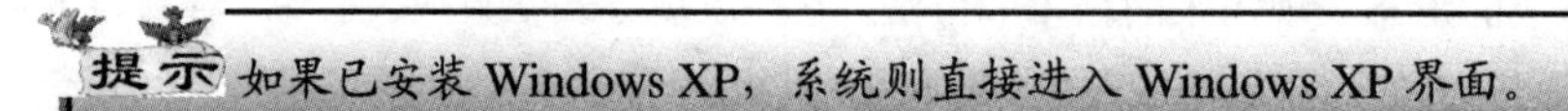
提示 如果已安装Windows XP，系统则直接进入Windows XP界面。

1.6.2 热启动

热启动是指计算机在已经通电情况下的启动。一般在计算机运行中出现死机、异常停机和死锁于某一状态时使用。其方法为一只手同时按下“Ctrl”键和“Alt”键不放，另一只手按下“Del”键，然后两手同时松开，计算机即可重新启动。

热启动是一种最迅速的启动方式，因为它省去了一些检测过程。但是，如果因为某些严重的错误使热启动无效时只能使用复位启动。

1.6.3 复位启动

复位启动过程类似于冷启动。为避免反复开关影响电脑的寿命，在热启动无效的情况下，可按主机箱前面的“Reset”按钮，即可重新启动。

1.6.4 关机

关机时，也要按一定的顺序进行操作，否则容易丢失数据。关闭计算机的具体操作步骤如下：

（1）关闭所有正在运行的应用程序。

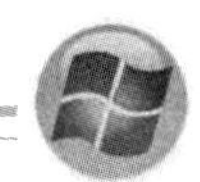

（2）选择开始→关闭计算机(U)命令，弹出如图 1.6.1 所示的对话框。

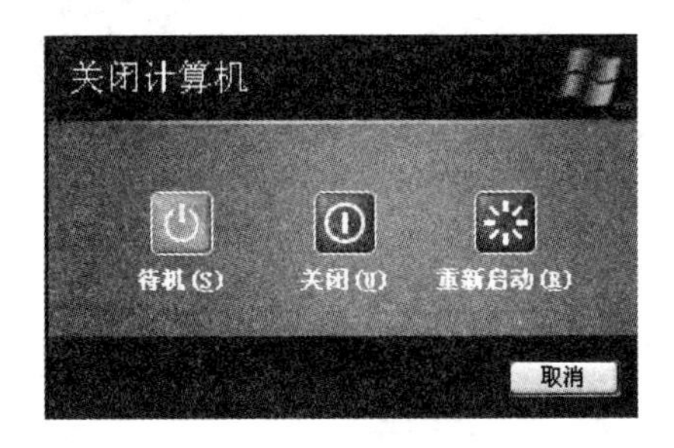

图 1.6.1　“关闭计算机”对话框

（3）在对话框中单击按钮，即可关闭计算机。

提示　如果屏幕上出现“现在您可以安全地关闭计算机了”，这时可直接按下主机箱上的“Power”按钮，安全关闭计算机。

1.7　计算机中的数制与编码

数制（Number System）是指用一组固定的数字和一套统一的规则来表示数据的方法。编码是采用少量的基本符号，选用一定的组合原则，以表示大量复杂多样的信息的技术。计算机是处理信息的工具，任何信息必须转换成二进制形式的数据后才能由计算机进行处理、存储和传输。

1.7.1　计算机常用数制

计算机内部一律采用二进制存储数据和进行运算。为了书写、阅读方便，用户可以使用十进制、八进制、十六进制形式表示一个数，但不管采用哪种形式，计算机都要把它们变成二进制数存入计算机内部并以二进制方式进行运算，再把运算结果转换为十进制、八进制、十六进制，并通过输出设备输出为人们习惯的进制形式。下面主要介绍与计算机有关的常用的几种进位计数制。

1．二进制

习惯使用的十进制数由 0，1，2，3，4，5，6，7，8，9 这 10 个不同的符号组成，每一个符号处于十进制数中不同的位置时，它所代表的实际数值是不一样的。例如 1999 可表示成

$$1\times 1\,000+9\times 100+9\times 10+9\times 1=1\times 10^3+9\times 10^2+9\times 10^1+9\times 10^0$$

该式中每个数字符号的位置不同，它所代表的数值也不同，这就是经常所说的个位、十位、百位、千位……的意思。二进制数和十进制数一样，也是一种进位计数制，但它的基数是 2，数中 0 和 1 的位置不同，它所代表的数值也不同。例如二进制数 1101 表示十进制数 13，如下所示：

$$(1101)_2=1\times 2_3+1\times 2_2+0\times 2_1+1\times 2_0=8+4+0+1=(13)_{10}$$

一个二进制数具有以下两个基本特点：

（1）两个不同的数字符号，即 0 和 1。

（2）逢二进一。

2. 十进制

具有 10 个不同的数码符号 0，1，2，3，4，5，6，7，8，9，其基数为 10。十进制数的特点是逢十进一。例如：

$$(1011)_{10}=1\times10^3+0\times10^2+1\times10^1+1\times10^0$$

3. 八进制

具有 8 个不同的数码符号 0，1，2，3，4，5，6，7，其基数为 8。八进制数的特点是逢八进一。例如八进制数 1101 表示十进制数 521，如下所示：

$$(1011)_8=1\times8^3+0\times8^2+1\times8^1+1\times8^0=(521)_{10}$$

4. 十六进制

具有 16 个不同的数码符号 0，1，2，3，4，5，6，7，8，9，A，B，C，D，E，F，其基数为 16。十六进制数的特点是逢十六进一。例如十六进制数 1011 表示十进制数 4113，如下所示：

$$(1011)_{16}=1\times16^3+0\times16^2+1\times16^1+1\times160=(4\ 113)_{10}$$

如表 1.1 所示列出了 4 位二进制数与其他数制的对应关系。

在计算机中，一般在数字的后面用特定字母表示该数的进制。例如：

B——二进制，D——十进制（D 可省略），O——八进制，H——十六进制。

表 1.1　4 位二进制数与其他数制的对应关系

二进制	十进制	八进制	十六进制
0000	0	0	0
0001	1	1	1
0010	2	2	2
0011	3	3	3
0100	4	4	4
0101	5	5	5
0110	6	6	6
0111	7	7	7
1000	8	10	8
1001	9	11	9
1010	10	12	A
1011	11	13	B
1100	12	14	C
1101	13	15	D
1110	14	16	E
1111	15	17	F

5. 数位、基数和位权

在进位计数制中有数位、基数和位权 3 个要素，数位是指数码在一个数中所处的位置；基数是指在某种进位计数制中，每个数位上所能使用的数码的个数，例如二进制数的基数是 2，每个数位上所能使用的只有 0 和 1 两个数码；位权是指在某种进位计数制中，每个数位上的数码所代表的数值的大小，等于在这个数位上的数码乘上一个固定的数值，这个固定的数值就是此种进位计数制中该数位上的位权。数码所处的位置不同，代表的数的大小也不同。

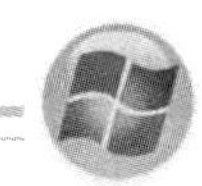

1.7.2　二进制数与十进制数之间的转换

用计算机处理十进制数，必须先把它转化成二进制数才能被计算机识别，同理，计算结果应转换成人们习惯的十进制数。这就产生了不同进制数之间的转换问题。

1．十进制整数转换成二进制整数

把被转换的十进制整数反复除以 2，直到商为 0，所得的余数（从末位起）就是这个数转换为二进制数的结果。简单地说，就是“除 2 取余法”。

例如，将十进制整数 $(58)_{10}$ 转换成二进制数的方法如下：

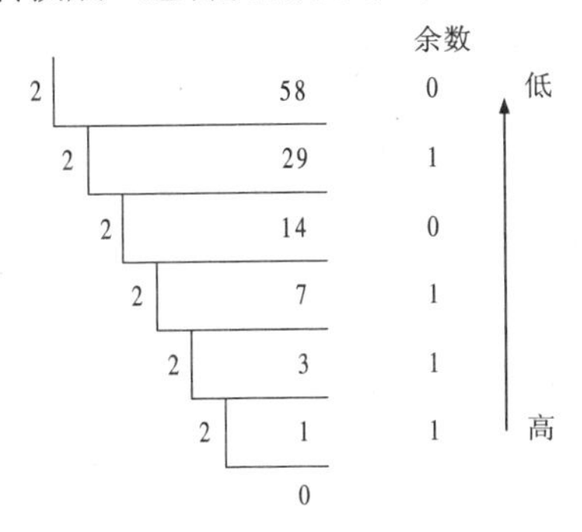

于是，$(58)_{10}=(111010)_2$。

提示　了解了十进制整数转换成二进制整数的方法以后，十进制整数转换成八进制整数或十六进制整数就很容易了。十进制整数转换成八进制整数的方法是“除 8 取余法”，十进制整数转换成十六进制整数的方法是“除 16 取余法”。

2．十进制小数转换成二进制小数

十进制小数转换成二进制小数是将十进制小数连续乘以 2，顺序选取进位整数，直到小数为零或满足精度要求为止，简称“乘 2 取整法”。

例如，将十进制小数 $(0.175)_{10}$ 转换成二进制小数（保留 4 位小数）的方法如下：

运算	整数	
0.175 × 2		高
0.350 × 2	0	↓
0.700 × 2	0	↓
1.400 × 2	1	↓
0.800	0	低

于是，$(0.175)_{10}=(0.0010)_2$。

提示　了解了十进制小数转换成二进制小数的方法以后，十进制小数转换成八进制小数或十六进制小数就很容易了。十进制小数转换成八进制小数的方法是“乘 8 取整法”，十进制小数转换成十六进制小数的方法是“乘 16 取整法”。

3．二进制数转换成十进制数

把二进制数转换为十进制数的方法是将二进制数按权展开求和即可。

例如，将（10110011.101）$_2$转换成十进制数的方法如下：

1×2^7　　代表十进制数 128

0×2^6　　代表十进制数 0

1×2^5　　代表十进制数 32

1×2^4　　代表十进制数 16

0×2^3　　代表十进制数 0

0×2^2　　代表十进制数 0

1×2^1　　代表十进制数 2

1×2^0　　代表十进制数 1

1×2^{-1}　　代表十进制数 0.5

0×2^{-2}　　代表十进制数 0

1×2^{-3}　　代表十进制数 0.125

于是，（10110011.101）$_2$=128+32+16+2+1+0.5+0.125=（179.625）$_{10}$。

1.7.3　字符编码

在计算机中，对非数值的文字和其他符号进行处理时，要对文字和符号进行数字化处理，即用二进制数编码来表示文字和符号。字符编码（Character Code）是用二进制编码来表示字母、数字以及特殊符号的。

在计算机系统中，有两种重要的字符编码方式：ASCII（美国信息交换标准代码）和 EBCDIC（扩充（展）的二进制编码的十进制交换码）。EBCDIC 码主要用于 IBM 的大型主机，ASCII 码用于微型机与小型机。

目前计算机中普遍采用的是 ASCII 码。ASCII 码有 7 位版本和 8 位版本，国际上通用的是 7 位版本，7 位版本的 ASCII 码有 128 个元素，如表 1.2 所示，只须用 7 个二进制位（2^7=128）表示，其中控制字符 34 个，阿拉伯数字 10 个，大小写英文字母 52 个，各种标点符号和运算符号 32 个。在计算机中，实际用 8 位表示一个字符，最高位为“0”。例如，字符 0 的 ASCII 码为 48，大写英文字母 A 的 ASCII 码为 65，空格的 ASCII 码为 32。有的计算机教材中的 ASCII 码用十六进制数表示，这样，数字 0 的 ASCII 码为 30H，字母 A 的 ASCII 码为 41H。

表 1.2　标准 ASCII 码字符集

十进制	十六进制	字　符	十进制	十六进制	字　符	十进制	十六进制	字　符	十进制	十六进制	字　符
0	00	NUL	32	20	SP	64	40	@	96	60	‘
1	01	SOH	33	21	!	65	41	A	97	61	a
2	02	STX	34	22	″	66	42	B	98	62	b
3	03	ETX	35	23	#	67	43	C	99	63	c
4	04	EOT	36	24	$	68	44	D	100	64	d

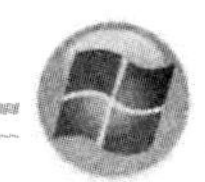

续表

十进制	十六进制	字　符	十进制	十六进制	字　符	十进制	十六进制	字　符	十进制	十六进制	字　符
5	05	ENQ	37	25	%	69	45	E	101	65	e
6	06	ACK	38	26	&	70	46	F	102	66	f
7	07	BEL	39	27	‘	71	47	G	103	67	g
8	08	BS	40	28	(	72	48	H	104	68	h
9	09	HT	41	29	)	73	49	I	105	69	i
10	0A	LF	42	2A	*	74	4A	J	106	6A	j
11	0B	VT	43	2B	+	75	4B	K	107	6B	k
12	0C	FF	44	2C	,	76	4C	L	108	6C	l
13	0D	CR	45	2D	-	77	4D	M	109	6D	m
14	0E	SO	46	2E	.	78	4E	N	110	6E	n
15	0F	SI	47	2F	/	79	4F	O	111	6F	o
16	10	DLE	48	30	0	80	50	P	112	70	p
17	11	DC1	49	31	1	81	51	Q	113	71	q
18	12	DC2	50	32	2	82	52	R	114	72	r
19	13	DC3	51	33	3	83	53	S	115	73	s
20	14	DC4	52	34	4	84	54	T	116	74	t
21	15	NAK	53	35	5	85	55	U	117	75	u
22	16	SYN	54	36	6	86	56	V	118	76	v
23	17	ETB	55	37	7	87	57	W	119	77	w
24	18	CAN	56	38	8	88	58	X	120	78	x
25	19	EM	57	39	9	89	59	Y	121	79	y
26	1A	SUB	58	3A	;	90	5A	Z	122	7A	z
27	1B	ESC	59	3B	:	91	5B	[	123	7B	{
28	1C	FS	60	3C	<	92	5C	\	124	7C	|
29	1D	GS	61	3D	=	93	5D	]	125	7D	}
30	1E	RS	62	3E	>	94	5E	^	126	7E	~
31	1F	US	63	3F	?	95	5F	_	127	7F	DEL

1.7.4　汉字编码

我国用户在使用计算机进行信息处理时，一般都会用到汉字，所以必须解决汉字的输入、输出以及处理等一系列问题，主要就是解决汉字的编码问题。

汉字是一种字符数据，在计算机中也要用二进制数表示，计算机要处理汉字，同样要对汉字进行编码，输入汉字要用输入码，存储和处理汉字要用机内码，汉字信息传递要用国标码，输出时要用输出码等，因此就要求有较大的编码量。

由于汉字是象形文字，数目比较多，常用的汉字就有 3 000～5 000 个，因此每个汉字必须有自己独特的编码形式。

（1）汉字机内码：汉字机内码简称内码，就是计算机在内部进行存储、传输和运算所使用的汉字编码。汉字机内码采用双字节编码方案，用两个字节（16 位二进制数）表示一个汉字的内码，对同一个汉字其机内码只有一个，也就是汉字在字库中的物理位置。

（2）汉字字形码：汉字字形码是汉字字库中存储的汉字字形的数字化信息，用于显示和打印。

目前大多是以点阵方式形成汉字，所以汉字字形码主要是指汉字字形点阵的代码。

字形点阵有 16×16 点阵、24×24 点阵、32×32 点阵、64×64 点阵、96×96 点阵和 128×128 点阵等。

（3）汉字国标码：国标码是中华人民共和国国家信息交换汉字编码，它是一种机器内部编码，可将不同系统使用的不同编码全部转换为国标码，以实现不同系统之间的信息交换。国标码收录了 7 445 个字符和图形，其中有 6 763 个汉字，各种图形符号（英文、日文、俄文、希腊文字母、序号、汉字制表符等）共 682 个。

国标码将这些符号分为 94 个区，每个区分为 94 个位。每个位置可放一个字符，每个区对应一个区码，每个位置对应一个位码，区码和位码构成区位码。

区位码 4 个区的分布如下：

1～15 区：图形符号区，1～9 区为标准区，10～15 区为自定义符号区。

16～55 区：一级汉字区。

56～87 区：二级汉字区。

88～94 区：自定义汉字区。

（4）汉字输入码：汉字输入码是为了将汉字通过键盘输入计算机而设计的代码，其表现形式多为字母、数字和符号。输入码的长度也不同，多数为 4 个字节。目前使用较普遍的汉字输入方法有拼音码、自然码、五笔字型码和智能 ABC 码等。

（5）汉字输出码：即字型码或汉字发生器码，主要作用是在输出设备上输出汉字的形状。汉字的字型即字模，是每个汉字的点阵信息，称为点阵字型代码。汉字点阵形式，就是将汉字作为二维图形处理，即把汉字置于网状方格内用黑白点来表示，有笔画通过的网点为黑色，否则为白色。每个黑白点为字符图形的最小元素，即位点。对于每个汉字字型，经过点阵数字化后的一串二进制数称为汉字的输出码。输出汉字的字体、字型要求各不相同。这种点阵式编码的特点就是占有内存空间大，结构简单，取字速度快，字型美观不失真，是目前汉字系统采用的汉字库的主要编码方式。

计算机中数据的存储单位包括位、字节和字。

（1）位。计算机中最小的数据单位是二进制的一个数位，简称位（b）或比特（bit）。

（2）字节。8 位二进制数称为一个字节，简称 B，即 1B=8 b，而且在计算机中信息存储以字节作为基本单位。常用的单位有千字节（KB）、兆字节（MB）和吉字节（GB），它们之间的换算关系如下：

1 KB=1 024 B

1 MB=1 024×1 024 B=1 024 KB

1 GB=1 024×1 024 KB=1 024 MB

（3）字。在计算机处理数据时，一次存取、处理和传输的数据长度称为字。字是一组二进制数码作为一个整体参加运算或处理的单位。一个字通常由两个字节构成，用来存放一条指令或一个数据。

小　　结

本章主要介绍了计算机的基础知识和计算机中的数制与编码，为以后学习计算机的各种操作奠定良好的基础。

过关练习一

一、填空题

1. 从________年世界上第一台电子数字计算机诞生以来，电子计算机在短短的半个多世纪里经历了________、________、________和________ 4 个阶段的发展。

2. 计算机系统是由________和________两大部分组成的，________是指计算机本身和各种外部设备，________是指系统软件和一些应用软件。

3. 计算机的结构由________、________、________、________和________ 5 部分组成。

二、选择题

1. 软盘是一种（　）。

（A）内存储器　　（B）外存储器

（C）只读存储器　　（D）半导体存储器

2. 计算机必须具备的最基本的输入设备是（　）。

（A）鼠标　　（B）键盘

（C）软驱　　（D）硬盘

3. 下面属于微型计算机输出设备的是（　）。

（A）鼠标　　（B）扫描仪

（C）键盘　　（D）打印机

4. 在计算机中，通常用英文单词“bit”来表示（　）。

（A）字　　（B）字长

（C）二进制位　　（D）字节

5. 十进制数 415 的二进制表示是（　）。

（A）111101110B　　（B）100000000B

（C）100010001B　　（D）110011111B

三、简答题

1. 简述计算机的发展过程和计算机的特点。
2. 计算机系统主要由哪些部分组成？
3. 计算机的内存与外存有哪些区别？你所知道的外存有哪些？
4. 简述不同进制数之间的转换方法。

四、上机操作题

1. 将鼠标和键盘以及显示器连接到电脑机箱上。
2. 试试计算机的热启动和关闭。

第2章　中文输入法

汉字输入是中文操作系统应具备的功能，Windows XP中文版为用户提供了强有力的中文环境支持，为用户在Windows XP中文版中处理中西文信息带来了极大的方便。用户可以根据自己工作的特点和需求选择所需的汉字输入法。

本章重点

（1）认识键盘和鼠标。

（2）指法训练。

（3）输入法的安装和选择。

（4）微软拼音输入法。

（5）五笔字型输入法。

（6）智能ABC输入法。

2.1　认识键盘和鼠标

在Windows XP环境下，主要依靠键盘和鼠标来进行操作，所以熟练地掌握键盘和鼠标的操作非常重要，本节就主要介绍键盘和鼠标的相关知识。

2.1.1　键盘简介

键盘是最常用的输入设备，使用它可以方便用户输入文字。标准键盘可以划分为主键盘区、功能键区、小键盘区和编辑键区4个区域，如图2.1.1所示。

图2.1.1　键盘

1．功能键区

功能键区位于键盘的最上面，它在不同的应用程序中具有不同的作用。例如，在通常情况下，按“Esc”键可以取消进行的操作；按“F1”键可以打开应用程序的帮助系统；在“我的电脑”中按“F5”键可以进行刷新操作。

2. 主键盘区

主键盘区在键盘中占有大块的区域，其中某些键的功能很强大。例如按“CapsLock”键可以切换大小写字母；按“BackSpace”键可以删除光标前的字符；按“Enter”键可以把当前执行的操作提交给系统。

3. 小键盘区

小键盘区位于键盘的最右边，使用这些键可以用来进行数学运算，例如“NumLock”键为数字锁定键。

4. 编辑键区

编辑键区位于打字键区和数字键区的中间，它们主要是完成一些基本的编辑操作。例如按“Delete”键可以删除光标所在处右边的字符，光标不动；按“Insert”键可以切换插入/改写状态；按“PageUp”和“PageDown”键可以用来向前或向后翻页。

另外，键盘区域中的各个键还可以组合使用，例如按“Alt+Tab”快捷键可以切换各个应用程序。常用的快捷键如表 2.1 所示。

表 2.1　常用快捷键

快捷键	功　能
Alt+F4	关闭当前窗口
Alt+Tab	选择性地切换打开应用程序
Alt+Esc	依次切换打开的应用程序
Shift+F10	打开快捷菜单
Ctrl+C	复制
Ctrl+V	粘贴
Ctrl+X	剪切
Ctrl+Z	撤销
Ctrl+A	全选
Ctrl+O	打开文件
Ctrl+N	新建文件
Alt+Enter	查看所需项目
Shift+Delete	永久删除文档

2.1.2 鼠标简介

鼠标也是一种常见的输入设备，它可以很方便地完成键盘的所有操作。例如使用鼠标可以完成菜单操作、应用程序的启动等。

从历史来看，鼠标的出现次序为机械式鼠标、光电机械式鼠标和光电式鼠标。由于机械式鼠标精度有限、传输速度慢及寿命短，所以基本上已被淘汰，并以同样价廉的光电机械式鼠标取而代之。光电机械式鼠标已经普及到我们生活中的每一台计算机中，但它无法避免机械磨损造成的损害。光电式鼠标诞生最晚，其中又分两种：旧式的光电鼠标需要使用专门的光栅做鼠标垫，不够方便，光栅磨损后也会影响精度；新式的光电鼠标采用一种名为“光眼”的新型光学引擎，精确度更高，可靠性更好。除了这些标准应用鼠标之外，鼠标家族还有几位兄弟，其中包括专业应用中的轨迹球（Track ball）以及其他用于不同用途的专业鼠标。

在 Windows XP 中，鼠标主要有以下几种操作：

（1）指向：移动鼠标到某一个对象上。

（2）单击：快速按下和释放鼠标左键，主要用于选择某个对象。

（3）右击：快速按下和释放鼠标右键，可以弹出快捷菜单或对象的帮助提示信息。

（4）双击：快速按下鼠标左键两次，可以用来启动某个应用程序或打开窗口。

（5）拖动：按住鼠标左键不放，拖动到一个新位置，可以将所选对象移动到新位置。

另外，鼠标指针在对不同的对象操作时，其指针形状也不一样，如表 2.2 所示为鼠标在不同的状态下的形状。

表 2.2　鼠标形状

形　状	状　态	形　状	状　态
I	输入文本或选择文本处	↔	水平调整
↖	选择窗口、菜单或控制标尺等	↘ ↗	沿对角线调整
⌛	等待状态	✥	移动
↖?	帮助选择	↑	候选
↖⌛	后台运行	☝	链接选择
↕	垂直调整	✎	手写

2.2　指法训练

指法练习是进行计算机操作的基础，要实现快速输入，必须使用规范的指法，这对初学者来说是一个非常重要的环节。

位于主键盘第 3 排的“A，S，D，F”以及“J，K，L，;”为基准键位，基准键位与手指的对应关系如图 2.2.1 和图 2.2.2 所示。

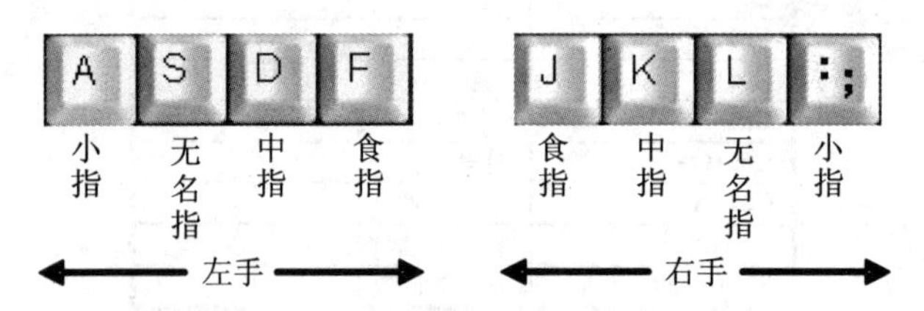

图 2.2.1　手指与基准键位的对应关系

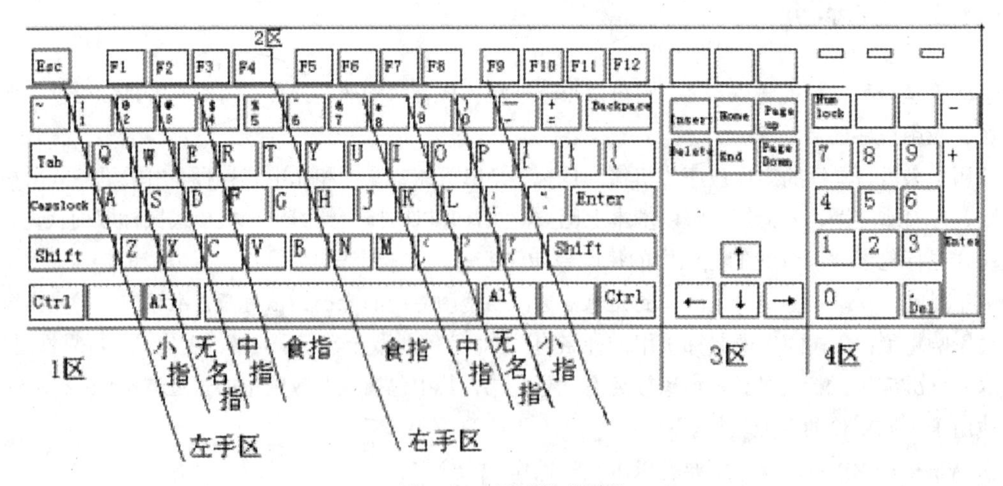

图 2.2.2　键盘指法分区图

1．左手分工

小指所击的键为：1，Q，A，Z 和左边的键。
无名指所击的键为：2，W，S，X。
中指所击的键为：3，E，D，C。
食指所击的键为：4，R，F，V，5，T，G，B。

2．右手分工

小指所击的键为：0，P，;，/和右边的键。
无名指所击的键为：9，O，L，.。
中指所击的键为：8，I，K，,。
食指所击的键为：7，U，J，M，6，Y，H，N。

3．大拇指

大拇指专门击打空格键。当左手击完字符键需要按空格键时，用右手大拇指击空格键；反之，则用左手大拇指击空格键。

2.2.1　击键方法

在击键时，主要用力的部位不是手腕，而是手指关节。击键时应注意以下几点：

（1）手腕保持平直，手臂保持静止，全部动作只限于手指部分。

（2）击键时，只允许伸出要击键的手指，击键完毕后必须立即归位，切忌触摸键或停留在非基本键键位上。

（3）以相同的节拍轻轻击键，不可用力过猛。以指尖垂直向键盘瞬间发力，并立即反弹，切不可用手指按键。

（4）用右手小指击打回车键后，右手立即返回基本键键位，返回时右手小指避免触摸“;”键。

2.2.2　打字姿势

正确的打字姿势非常重要，它是做到稳、准、快输入的前提。如果姿势不当，将会在输入的过程中产生疲劳，同时也会影响输入速度和正确率。正确的打字姿势如图 2.2.3 所示。

正确的打字姿势必须注意以下几点：

（1）坐姿端正，腰要挺直，肩部放松，两脚自然平放于地面。

（2）手腕平直，两肘微垂，轻轻贴于腋下，手指弯曲自然适度，轻松放在基准键位上。

（3）稿件放在键盘左侧，视线与显示器平行，尽量不要看键盘，以免视线往返增加视疲劳。

（4）坐椅高低适当。

图 2.2.3　正确的打字姿势示意图

2.3 输入法的安装和选择

安装输入法的具体操作步骤如下：

（1）在任务栏中的“输入法指示器”按钮上单击鼠标右键，从弹出的快捷菜单中选择 设置(E)... 命令，弹出 文字服务和输入语言 对话框，如图 2.3.1 所示。

（2）在该对话框中的“已安装的服务”选区中的列表框中列出了已经安装了的输入法，选择其中的一个输入法，单击 属性(P)... 按钮，可查看该输入法的属性；单击 添加(D)... 按钮，弹出 添加输入语言 对话框，如图 2.3.2 所示。

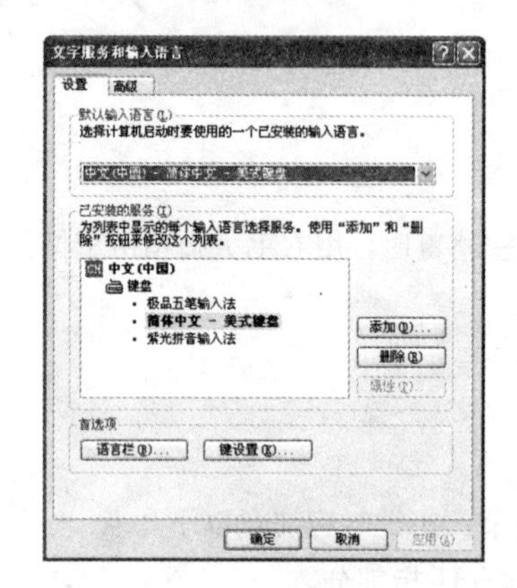

图 2.3.1 “文字服务和输入语言”对话框

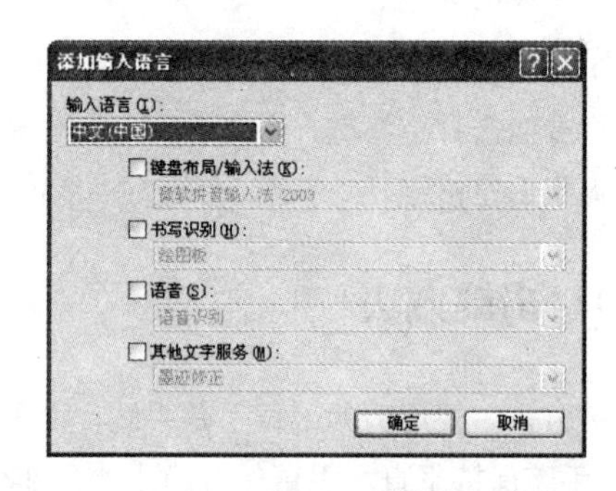

图 2.3.2 “添加输入语言”对话框

（3）在该对话框中选中 ☑键盘布局/输入法(K): 复选框，在其下拉列表中选择需要添加的输入法语言，单击 确定 按钮，即可对该输入法进行安装。

2.3.1 输入法的选择

用户在进行输入时，可以根据自己的需要选择输入法，其方法有使用鼠标和键盘两种。

1．使用鼠标选择

单击任务栏右下角的“输入法指示器”按钮，将弹出“输入法”下拉菜单，如图 2.3.3 所示，在其中选择所需的输入法即可。

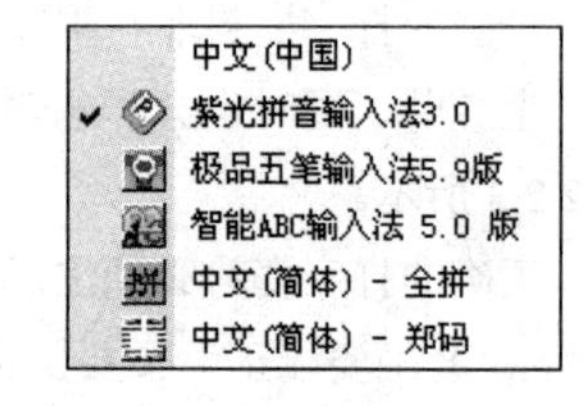

图 2.3.3 “输入法”下拉菜单

2．使用键盘选择

按快捷键“Ctrl+空格”可以在中英文之间进行切换；按快捷键“Ctrl+Shift”可在各种输入法之间进行切换。

2.3.2 软键盘的使用

单击“软键盘”按钮，在屏幕上会显示一个模拟键盘，也称为软键盘，如图 2.3.4 所示。单击软键盘上的按键，效果相当于按硬键盘上相应的按键。再单击此按钮即可关闭软键盘。

在“软键盘”按钮上单击鼠标右键，弹出“软键盘”快捷菜单，如图 2.3.5 所示，其中显示了 Windows XP 为用户提供的 PC 键盘、希腊字母、俄文字母、注音符号、拼音、日文平假名、日文片

假名、标点符号、数字序号、数学符号、单位符号、制表符、特殊符号等 13 种软键盘布局，单击需要的选项，即可改变软键盘的布局。

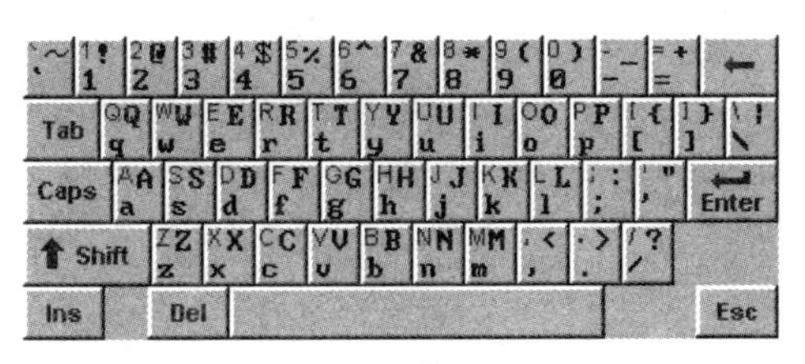

图 2.3.4　软键盘

PC 键盘	标点符号
希腊字母	数字序号
俄文字母	数学符号
注音符号	单位符号
拼　音	制表符
日文平假名	特殊符号
日文片假名	

图 2.3.5　“软键盘”快捷菜单

2.4　微软拼音输入法

微软拼音输入法采用基于语句的连续转换方式，可以不间断地输入整句汉字的拼音，而不必关心分词和候选，这样既保证用户思维流畅，又提高了用户的输入速度。

2.4.1　打开微软拼音输入法

打开微软拼音输入法的方法是在语言栏上单击“软键盘”按钮，弹出“中文输入法”下拉菜单，如图 2.4.1 所示。在该菜单中选择 微软拼音输入法 2003 命令，微软拼音输入法的词条将出现在语言栏中，如图 2.4.2 所示。

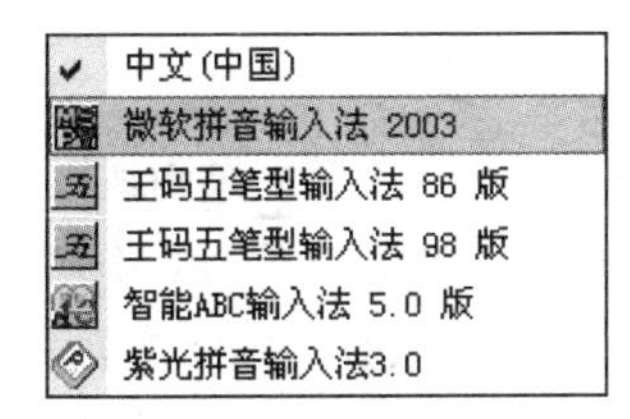

图 2.4.1　“中文输入法”下拉菜单

图 2.4.2　微软拼音输入法词条

2.4.2　输入拼音

用微软拼音输入法在 Word 文档中输入“中华人民共和国”，可以连续输入拼音，如图 2.4.3 所示。

在输入窗口中，虚线上的汉字是输入拼音后的转换结果，下画线上的字母是正在输入的拼音。用户可以按左右方向键定位光标来编辑拼音和汉字。

拼音下面是候选窗口，1 号候选用蓝色显示，是微软拼音输入法对当前拼音串转换结果的推测，如果正确，用户可以按空格键或者“1”键进行选择。其他候选列出了当前拼音可能对应的全部汉字或词组，用户可以按“PageDown”和“PageUp”键来翻页查看更多的候选内容。

2.4.3　确认输入

如果候选窗口中显示的蓝色字不是用户所需的字，则可以通过按键盘上的数字键来确定要输入的汉字。确定后按空格键或者回车键即可，如图 2.4.4 所示。

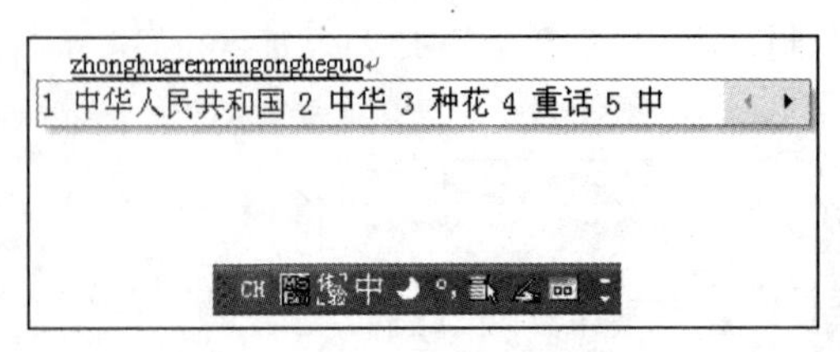

图 2.4.3　用微软拼音输入法输入汉字

中华人民共和国是我们的祖国

图 2.4.4　输入文字

2.5　五笔字型输入法

五笔字型输入法适合于专业录入人员使用，其主要优点是不需要拼音知识，重码率低，可以进行高速的输入。五笔字型输入法词汇量大，是目前输入法中速度最快、效率最高的一种汉字输入法。

1．笔画

笔画是构成汉字的最小单位，是一次写成的一个连续的线段。在对王码五笔 98 版进行编写时，将汉字分成 5 种笔画。

5 种笔画组成字根时，其间的关系可分为 4 种情况：单、散、连、交。单，即 5 种笔画的自身；散，是指组成字根的笔画之间有一定的间距，如三、八、心；连，是指组成字根的笔画之间是相连接的，可以是单笔与单笔相连，也可以是笔笔相连，如厂，人，尸，弓；交，是指组成字根的笔画是互相交叉的，如十、力、水、车；还有一种混合的情况，即一个字根的各笔画间既有连又有交或散，如农、禾。

汉字在书写时应该注意以下几点：

（1）两笔或两笔以上写成的，如“木”、“土”、“二”等不叫笔画，而叫笔画结构。

（2）一个笔画不能断开成几段来处理，如“里”，不能分解为“田、土”，而应分解为“日、土”。

五笔字型对笔画只考虑走向，而对笔画的长短和轻重不作要求，它将汉字分成横、竖、撇、捺和折 5 种基本笔画，分别以 1，2，3，4，5 作为代号，如表 2.3 所示列出了 5 种基本笔画以及运笔走向。

表 2.3　五笔字型 5 种基本笔画及代号

代　号	笔画名称	基本笔画	运笔走向
1	横	一	左→右
2	竖	丨	上→下
3	撇	丿	右上→左下
4	捺	丶	左上→右下
5	折	乙	带转折

（3）在表 2.3 中，将“提”归并到“横”类，“竖钩”归并到“竖”类，“点”归并到“捺”类，带“转折”的均归并到“折”类，如：“现”是“王”字旁，将“提”笔视为“横”；“利”的右边是“刂”，将末笔的“竖钩”视为“竖”；“村”是“木”字旁，将“点”笔视为“捺”。

2．字型

在所有的方块字中，五笔字型将其分为左右型、上下型和杂合型 3 种类型，并以 1，2，3 为顺序代号。字型是对汉字从整体轮廓上来区分的，这对确定汉字的五笔字型编码十分重要。

（1）1 型：左右型，在左右型汉字中又分为两类。

1）整个汉字有着明显的左右结构，如好、汉、码、轮。

2）整个字的 3 个部分从左到右并列，或者单独占据一边的一部分与另外两部分呈左右排列，如撇、侣、别。

（2）2 型：上下型，在上下型汉字中又分为两类。

1）整个汉字有着明显的上下结构，如吴、节、晋、思。

2）汉字的 3 个部分上下排列，或者单独占据的部分与另外两个部分上下排列，如掌、算、资。

（3）3 型：杂合型，当汉字的书写顺序没有简单明确的左右关系或上下关系时，都将其归为杂合型，如困、同、这、斗、飞、秉、函、幽、本、天、丹、戌。

3．书写顺序

在书写汉字时，可以按照先左后右，先上后下，先横后竖，先撇后捺，先内后外，先中间后两边和先进门后关门的规则进行书写。

2.5.1　汉字的拆分原则

五笔字型编码汉字的拆分遵循顺序拆分、取大优先、兼顾直观、能散不连、能连不交的原则。

1．书写顺序

在五笔字型输入法中，汉字的书写顺序与普通书写顺序是一致的，即先左后右，先上后下，先横后竖，先内后外，先中间后两边，先进门后关门，如：

新：（错）立、斤、木　　（对）立、木、斤

中：（错）丨、口　　（对）口、丨

2．取大优先

取大优先的原则可保证拆出的字根是最大的基本字根，如：

舌：（错）丿、十、口　　（对）丿、古

世：（错）一、凵、乙　　（对）廿、乙

3．兼顾直观

在拆分汉字时，为了使字根的特征明显易辨，有时要“牺牲”书写顺序和取大优先的原则，形成个别例外的情况，如：

国：（错）冂、王、丶、一　　（对）囗、王、丶

自：（错）亻乙、三　　（对）丿、目

4．能散不连

在拆出字根数相同的情况下，按“散”结构拆分比按“连”结构拆分优先，如：

矢、午：按上下型散结构处理，不按连结构处理。

5．能连不交

按“连”结构拆分比按“交”结构拆分优先，如：

未：（错）一、木　　（对）二、小

天：（错）二、人　　（对）一、大

2.5.2　五笔字型字根键盘

汉字输入是通过对键盘的操作而完成的，由于每个字根在构成汉字时的频率不同，而 10 个手指在键盘上的用力及灵活性又有很大区别，因此为了提高输入速度，五笔字型的字根键盘分配是将各个键位的实用频度和手指的灵活性结合起来，把字根代号从键盘中央向两侧依次按大小顺序排列。将使用频度高的字根排列到各区的中间位置，便于灵活性强的食指和中指操作。这样做便于用户掌握键位，从而提高击键效率。字根键盘如图 2.5.1 所示。

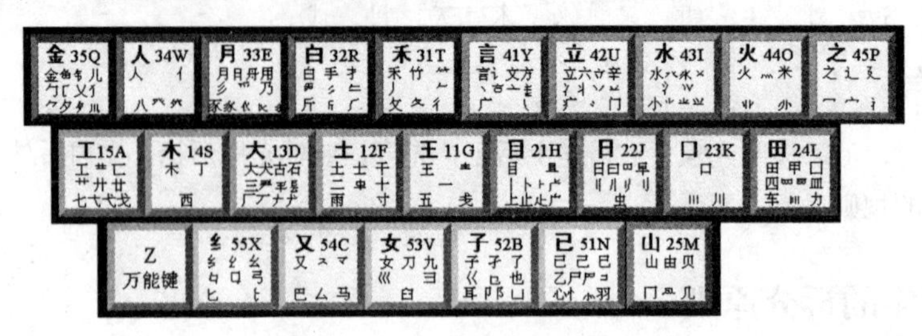

图 2.5.1　五笔字型字根键盘

字根是输入汉字的必要工具。在练习输入汉字之前，要记住这些字根及它们在键盘上的排列位置，对于初学者来说有一定的困难。但只要认真分析字根在键盘上的分布规律，掌握字根之间的联系，记住这些字根就不会显得太困难。首先应熟记各区位上的键名字根，然后根据键名字根及其联系，掌握其他字根，在反复输入练习中加深和巩固对字根的记忆。

将字根在键盘上进行分配时，首先考虑的是基本字根的首笔笔画代号，将所有字根分为横、竖、撇、捺、折 5 类，放在 5 个区上。各个区上有 5 个位，如何将同类字根分配在 5 个位上，这是字根键盘分配的第二个因素，这个因素既考虑各个字的组字频率，又考虑键盘的指法击键频率。使字根键位易于记住，击键效率便于提高。其记忆规则如下：

（1）基本字根与键名字根形态相近。如 G（11）键上的键名字根是“王”，形态相近的字根有“五”；键名字根为“大”的键上有“犬”；键名字根为“已”的键上有“已、己、尸”等。

（2）字根首笔代号与区号一致，次笔代号与位号一致。如“文、方、广”等字，首笔为点即捺，代号为“4”，次笔为横，代号为“1”，它们对应的区号为“4”，位号为“1”，故首、次笔代号与区位号一致。

（3）首笔代号与区号一致，笔画数目与位号一致。如字根“三”，首笔为横，代号为“1”，笔画数目为“3”，“三”的区位号为“13”。“一”、“ 刂”、“彡”、“灬”等字根也具有这一特性。

（4）与主要字根形态相近或有渊源。如字根“手”与“扌 ”在 R 键上；“夕”在 Q 键上；“四”和“皿”同在 L 键上。

另外，有一部分字根的键盘安排不符合上述几条原则，主要是考虑到某些键上有一定的字根数量，以降低另一些键的击键频率，便于提高录入速度。如“丁、力、心、车、乃、匕、巴、马”等字可以从相容性去分析。

2.5.3　字根键位和特点

五笔字型输入法把 130 多个字根分成 5 区 5 位，科学地排列在 25 个英文字母键上，便于记忆，也便于操作，其特点如下：

（1）每键平均分布 2～6 个基本字根，用一个具有代表性的字根为键名字。为了便于记忆，关于键名有一首“键名谱”：

1）（横）区：王、土、大、木、工

2）（竖）区：目、日、口、田、山

3）（撇）区：禾、白、月、人、金

4）（捺）区：言、立、水、火、之

5）（折）区：已、子、女、又、纟

（2）每一个键上的字根其形态与键名相似。

例如“王”字键上有一、五、戋、⺧、王等字根；“日”字键上有日、曰、早、虫等字根。

（3）单笔画基本字根的种类和数目与区位编码相对应，例如：

一、二、三这 3 个单笔画字根，分别安排在 1 区的第一、二、三位上。

丶、冫、氵、灬这 4 个单笔画字根，分别安排在 4 区的第一、二、三、四位上。

丨、刂、川这 3 个单笔画字根分别安排在 2 区的第一、二、三位上。

2.5.4　简码输入

为了提高输入速度，将常用汉字只取前边一个、两个或三个字根构成简码。简码分为一级简码、二级简码和三级简码 3 种。

1. 一级简码

一级简码即高频字，这类字只要击该字对应键一次再加击一次空格键，即可输入 25 个常用的汉字。高频字在键盘上的排列如下：

A—工	B—了	C—以	D—在	E—有
F—地	G—一	H—上	I—不	J—是
K—中	L—国	M—同	N—民	O—为
P—这	Q—我	R—的	S—要	T—和
U—产	V—发	W—人	X—经	Y—主

2. 二级简码

二级简码共有 25×25＝625 个，只要击其前两个字根加空格键即可，例如：

吧：口、巴（KC）

吕：口、口（KK）

3. 三级简码

三级简码由单字的前 3 个根字码组成，只要取前 3 个字根加空格键即可，例如：华。

全码：亻、七、十、刂（WXFJ）

简码：亻、七、十（WXF）

2.5.5　词语的输入

五笔字型中的词语主要包括双字词、三字词、四字词和多字词等。

1．双字词

分别取两个字的单字全码中的前两个字根代码，共为四码，例如：
机器：木几口口（SMKK）

2．三字词

前两个字各取其第一码，最后一个字取其前两码，共为四码，例如：
计算机：讠竹木几（YTSM）

3．四字词

每字各取其第一码，共为四码，例如：
程序设计：禾广讠讠（TYYY）

4．多字词

按“一、二、三、末”的规则，取第一、二、三及最末一个字的第一码，共为四码，例如：
中华人民共和国：口亻人口（KWWL）

2.5.6 识别码

当一个汉字只由2个或3个字根组成时，汉字输入需要考虑字型。这个时候，汉字输入除了要输入2～3个基本字根外，还需要输入一个识别码，这个识别码也叫末笔字型交叉识别码。它的作用主要是减少重码，以达到快速输入汉字的目的。如旮、旭的字根编码都为“VJ”，洒、汀、沐的字根编码都为“IS”，只用2～3个字根，还不能将它们区分开来时，这就要用到识别码。

识别码的构成：将汉字的末笔笔画代号作为十位，汉字的字型代号作为个位，所构成的两位数就是识别码，如表2.4所示。

表2.4　识别码

字型 笔形		左右型	上下型	杂合型
		1	2	3
横	1	11（一）	12（二）	13（三）
竖	2	21（丨）	22（刂）	23（川）
撇	3	31（丿）	32（彳）	33（彡）
捺	4	41（丶）	42（冫）	43（氵）
折	5	51（乙）	52（《）	53（巛）

确定一个汉字识别码的方法为看汉字的末笔笔画，用来确定识别码的区，例如：
位：末笔画为横，在1区；字型为左右型，在1位；识别码为11，即“G”键。
美：末笔画为捺，在4区；字型为上下型，在2位；识别码为42，即“U”键。
无：末笔画为折，在5区；字型为杂合型，在3位；识别码为53，即“V”键。
进：末笔画为竖，在2区；字型为杂合型，在3位；识别码为23，即“K”键。
识别码判别说明如下：

（1）对于“进”，“延”等带“走之”的字，它们的末笔规定为“走之”上面部分的末笔，例如处、过、近的末笔分别为“丶”，“丶”，“丨”。

（2）对于“困”、“回”等带方框的汉字，识别时的末笔为方框中间部分的末笔，例如国、因、固的末笔分别为“丶”，“㇏”，“一”。

（3）对于“九”、“刀”、“力”、“匕”4 个字根用于识别码时，规定用“折笔”作为末笔，例如花、厉、历的末笔均视为“乙”。

（4）注意连结构的汉字为杂合型，例如义、太、久等。

2.5.7　重码、容错码和 Z 键

如果一个编码对应着几个汉字，这几个汉字称为重码字；几个编码对应一个汉字，这几个编码称为汉字的容错码。

在五笔字型中，当输入重码时，重码字显示在提示行中，较常用的字排在第一个位置上，并用数字指出重码字的序号，如果所需的是第一个字，可继续输入下一个字，该字自动跳到当前光标位置。其他重码字要用数字键加以选择。例如“嘉”字和“喜”字，都分解为 FKUK 四个键，因“喜”字较常用，它排在第一位，“嘉”字排在第二位。若需要“嘉”字则要用数字键“2”进行选择。

在汉字中有些字的书写顺序往往因人而异，为了能适应这种情况，允许一个字有多种输入码，这些字就称为容错码。在五笔字型编码输入方案中，容错码有 500 多种。

从五笔字型的字根键位图可见，26 个英文字母键只用了 A～Y 共 25 个键，Z 键用于辅助学习。当对汉字的拆分一时难以确定用哪一个字根时，不管它是第几个字根都可以用 Z 键来代替。借助于软件，把符合条件的汉字都显示在提示行中，再按相应的数字键，则可将相应的汉字输入到当前光标位置处。在提示行中还显示了汉字的五笔字型编码，可以作为学习编码规则之用。

2.6　智能 ABC 输入法

智能 ABC 输入法（又称标准输入法）是中文 Windows XP 中自带的一种汉字输入方法，由北京大学的朱守涛先生发明。它具有简单易学、快速灵活的特点，深受用户的青睐。但是在日常使用中，许多用户并没有真正掌握这种输入法，而仅仅是将其作为拼音输入法的翻版来使用，使其强大的功能与便利远未能得到充分的发挥。

2.6.1　智能 ABC 的启动和退出

启动 Windows XP 之后，按“Ctrl+Shift”快捷键，即可启动智能 ABC 词条，如图 2.6.1 所示。

图 2.6.1　智能 ABC 词条

按钮可以用来切换中文和西文输入状态。单击标准按钮，可以切换到双打状态，如果再次单击该按钮，又可以切换到标准状态。按钮可以用来切换全角和半角状态。按钮可以用来切换中文和西文标点符号。按钮可以打开或关闭软键盘。

退出智能 ABC 的方法是按“Ctrl+Shift”快捷键。用户还可以按“Ctrl+空格”快捷键在中文和英文之间进行切换。

2.6.2 智能 ABC 的特点

智能 ABC 是一种以拼音为主的智能化键盘输入法，它具有以下特点。

1. 内容丰富的词库

智能 ABC 词库以《现代汉语词典》为蓝本，同时增加了一些新的词汇，共收集了大约 60 000 词条。其中单音节词和词素占 13%；双音节占着很大的比重，约有 66%；三音节占 11%；四音节占 9%；五至九音节占 1%。词库不仅具有一般的词汇，也收入了一些常见的方言词语和专门术语，例如人名有“周恩来”等中外名人 300 多人；地名有国家名称及大都市、名胜古迹和中国的城市、地区一级的地名，约 2 000 条。此外还有一些常用的口语和数词、序数词。熟悉词库的结构和内容，有助于恰当地断词和选择效率高的输入方式。

2. 允许输入长词或短句

智能 ABC 允许输入 40 个字符以内的字符串。这样，在输入过程中，能输入很长的词语甚至短句，还可以使用光标移动键进行插入、删除、取消等操作。

3. 自动记忆功能

智能 ABC 输入法能够自动记忆词库中没有的新词，这些词都是标准的拼音词，可以和基本词汇库中的词条一样使用。智能 ABC 允许记忆的标准拼音词最大长度为 9 个字。下面是使用自动记忆功能的两个注意事项：

（1）刚被记忆的词并不立即存入用户词库中，至少要使用 3 次后才有资格长期保存。新词栖身于临时记忆栈之中，如果记忆栈已经满时它还不具备长期保存资格，就会被后来者挤出。

（2）刚被记忆的词具有高于普通词语频度，但低于常用词频度的特点。

4. 强制记忆

强制记忆一般用来定义那些非标准的汉语拼音词语和特殊符号。利用该功能，只需输入词条内容和编码，就可以直接把新词加到用户库中。允许定义的非标准词最大长度为 15 字；输入码最大长度为 9 个字符；最大词条容量为 400 条。其具体操作步骤如下：

（1）在打开的词条上，单击鼠标右键，在弹出的快捷菜单中选择 定义新词... 命令，弹出 定义新词 对话框，如图 2.6.2 所示。

（2）在“添加新词”选项区域中的“新词”文本框中输入需要添加的新词，例如输入“中文输入技术”，在“外码”文本框中输入“zwsrjs”。

（3）单击 添加(A) 按钮，即可添加到“浏览新词”列表框中。

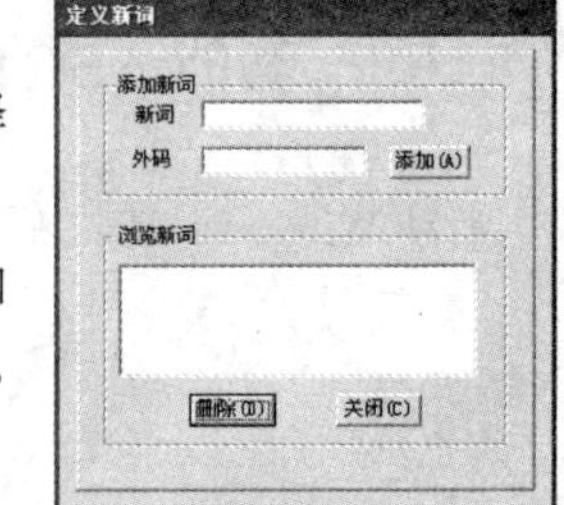

图 2.6.2 “定义新词”对话框

（4）如果要删除当前添加的新词，则单击 删除(D) 按钮。

（5）所有的设置完成后，单击 关闭(C) 按钮即可完成强制记忆功能，如果用户下次要输入“中文输入技术”，只需输入拼音“zwsrjs”就可以了。

5. 频度调整和记忆

所谓的频度，是指一个词的使用频繁程度。智能 ABC 标准词库中同音词的排列顺序能反映它们的频度，但对于不同使用者来说，可能有较大的偏差。所以，智能 ABC 设计了词频调整记忆功能。用户如果要对其进行设置，可以直接在词条上单击鼠标右键，在弹出的快捷菜单中选择 属性设置...

命令，弹出智能ABC输入法设置对话框，如图 2.6.3 所示。

在“功能”选项区域中选中☑词频调整复选框，单击确定按钮。这时词频调整就开始自动进行，而不需要人为干预。其中主要调整的是默认转换结果，因为系统把具有最高频度值的候选词条作为默认转换结果。

6. 中文输入状态下输入英文

在输入拼音的过程中（“标准”或“双打”方式下），如果需要输入英文，可以不必切换到英文方式，只需键入“v”作为标志符，后面跟随要输入的英文。

例如：在输入过程中希望输入英文“office”，键入“voffice”，如图 2.6.4 所示，完成后按空格键即可。

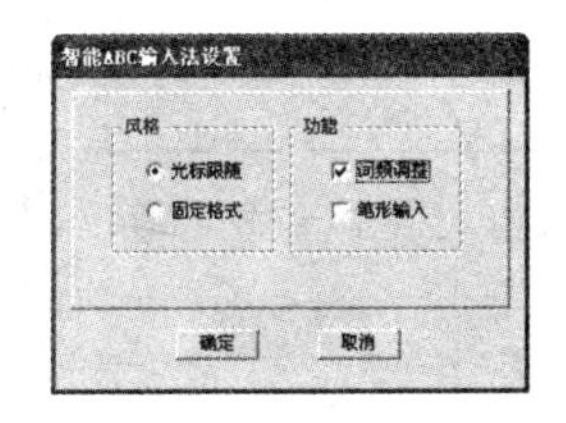

图 2.6.3　“智能 ABC 输入法设置”对话框

图 2.6.4　输入英文

2.6.3　智能 ABC 的特殊输入

智能 ABC 的特殊输入包括 23 个高频字的输入、中文数量词简化输入和笔形输入等。

1. 25 个高频字的输入

有 25 个单音节词可用“简拼+空格键”输入。它们是：

Q=去　W=我　R=日　T=他　Y=有　I=一　P=批

A=啊　S=是　D=的　F=发　G=个　H=和　J=就　K=可　L=了

Z=在　X=小　C=才　B=不　N=年　M=没　ZH=这　SH=上　CH=出

用户记住上述高频字，就可以迅速地提高输入速度。

2. 中文数量词简化输入

智能 ABC 提供阿拉伯数字和中文大小写数字的转换能力，对一些常用量词也可简化输入。“i”为输入小写中文数字的前导字符。“I”为输入大写中文数字的前导字符。

例如：输入“i6”，则键入“六”；输入“I6”，则键入“陆”。

如果输入“i”或“I”后直接按中文标点符号键，则转换为“一”+该标点或“壹”+该标点。

例如：输入“i6\”，则键入“六、”；输入“I6\”，则键入“陆、”。

3. 以词定字输入单字

以词定字的方法是使用“[”和“]”两个键。词语拼音+“[”取前一个字，词语拼音+“]”取后一个字。例如：要得到“数字”的“数”字，输入“shuzi[”，即可得“数”字；要得到“字”字，输入“shuzi]”，即可得到“字”字。

4．输入特殊符号

输入 GB—2312 字符集 1～9 区各种符号的简便方法为：在标准的状态下，按字母 v+数字（1～9），即可获得该区的符号。例如：要输入“※”，可以键入“v1”，再按若干下“+”，如图 2.6.5 所示，这时就可以找到这个符号。

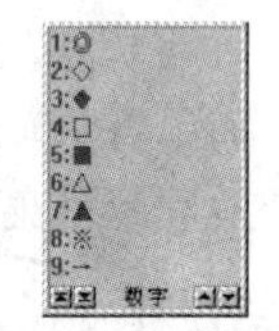

图 2.6.5　输入特殊符号

5．笔形输入

在不知道读音的情况下用户可以使用笔形输入，其具体操作步骤为：

（1）在智能 ABC 词条上单击鼠标右键，在弹出的快捷菜单中选择属性设置...命令，弹出智能ABC输入法设置对话框。

（2）在“功能”选项区域中选中☑笔形输入复选框。

（3）单击确定按钮完成笔形输入设置，例如用户输入“乜”字，直接输入数字“56”即可。

> 提示　如果用户要采用笔形输入法来输入，必须首先记住笔形输入法中 8 个笔形代码的含义和规则。

2.6.4　使用双打输入

智能 ABC 为专业录入人员提供了一种快速的双打输入。

1．双打规则

双打遵守以下规则：

（1）一个汉字在双打方式下，只需要击键两次：奇次为声母，偶次为韵母。

（2）有些汉字只有韵母，称为零声元音节：奇次键入“o”字母（o 被定义为零声母），偶次为韵母。虽然击键为两次，但是在屏幕上显示的仍然是一个汉字规范的拼音。

> 提示　在双打变换状态中，下列场合对双打键盘的定义不起作用：
> （1）大写字母（输入拼音时，大写字母要按“Shift + 字母”）；
> （2）第一键为“u”，它用于输入用户定义的新词。
> （3）第一键为“i”或“I”，用于输入中文数量词。

2．双打键盘定义

双打输入法的键盘分为复合声母、零声母和韵母 3 部分，具体定义如图 2.6.6 和图 2.6.7。

键位	E	V	A	0(')
声母	ch	sh	zh	0 声母

图 2.6.6　复合声母和零声母的定义

键位	Q	W	E	R	T	Y	U	I	O	P
定义	ei	ian	e	iu,er	uang iang	ing	u	i	uo o	uan üan
键位	A	S	D	F	G	H	J	K	L	
定义	a	ong ing	ua,ia	en	eng	ang	an	ao	ai	
键位	Z	X	C	V(ü)	B	N		M		
定义	iao	ie	in,uai		ou	un(ün)		üe(ue),ui		

图 2.6.7　韵母的定义

在双打方式下输入一个汉字，只需要击键两次：奇次为声母，偶次为韵母，如表 2.5 所示。

表 2.5　智能 ABC 几种输入法

汉　字	全　拼	简　拼	双　打
明枪暗箭	Mingqiang’anjian	Mq’aj	m’Q’aj
重量	zhongliang	zl	Aslt

注意　在双打方式中，由于字母“v”替代声母“sh（诗）”，所以不能使用“v＋区号”的方式来输入 1～9 区的字符，也不能使用“v＋ASCII 码字符串”输入西文。

小　　结

本章主要讲解了输入法的使用及其相关知识。通过本章的学习，读者应该了解输入法的概念及分类，学会使用各种拼音输入法和五笔字型输入法输入文字，并能在文字中插入各种特殊的符号。

过关练习二

一、填空题

1．标准键盘可以划分为 4 个区域，分别为：_________、_________、_________和_________。

2．从历史来看，鼠标的出现次序为_________、_________和_________。

3．在微软拼音输入法中，用户可以按_________和_________键来翻页查看更多的候选内容。

4. 五笔字型编码汉字的拆分遵循_________、_________、_________、_________、_________的原则。

二、选择题

1．在键盘中，按（　）键可以使计算机处于睡眠状态。

（A）Sleep　　（B）Power
（C）Wake Up　　（D）Print Screen

2．五笔字型输入法中，“李”字的正确编码是（　）。

（A）SB　　（B）SBF
（C）SBG　　（D）SBI

三、简答题

1．简述汉字输入中的手指分工、击键方法和打字姿势。

2．简述指法中左右手分工和大拇指工作的范围。

3．列出智能 ABC 中 25 个高频字。

四、上机操作题

练习中文输入法的安装。

第 3 章　Windows XP/Vista 操作系统

Windows XP 是 Microsoft 公司于 2001 年底推出的新一代操作系统。它在继承了 Windows 2000 先进技术的基础上，又添加了许多全新的技术和功能。Windows XP 具有直观、友好的操作界面，使用户可以方便地配置计算机硬件，管理计算机中的程序和文件。

本章重点

（1）Windows XP 的基础知识及基本操作。

（2）窗口、对话框的组成及基本操作。

（3）资源管理器。

（4）控制面板。

（5）Windows XP 附件程序及其应用。

（6）认识 Windows Vista。

（7）典型实例——Windows XP 的背景设置。

3.1　Windows XP 的基础知识及基本操作

目前 Windows 操作系统几乎统治了整个电脑界，它集操作系统、硬件规范、多媒体、通信、网络和娱乐功能于一身。所以在学习使用电脑前，首先要掌握 Windows 操作系统。下面就来介绍 Windows XP 的一些基本知识。

3.1.1　Windows XP 的启动

启动中文 Windows XP 是非常简单的，安装完成后系统会自动启动中文 Windows XP。以后需要启动 Windows XP 只需要打开计算机即可。Windows XP 桌面如图 3.1.1 所示。

图 3.1.1　Windows XP 的桌面

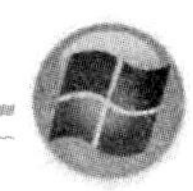

3.1.2　Windows XP 的退出

当用户要结束对计算机的操作时，一定要先退出 Windows XP 系统，然后再关闭计算机，否则会丢失文件或破坏程序。如果用户直接关机，而没有退出 Windows XP 系统，系统将认为是非法关机，下次开机时，系统将自动执行自检程序。

1. Windows XP 的注销

中文 Windows XP 是一个支持多用户的操作系统，为了便于不同的用户快速登录使用计算机，中文 Windows XP 提供了注销的功能。用户不必重新启动计算机就可以实现多用户登录，不仅快捷方便，而且减少了对硬件的损耗。

注销 Windows XP 的具体操作步骤如下：

（1）单击 开始 按钮，打开“开始”菜单，如图 3.1.2 所示。

（2）在“开始”菜单下边单击 注销(L) 按钮，弹出 注销 Windows 对话框，如图 3.1.3 所示。

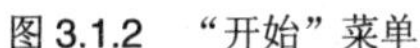
图 3.1.2　“开始”菜单

图 3.1.3　“注销 Windows”对话框

（3）在该对话框中单击“注销”按钮，系统将保存设置并关闭当前登录用户。单击“切换用户”按钮，则在不关闭当前登录用户的情况下切换到另一个用户，用户可以不关闭正在运行的程序，而当再次返回时系统会保留原来的状态。

2. 关闭计算机

当用户不再使用计算机时，必须先退出 Windows XP，然后才能关闭计算机。具体操作步骤如下：

（1）保存已经打开的文件和应用程序。

（2）单击 开始 按钮，在打开的“开始”菜单（见图 3.1.2）中单击 关闭计算机(U) 按钮，弹出如图 3.1.4 所示的 关闭计算机 对话框。

（3）单击“关闭”按钮，即可安全地关闭计算机。

图 3.1.4 “关闭计算机”对话框

提示 如果用户需要重新启动计算机，则可单击“重新启动”按钮；如果用户暂时不用计算机，可以单击“待机”按钮，此时并不退出 Windows XP，而是转入低能耗状态，以便暂时不用计算机时能节省能源。

3.1.3 Windows XP 的桌面

启动 Windows XP 之后，出现在屏幕中的整个背景是 Windows XP 的工作区，也被称为桌面，如图 3.1.1 所示。

Windows XP 的桌面除了在屏幕右下角有一个回收站的图标之外，再没有其他图标。如果用户不习惯这种桌面，可以自定义桌面，将常用应用程序的图标放置在桌面上，具体操作如下：

（1）用鼠标右键单击桌面，在弹出的快捷菜单中选择 属性(R) 命令，弹出“显示属性”对话框，如图 3.1.5 所示。

（2）单击 桌面 标签，打开“桌面”选项卡，在该选项卡中单击 自定义桌面(D)... 按钮，弹出“桌面项目”对话框。

（3）在 桌面图标 选项区中选中相应的复选框，如图 3.1.6 所示。单击 确定 按钮，即会将选中的项目显示在桌面上，如图 3.1.7 所示。

图 3.1.5 “显示属性”对话框

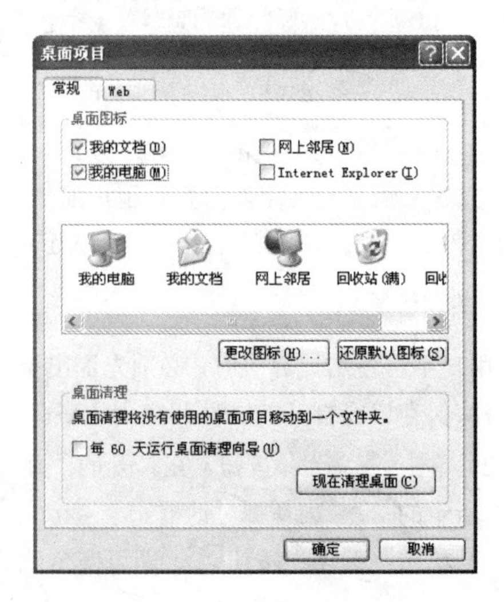

图 3.1.6 “桌面项目”对话框

如果用户要更改Windows XP默认的图标，可在图标列表框中选中要更改的图标，单击 更改图标(H)...

按钮，弹出“更改图标”对话框，如图 3.1.8 所示，在其中选择需要的图标，单击 确定 按钮即可。

图 3.1.7　添加图标后的桌面

图 3.1.8　“更改图标”对话框

Windows XP 桌面上 5 个常用图标的作用如下：

（1）“我的电脑”：管理本地计算机的所有资源，进行磁盘、文件夹和文件操作。通过“我的电脑”，可以配置计算机的软、硬件环境。

（2）“我的文档”：它是一个便于存取的桌面文件夹，其中保存的文档、图形或其他文件可以被快速访问。操作系统中的所有应用程序，都将“我的文档”文件夹作为默认的存储位置。

（3）“网上邻居”：如果用户将计算机连接到网络上，将会在桌面上出现“网上邻居”图标，双击该图标，即可进入“网上邻居”窗口，查看和操作网络资源。

（4）“Internet Explorer”：它是 Windows XP 自带的网页浏览器，使用它可以浏览网络上的各种信息。

（5）“回收站”：暂时保存所有没有被彻底删除的对象。回收站中的对象既可以被恢复，也可以被彻底从计算机上删除。

3.2　窗口、对话框的组成及基本操作

窗口是 Windows XP 的基本操作对象，Windows XP 中所有的应用程序都是以窗口的形式出现的，当用鼠标双击桌面上某一个快捷图标时，屏幕上运行的应用程序的界面称为窗口。

一次可以打开多个窗口，同时还可以在多个窗口之间自由地进行切换。Windows XP 的窗口一般包括 3 种状态：正常、最大化和最小化。正常窗口是 Windows 系统的默认大小，最大化窗口充满整个屏幕，最小化窗口则缩小为一个图标或按钮。当工作窗口处于正常或者最大化状态时，都具有边界、应用工作区、标题栏、状态控制按钮、菜单栏、工具栏以及滚动条等组成部分。

3.2.1　窗口的组成

下面以“我的文档”窗口为例介绍 Windows XP 窗口的组成。“我的文档”窗口和其他 Windows 窗口一样，具有相同的组成部分，如图 3.2.1 所示。

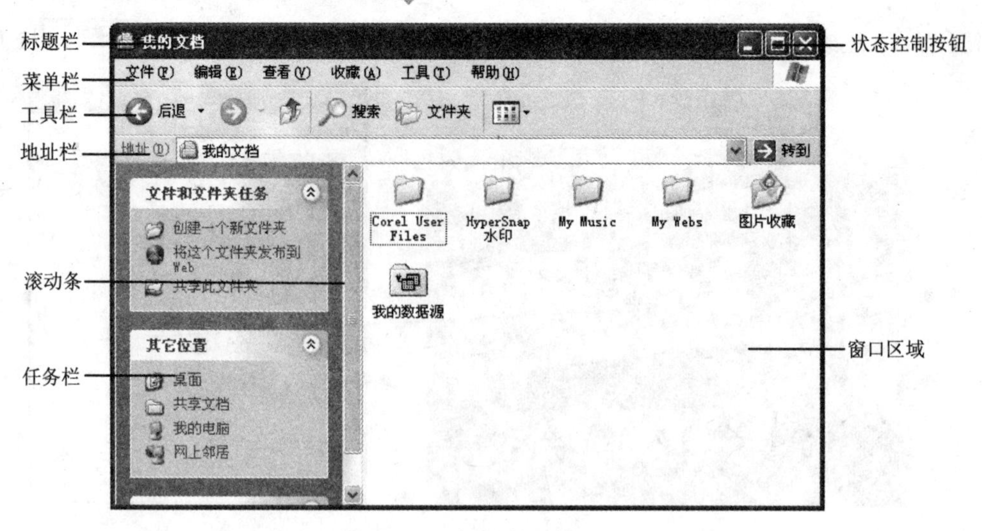

图 3.2.1 “我的文档”窗口

窗口的组成部分及其作用如表 3.1 所示。

表 3.1 窗口的组成部分及其作用

组成部分	作 用
标题栏	位于窗口的顶部，用于显示窗口的名称。用鼠标拖动标题栏可以移动窗口，双击标题栏可以将窗口最大化或者还原
状态控制按钮	其中有 3 个按钮，用来改变窗口的大小及关闭窗口
菜单栏	在标题栏的下方，用于显示应用程序的菜单项，单击每一个菜单项可打开相应的菜单，然后从中选择需要的操作命令
工具栏	用于显示一些常用的工具按钮，如后退、、搜索等。用鼠标单击这些工具按钮可以执行相应的操作
地址栏	在地址栏中输入文件夹路径，并单击旁边的转到按钮，将打开该文件夹。若计算机已经连接到 Internet，在地址栏中输入网址后，系统将自动启动 IE 浏览器并打开网页
窗口区域	用于显示窗口中的内容
任务栏	使用该栏中的命令可以快速地执行一些需要的操作
滚动条	拖动该滚动条可显示出任务栏中没有被显示出来的任务命令
控制菜单图标	标题栏最前面的图标，单击可完成调整窗口大小、位置等操作，双击关闭窗口

3.2.2 调整窗口大小

一个普通窗口可以根据需要任意调整其大小。如果要调整窗口的大小，先将光标移到窗口的任意一个边界上，这时光标就变为调整大小的形状（双向箭头↕，↔或者↘），如果只调整一个方向的大小（宽度或者高度），就将光标移到窗口的上边界、下边界、左边界或者右边界，然后拖动鼠标即可；如果想一次调整两个方向的大小（同时调整宽度和高度），就将光标移到窗口的任意角，然后按住鼠标左键并拖动，窗口大小会随之改变。

用户也可以使用标题栏右端的“最大化”“最小化”按钮，使应用程序窗口铺满整个桌面或缩小成任务按钮。

3.2.3 排列窗口

Windows 是一个多任务的操作系统，它可以同时运行多个窗口程序。而在实际使用当中，过多的窗口切换容易造成混乱。除了使用最小化功能减少桌面上的窗口以外，还可以使用 Windows 标准的 3

种窗口排列方式（层叠窗口、横向平铺窗口和纵向平铺窗口）来达到此目的。

层叠窗口是重新排列桌面上已经打开的窗口，各窗口彼此重叠，前面每一个窗口的标题栏相对于后一个窗口的标题栏都略微低一些，并略微地靠右边一点，这样看上去就好像是层叠在一起；横向平铺窗口是将所有的窗口都在垂直方向上排列，在水平方向上占据整个屏幕空间，窗口之间不重叠。当窗口非常多时，水平方向上不再占据整个屏幕，而是进行合理的划分；纵向平铺窗口与横向平铺窗口相似，只不过窗口是在垂直方向上占据整个屏幕。当窗口非常多时，垂直方向上不再占据整个屏幕，而是进行合理的划分。

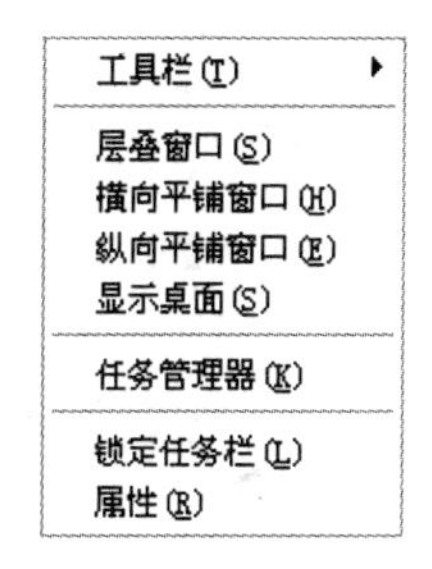

图 3.2.2 “任务栏”快捷菜单

排列窗口的具体操作步骤如下：

（1）将鼠标指针指向任务栏的空白区域，单击鼠标右键，弹出其快捷菜单，如图 3.2.2 所示。

（2）从中选择层叠窗口(S)、横向平铺窗口(H)或纵向平铺窗口(E)命令即可。

3.2.4 切换（激活）窗口

在桌面上可同时打开多个窗口，总有一个窗口位于其他窗口之前。在 Windows 环境下，用户当前正在使用的窗口为活动窗口（或称前台窗口），位于最上层，总是深色加亮的窗口，其他窗口为非活动窗口（或称后台窗口）。用户可以随时用鼠标或键盘快捷键“Alt+Tab”切换（激活）所需要的窗口。

3.2.5 对话框的组成及基本操作

对话框是用户与应用程序之间进行信息交互的区域，它给用户提供了输入信息的机会，同时将系统信息显示出来。在 Windows 菜单中，当选择带有省略号（…）的命令时，就会弹出一个对话框。对话框也是一个窗口，但它具有自己的一些特征，可以将它看作一类定制的、具有特殊行为方式的窗口。对话框与窗口最大的区别是不能改变大小、最小化，只能移动和关闭。

任务栏上显示的是对话框以外的所有窗口，当对话框被其他窗口完全覆盖时，可以使用“Alt+Esc”快捷键在包括对话框在内的所有窗口之间切换。

1．对话框的组成

在 Windows XP 中，对话框有一些统一的内容和操作。对话框中包括命令按钮、文本框、列表框、下拉列表框、单选按钮以及复选框等。为了将众多的选项尽量放在一个对话框中，Windows XP 采用了“选项卡”方式的对话框。

对话框中的常见控制项如图 3.2.3 所示，这些都是在进行 Windows XP 各方面设置时经常用到的选项。

（1）标签：当对话框中内容较多时，就会分成若干个标签，单击标签，打开相应的选项卡，可以显示出关于同一对象的各个不同方面的设置。

（2）单选按钮：通常由多个按钮组成一组，选中某个单选按钮可以选择相应的选项，但在一组单选按钮中只能有一个单选按钮被选中。

（3）下拉列表：单击下拉列表框右侧的下拉列表按钮即可显示出下拉列表，在下拉列表中列出了多个选项，使用鼠标和键盘都可从下拉列表中选择其中的一个选项。

（4）复选框：可以是一组相互之间并不排斥的选项，用户可以根据需要选中其中的某些选项。选中后，在选项前面方框中有一个“√”符号。

（5）微调按钮：利用上箭头和下箭头可以调整左侧数字框中的数字。

（6）命令按钮：使用该按钮可执行一个动作。若命令按钮带有省略号（…），则单击此按钮后将弹出另一个对话框。若命令按钮带有两个尖括号（>>），则单击此按钮后，可扩展当前的对话框。

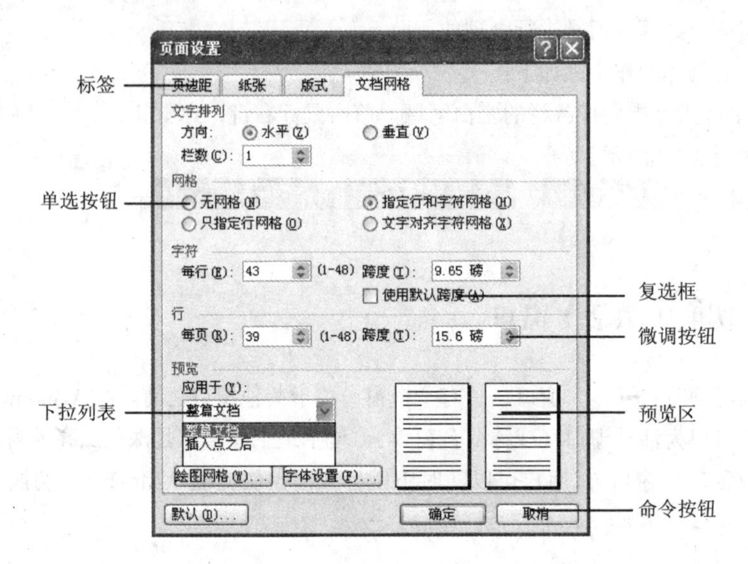

图 3.2.3　对话框中常见的控制项

2. 对话框的基本操作

对话框的基本操作包括移动对话框和关闭对话框。

（1）移动对话框。将鼠标移到对话框的标题栏上，按住鼠标左键拖动，即可将对话框移动到屏幕上的任何位置，但形状、大小不改变。

（2）关闭对话框。用鼠标单击对话框标题栏右边的关闭按钮即可关闭对话框。如果在对话框中设置了参数，单击“确定”按钮并退出，如果不应用所设置的参数，单击“取消”按钮并退出对话框。

提示　（1）在对话框的组成部分中，凡是以灰色状态显示的按钮或选项，表示当前不可执行。选择各选项或按键时，除了用鼠标外，还可以通过按“Tab”键激活并选择参数，然后按“Enter”键确定设置的参数。

（2）在对话框中可以方便地获得各选项的帮助信息，在对话框的右上角有一个带有问号（？）的按钮，单击该按钮，然后选择一个选项，即可以获得该选项的帮助信息。

3.3　资源管理器

资源管理器是 Windows XP 中另一个常用来管理文件的工具，它显示了用户计算机上的文件、文

件夹和驱动器的分层结构。使用资源管理器可以查看文件夹的层次结构，也可以查看每一个文件中所包含的内容。同时，在 Windows XP 资源管理器中也可以对文件或文件夹进行管理操作。

3.3.1　启动资源管理器

进入 Windows XP 后，用户就可以打开资源管理器，然后使用它。打开资源管理器的具体操作步骤如下：

（1）单击 开始 按钮，在弹出的快捷菜单中选择 所有程序(P) 命令，系统弹出“所有程序”菜单。

（2）单击“所有程序”菜单中选择 附件 → Windows 资源管理器 命令，如图 3.3.1 所示。系统即可启动资源管理器，并打开“资源管理器”窗口，如图 3.3.2 所示。

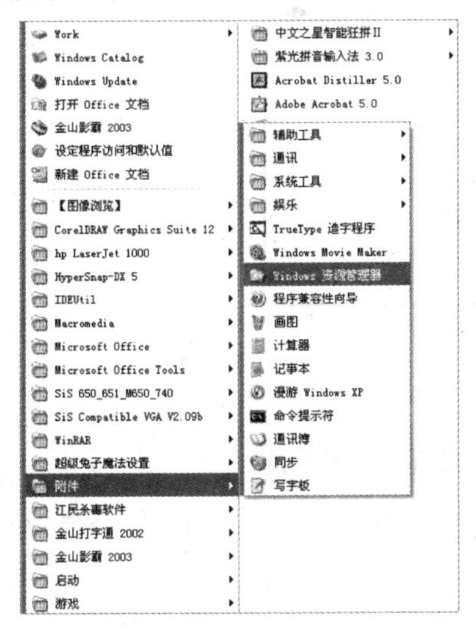

图 3.3.1　选择“Windows 资源管理器”命令

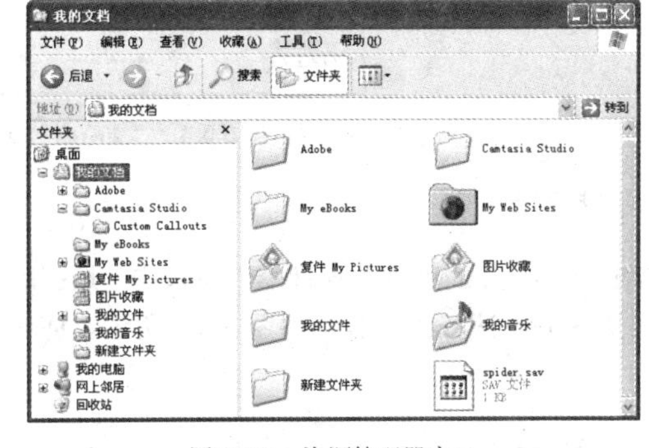

图 3.3.2　资源管理器窗口

注意　如果用户在桌面上创建了“资源管理器”的快捷方式，只要双击该快捷方式图标，即可启动“资源管理器”。

在 Windows XP 的“资源管理器”窗口中有两个部分：左边部分显示的是文件夹树，右边部分是当前文件夹中的所有文件和文件夹名。左、右两个部分之间有个分隔条，用鼠标拖动可使左、右部分的大小随之改变。

在 Windows XP 的“资源管理器”窗口的左边部分的最上边有一个 桌面 图标，它包含了系统的所有文件和所有的管理窗口，是最大的文件夹。同时还可以看到在某些文件夹的前面有一个 ⊞ 图标，表示该文件夹中还有子文件夹或文件，单击 ⊞ 图标，将展开该文件夹，同时 ⊞ 图标变为 ⊟ 图标。单击 ⊟ 图标，即可折叠该文件夹。

3.3.2　改变文件和文件夹的显示方式

在 Windows XP 资源管理器中，单击“查看”按钮，弹出其下拉菜单，如图 3.3.3 所示，可以在其中选择文件和文件夹的显示方式。

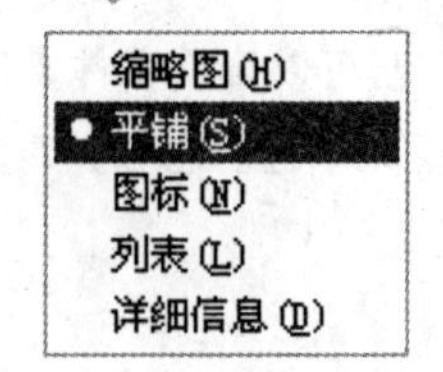

图 3.3.3 “查看”下拉菜单

1. 缩略图显示

在 Windows XP 的“资源管理器”窗口中，选择 查看(V) → 缩略图(H) 命令，窗口右边将用缩略图方式显示左边部分所选择的内容，如图 3.3.4 所示。

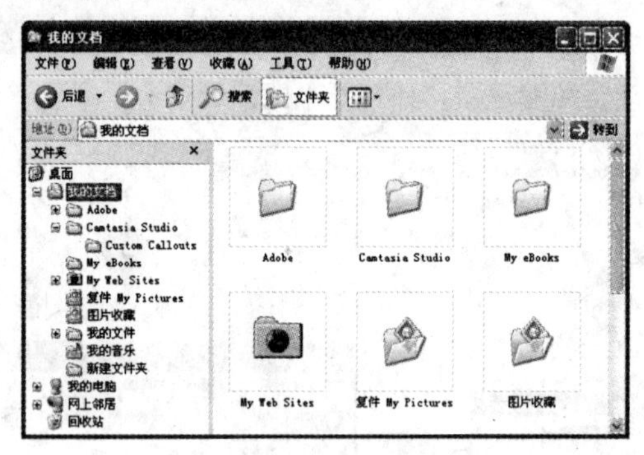

图 3.3.4 “缩略图”方式显示文件夹

2. 平铺显示

在 Windows XP 的“资源管理器”窗口中，选择 查看(V) → 平铺(S) 命令，窗口右边将用平铺方式显示左边部分所选择的内容，如图 3.3.5 所示。在 Windows XP 系统中，平铺显示是默认的文件显示方式。

3. 图标显示

在 Windows XP 的“资源管理器”窗口中，选择 查看(V) → 图标(N) 命令，窗口右边将用图标方式显示左边部分所选择的内容，如图 3.3.6 所示。

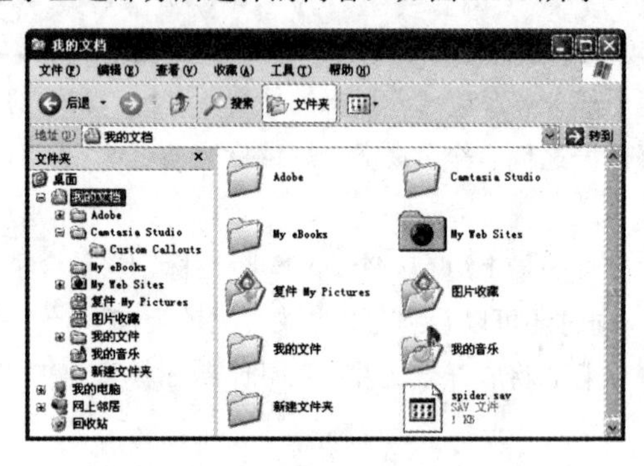

图 3.3.5 “平铺”方式显示文件夹

图 3.3.6 “图标”方式显示文件夹

4. 列表显示

在 Windows XP 的“资源管理器”窗口中，选择 查看(V) → 列表(L) 命令，窗口右边将用列表的方式显示左边部分所选择的内容，如图 3.3.7 所示。

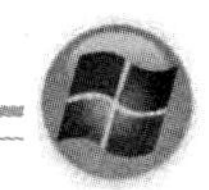

5. 详细信息显示

在 Windows XP 的“资源管理器”窗口中，选择 查看(V) → 详细信息(D) 命令，窗口右边将用详细信息的方式显示左边部分所选择的内容，并且显示文件或文件夹的修改时间、文件的大小、所属的类型等详细信息，如图 3.3.8 所示。

图 3.3.7　“列表”方式显示文件夹

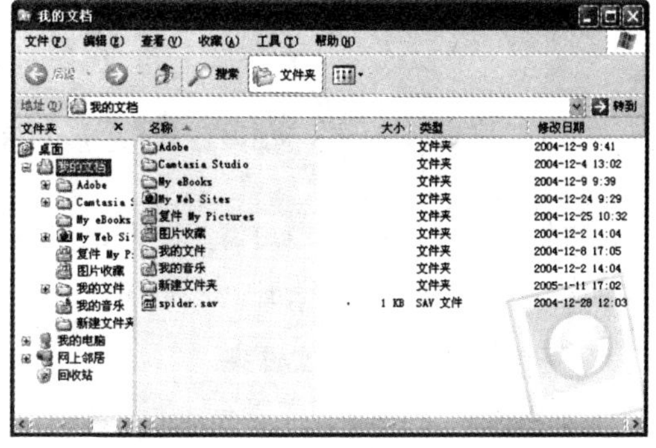

图 3.3.8　“详细信息”方式显示文件夹

3.3.3　创建新的文件夹

用户在 Windows XP 资源管理器中管理文件时，常常需要创建一个新的文件夹，来存放具有相同类型或相近形式的文件。创建新的文件夹的具体操作步骤如下：

（1）在 Windows XP 资源管理器中选择要创建新文件夹的文件夹，例如“我的文档”。

（2）选择 文件(F) → 新建(W) → 文件夹(F) 命令，或者单击鼠标右键，在弹出的快捷菜单中选择 新建(W) → 文件夹(F) 命令，即可创建一个新的文件夹，如图 3.3.9 所示。

图 3.3.9　创建新的文件夹

（3）在新建的文件夹名称文本框中输入文件夹的名称，按“Enter”键或者用鼠标单击其他位置即可。

3.3.4　重命名文件和文件夹

在文件和文件夹的管理过程中，有时为了更符合用户的要求，需要给文件和文件夹重命名。重命

名文件和文件夹的具体操作步骤如下：

（1）选中要重命名的文件和文件夹。

（2）选择 文件(F) → 重命名(M) 命令，或者直接单击鼠标右键，在弹出的快捷菜单中选择 重命名(M) 命令。

（3）此时文件和文件夹的名称处于可编辑状态，用户可以直接输入新的文件名称，然后按“Enter”键表示确认。

3.3.5 文件和文件夹的复制、移动和删除

在实际的应用中，有时用户需要将某个文件和文件夹复制或移动到其他位置以便使用，在不需要的时候还要将文件和文件夹删除以释放内存。

1. 复制和移动文件和文件夹

复制和移动文件和文件夹的具体操作步骤如下：

（1）选择要进行复制和移动的文件和文件夹。

（2）选择 编辑(E) → 剪切(T) Ctrl+X 或 复制(C) Ctrl+C 命令，或者单击鼠标右键，在弹出的快捷菜单中选择 剪切(T) 或 复制(C) 命令。

（3）将光标定位到文件和文件夹要移动的目标位置。

（4）选择 编辑(E) → 粘贴(P) Ctrl+V 命令，或者单击鼠标右键，在弹出的快捷菜单中选择 粘贴(P) 命令即可。

技巧 按住“Ctrl”键，然后用鼠标左键逐个选中需要复制和移动的文件和文件夹，用户可以一次选定一个或多个文件和文件夹，如图 3.3.10 所示。如果需要选定连续的多个文件和文件夹，可先选定第一个文件和文件夹，然后按住“Shift”键，再选定最后一个文件和文件夹，这时它们中间的文件和文件夹都将被选中。

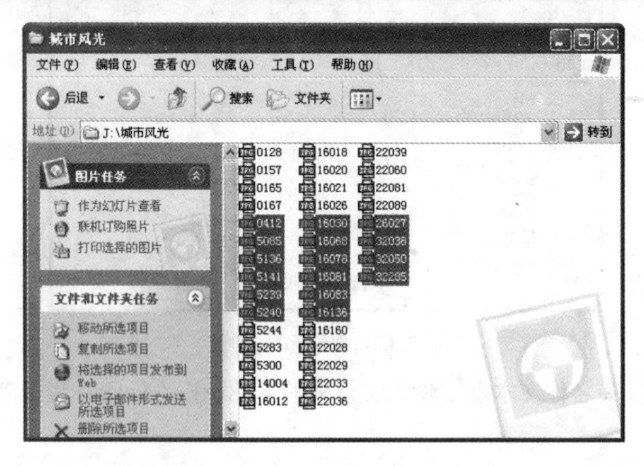

图 3.3.10 选择多个文件和文件夹

2. 删除文件和文件夹

当一个文件或文件夹不再需要时，用户可以将其删除，以释放磁盘空间来存放其他的文件。删除

文件和文件夹的具体操作步骤如下：

（1）首先选择要删除的文件和文件夹，可选择一个或多个文件和文件夹，例如选定多个文件和文件夹。

（2）选择 文件(F) → 删除(D) 命令，或者单击鼠标右键，在弹出的快捷菜单中选择 删除(D) 命令，弹出 确认删除多个文件 对话框，如图 3.3.11 所示。

图 3.3.11 “确认删除多个文件”对话框

（3）在该对话框中单击 是(Y) 按钮，可将被删除的文件和文件夹放入回收站中，单击 否(N) 按钮，则取消该次操作。

> **技巧** 在选择要删除的文件和文件夹后，按“Delete”键也可进行删除操作，按快捷键“Shift+Delete”将永久性删除该文件和文件夹。

3.3.6 更改文件和文件夹属性

在中文 Windows XP 中，文件和文件夹的属性有 3 种：只读、隐藏和存档。更改文件和文件夹属性的具体操作步骤如下：

（1）选中要更改属性的文件和文件夹。

（2）选择 文件(F) → 属性(R) 命令，或者单击鼠标右键，在弹出的快捷菜单中选择 属性(R) 命令，弹出 新建文件夹 属性 对话框，如图 3.3.12 所示。

（3）在该对话框中的“属性”选区中有 ☑只读(R)、☑隐藏(H) 和 ☑存档(I) 3 个复选框，其作用分别如下：

☑只读(R)：选中该复选框，则文件和文件夹不允许更改和删除。

☑隐藏(H)：选中该复选框，则文件和文件夹在常规显示中将不能被看到。

☑存档(I)：选中该复选框，则文件和文件夹被存档，在关闭此文件和文件夹时将提示用户是否保存修改结果。

（4）选中需要的属性复选框，然后单击 应用(A) 按钮，弹出 确认属性更改 对话框，如图 3.3.13 所示。

（5）在该对话框中选中 ◉仅将更改应用于该文件夹 或 ◉将更改应用于该文件夹、子文件夹和文件 单选按钮，单击 确定 按钮，返回到 新建文件夹 属性 对话框。

（6）单击 确定 按钮，即可应用该属性。

（7）在 新建文件夹 属性 对话框中打开 共享 选项卡，如图 3.3.14 所示。在该选项卡中的“网络共享和安全”选区中选中 ☑在网络上共享这个文件夹(S) 复选框，单击 确定 按钮后即可在网络上共享这个文件夹的资源。

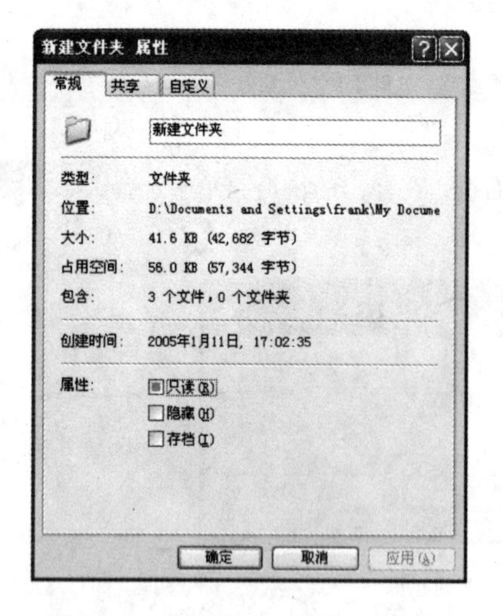

图 3.3.12 “新建文件夹属性”对话框

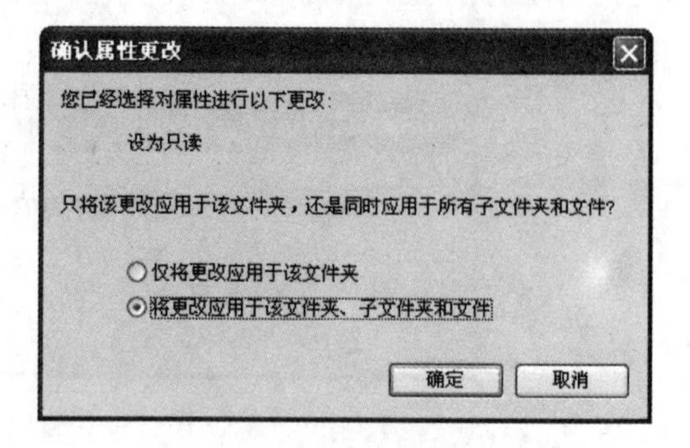

图 3.3.13 “确认属性更改”对话框

提示 在选定的文件夹上单击鼠标右键，在弹出的快捷菜单中选择 共享和安全(H)... 命令，也可以打开 共享 选项卡。

（8）在 **新建文件夹 属性** 对话框中打开 自定义 选项卡，如图 3.3.15 所示。在该选项卡中可以设置文件夹的类型和图标，单击 更改图标(I)... 按钮，在弹出的对话框中还可以设置文件夹的图标。

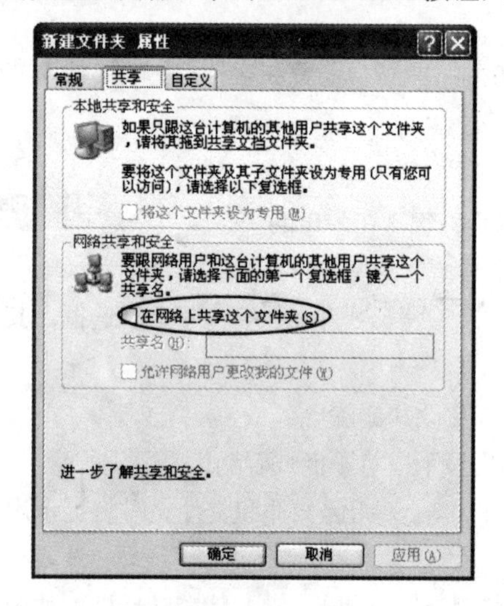

图 3.3.14 “共享”选项卡

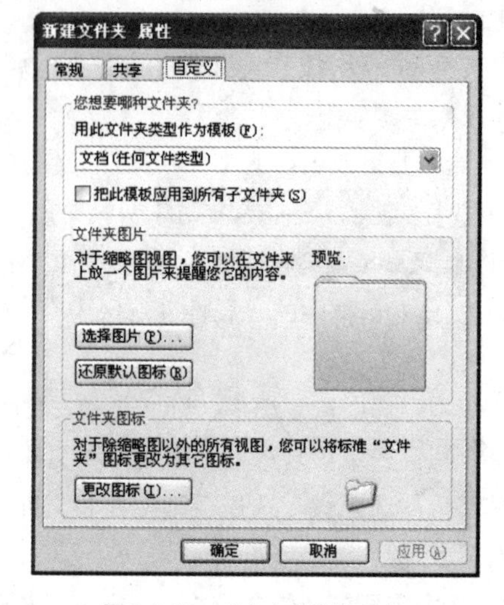

图 3.3.15 “自定义”选项卡

3.3.7 创建快捷方式

用户还可以为经常使用的文件创建快捷方式，这样可以大大方便操作。其具体操作步骤如下：

（1）选定需要创建快捷方式的文件。

（2）选择 文件(F) → 创建快捷方式(S) 命令，或者单击鼠标右键，在弹出的快捷菜单中选择 创建快捷方式(S) 命令，可在当前文件夹中生成该文件的快捷方式。

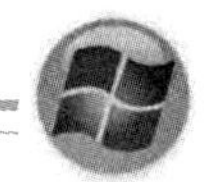

还可以在当前文件夹中为其他文件夹中的文件创建快捷方式，其具体操作步骤如下：

（1）选择 文件(F) → 新建(W) → 快捷方式(S) 命令，弹出 创建快捷方式 对话框，如图 3.3.16 所示。

图 3.3.16　“创建快捷方式”对话框

（2）在“请键入项目的位置”文本框中输入要创建快捷方式的文件的路径，或者单击 浏览(R)... 按钮，在弹出的如图 3.3.17 所示的 浏览文件夹 对话框中选择文件的路径。

（3）单击 下一步(N) > 按钮，弹出 选择程序标题 对话框，如图 3.3.18 所示。

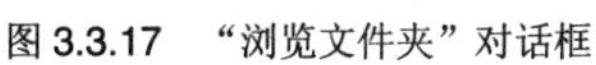

图 3.3.17　“浏览文件夹”对话框　　　　图 3.3.18　“选择程序标题”对话框

（4）在“键入该快捷方式的名称”文本框中输入快捷方式的名称，然后单击 完成 按钮。

3.4　控制面板

控制面板是 Windows XP 系统为用户提供的一组应用程序，可以让用户对系统资源进行自由灵活的配置，使 Windows XP 按照个人喜欢的方式运行。选择 开始 → 控制面板(C) 命令，打开 控制面板 窗口，如图 3.4.1 所示。从图中可以看出，Windows XP 的控制面板与其他操作系统相比，外观有所改变，使用户查看和使用更加方便灵活。

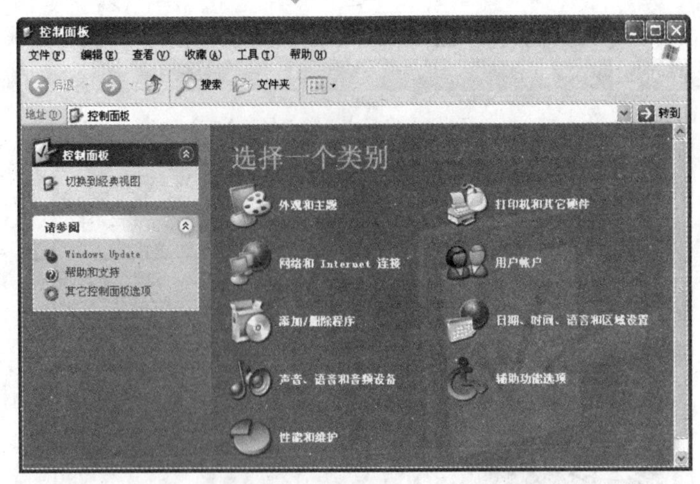

图 3.4.1 “控制面板”窗口

3.4.1 设置日期和时间

在计算机的使用过程中，有时需要更改实际的日期，以便避开病毒的发作时间或躲过一些软件的使用时间限制。在 Windows XP 中设置日期和时间的具体操作步骤如下：

（1）在 控制面板 窗口中单击 日期、时间、语言和区域设置 超链接，然后在打开的 日期、时间、语言和区域设置 窗口中单击 更改日期和时间 超链接，弹出 日期和时间 属性 对话框，默认打开 时间和日期 选项卡，如图 3.4.2 所示。

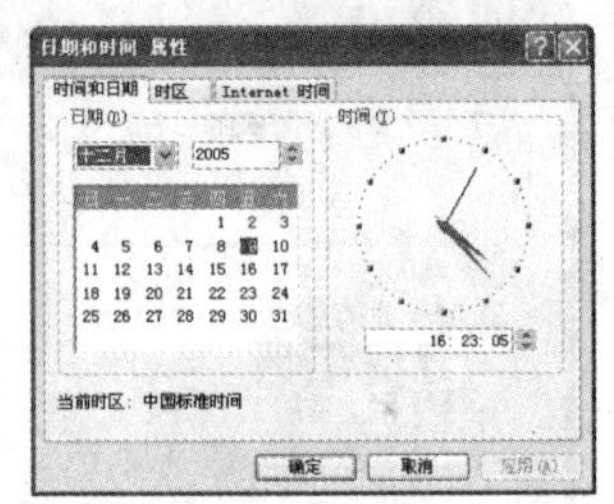

图 3.4.2 “时间和日期”选项卡

（2）在该选项卡中的“日期”选区中的“月份”下拉列表中选择月份，在“年份”微调框中调整准确的年份，在“日期”列表框中选择日期和星期；在“时间”选区中的“时间”微调框中输入或调整准确的时间。

（3）设置完成后，单击 确定 按钮即可。

3.4.2 设置显示属性

在 控制面板 窗口中单击 外观和主题 超链接，在打开的 外观和主题 窗口中单击 更改计算机的主题 超链接，弹出 显示 属性 对话框，如图 3.4.3 所示。

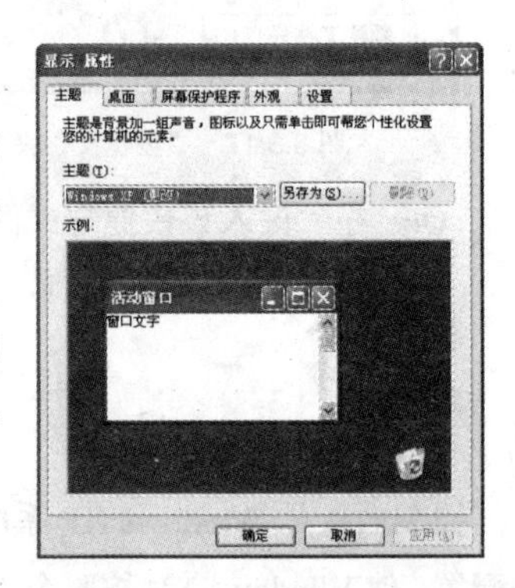

图 3.4.3 “显示 属性”对话框

在该对话框中的 主题 、 桌面 、 屏幕保护程序 、 外观 和 设置 5 个选项卡中可以对系统的主题、桌面、屏幕保护程序、外观、分辨率等进行设置，设置完成后单击 确定 按钮即可。

3.4.3 创建用户账户

用户可以在 Windows XP 操作系统中设置多个用户，并在不同用户之间进行切换，而不必重新启

动计算机。在 Windows XP 中创建新用户的具体操作步骤如下：

（1）在 控制面板 窗口中单击 用户帐户 超链接，在打开的 用户帐户 窗口中单击 创建一个新帐户 超链接，打开 用户帐户 窗口（一），如图 3.4.4 所示。

（2）在该窗口中的“为新账户键入一个名称”文本框中输入新账户的名称，单击 下一步(N) > 按钮，打开 用户帐户 窗口（二），如图 3.4.5 所示。

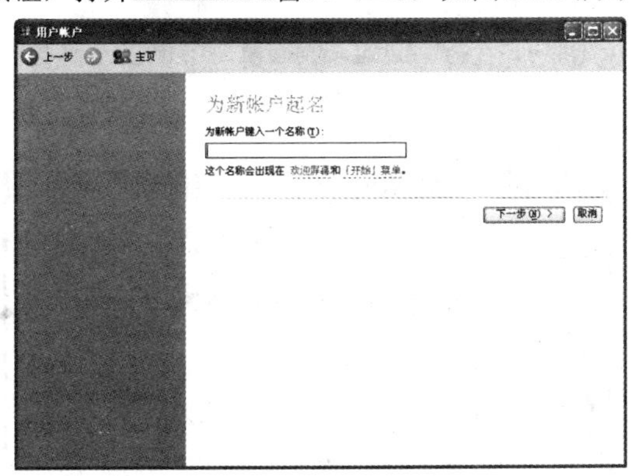

图 3.4.4　“用户账户”窗口（一）

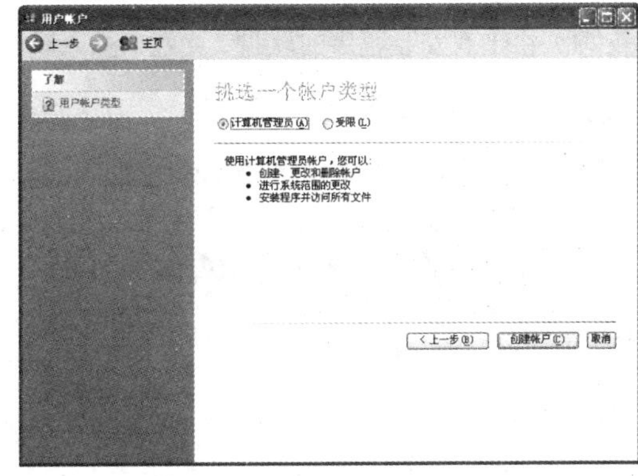

图 3.4.5　“用户账户”窗口（二）

（3）在该窗口中选择账户的类型，例如选中 计算机管理员(A) 单选按钮，将新用户设置为计算机管理员。

（4）设置完成后，单击 创建帐户(C) 按钮，新设置的账户名称将出现在 用户帐户 窗口（三）中，如图 3.4.6 所示。

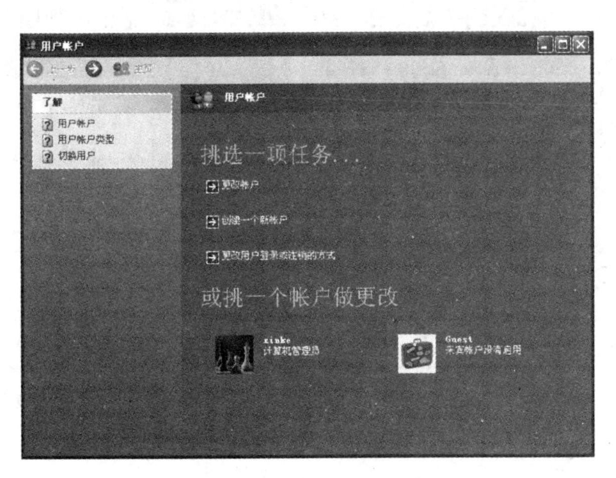

图 3.4.6　“用户账户”窗口（三）

3.4.4　添加或删除程序

添加程序是指在计算机中添加新的应用程序，删除程序是指从计算机的硬盘中删除一个应用程序的全部数据，包括注册信息。

在 控制面板 窗口中单击 添加/删除程序 超链接，打开 添加或删除程序 窗口，如图 3.4.7 所示。在该窗口中可以为计算机添加或删除程序。

1．添加或删除应用程序

在 Windows XP 中包含了很多的应用程序，但仅靠这些应用程序还远远不够，还需要使用其他的应用程序来满足用户的需求。

添加应用程序的具体操作步骤如下：

（1）将带有安装程序的软盘（光盘）插入软驱（光驱），在 添加或删除程序 窗口中单击 添加新程序 图标，打开如图 3.4.8 所示的窗口。

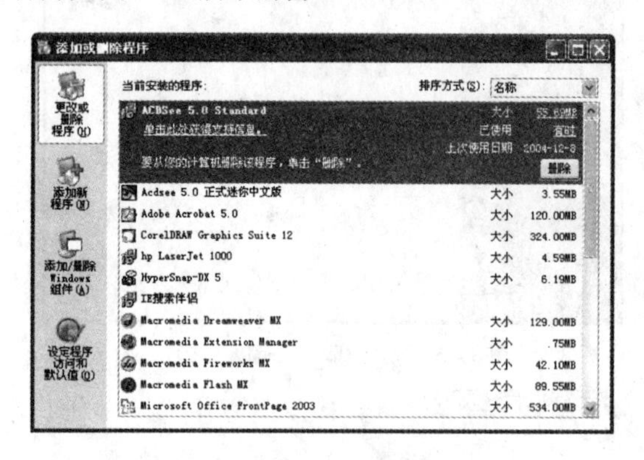

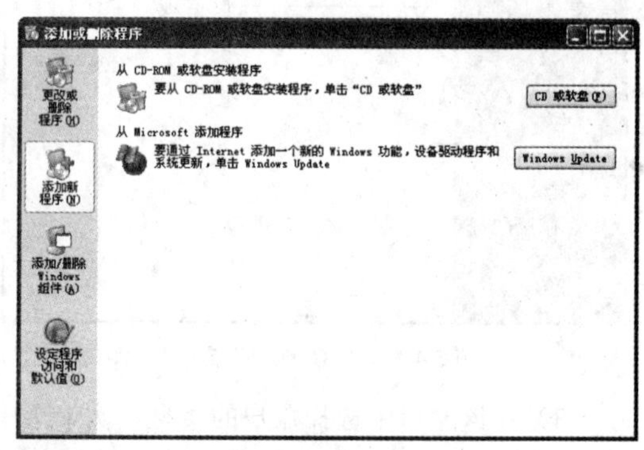

图 3.4.7 “添加或删除程序”窗口　　　图 3.4.8 添加新程序

（2）在该窗口中单击 CD 或软盘(F) 按钮，弹出 从软盘或光盘安装程序 对话框，如图 3.4.9 所示。

（3）在该对话框中单击 下一步(N) > 按钮，弹出 运行安装程序 对话框，如图 3.4.10 所示。

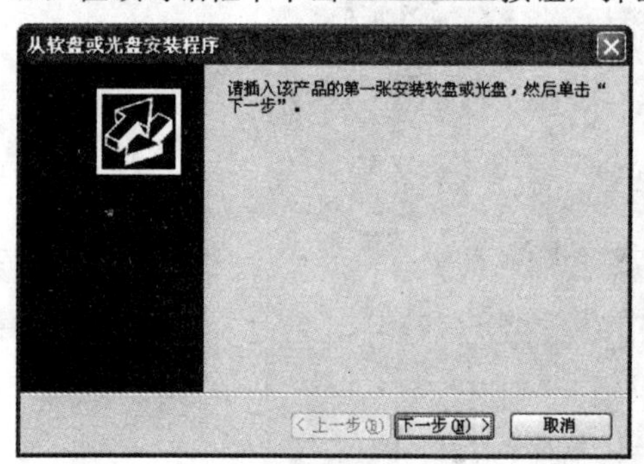

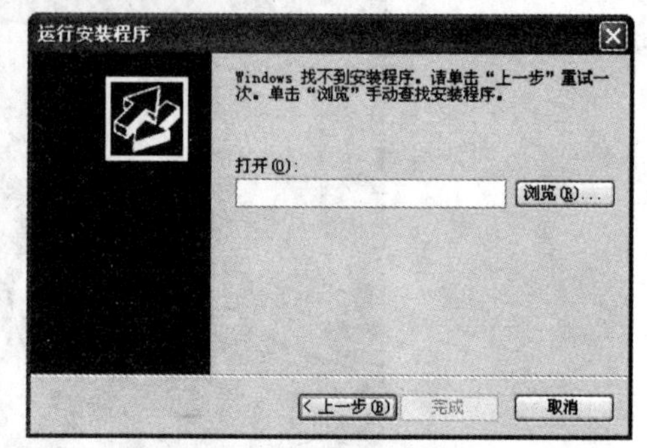

图 3.4.9 “从软盘或光盘安装程序”对话框　　　图 3.4.10 “运行安装程序”对话框

（4）在该对话框中的“打开”文本框中输入安装程序的位置，或者单击 浏览(R)... 按钮，从弹出的如图 3.4.11 所示的 浏览 对话框中找到应用程序的安装程序，双击该安装程序，返回到 运行安装程序 对话框，然后单击 完成 按钮，即可启动该安装程序。

（5）按照安装程序的提示进行操作，即可完成应用程序的安装。

当用户不再使用某些应用程序时，可将其删除，其方法如下：

（1）在 添加或删除程序 窗口中单击 更改或删除程序(H) 图标，打开 添加或删除程序 窗口。

（2）在该窗口中选中将要删除的应用程序，然后单击 删除 按钮，弹出询问对话框，如图 3.4.12 所示。

（3）在该对话框中单击 是(Y) 按钮，系统将自动删除该应用程序。

图 3.4.11　“浏览”对话框

图 3.4.12　询问对话框

3. 添加或删除 Windows 组件

用户在安装 Windows XP 程序的过程中，往往只安装一些最常用的组件。在 Windows XP 的使用过程中，可以根据需要添加或删除某些组件。

添加或删除 Windows 组件的具体操作步骤如下：

（1）在打开的“添加或删除程序”窗口中单击 添加/删除 Windows 组件(A) 图标，弹出 Windows 组件向导 对话框（一），如图 3.4.13 所示。

（2）在该对话框中的“组件”下拉列表中选择需要安装或删除的组件，单击 详细信息(D)... 按钮，在弹出的对话框中查看该组件的详细资料，并对其进行设置。

（3）设置完成后，单击 下一步(N) > 按钮，即可进行 Windows 组件的添加或删除操作。

（4）操作完成后，弹出如图 3.4.14 所示的 Windows 组件向导 对话框（二）。

（5）单击 完成 按钮即可。

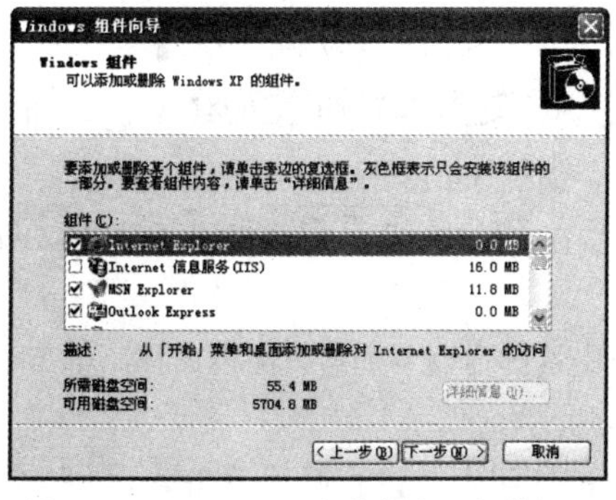

图 3.4.13　“Windows 组件向导”对话框（一）

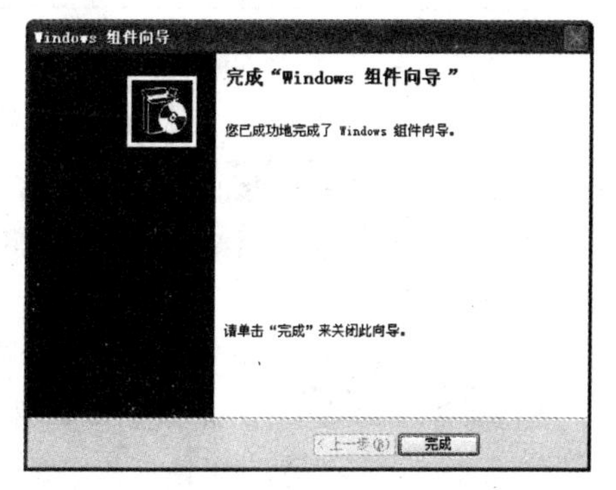

图 3.4.14　“Windows 组件向导”对话框（二）

3.4.5　管理打印机

打印机是计算机中主要的输出设备，编辑好的文档、图形等需要使用打印机才能打印出来。管理打印机主要包括添加打印机和设置打印机属性。

1. 添加打印机

在使用打印机前需要先安装打印机，其具体操作步骤如下：

（1）单击 开始 按钮，在弹出的“开始”菜单中选择 打印机和传真 命令，打开 打印机和传真 窗口，如图 3.4.15 所示。

图 3.4.15　“打印机和传真”窗口

（2）在该窗口中单击 添加打印机 超链接，弹出 添加打印机向导 对话框（一），如图 3.4.16 所示。

（3）单击 下一步(N) > 按钮，弹出 添加打印机向导 对话框（二），如图 3.4.17 所示。

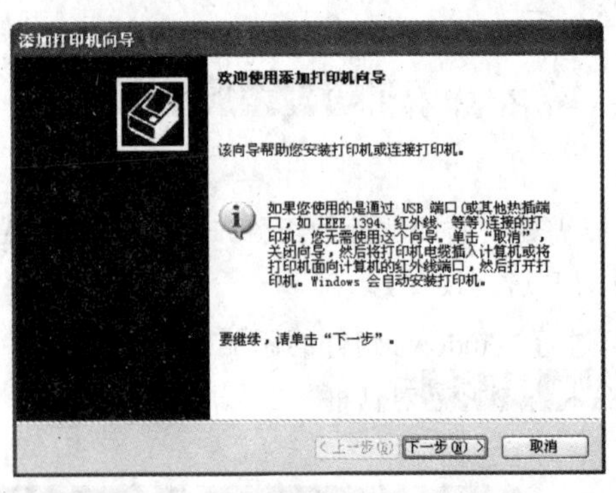

图 3.4.16　“添加打印机向导”对话框（一）

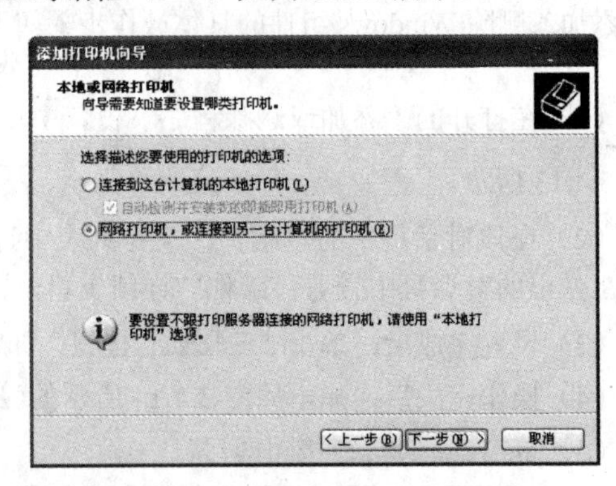

图 3.4.17　“添加打印机向导”对话框（二）

（4）在该对话框中选中 网络打印机，或连接到另一台计算机的打印机(E) 单选按钮，然后单击 下一步(N) > 按钮，弹出 添加打印机向导 对话框（三），如图 3.4.18 所示。

（5）在该对话框中选中 浏览打印机(W) 单选按钮，单击 下一步(N) > 按钮，弹出 添加打印机向导 对话框（四），如图 3.4.19 所示。

（6）在该对话框中的“共享打印机”列表框中选择需要添加的打印机名称，单击 下一步(N) > 按钮，弹出 添加打印机向导 对话框（五），如图 3.4.20 所示。

（7）在该对话框中设置该打印机是否为默认打印机，设置好后单击 下一步(N) > 按钮，弹出 添加打印机向导 对话框（六），如图 3.4.21 所示。

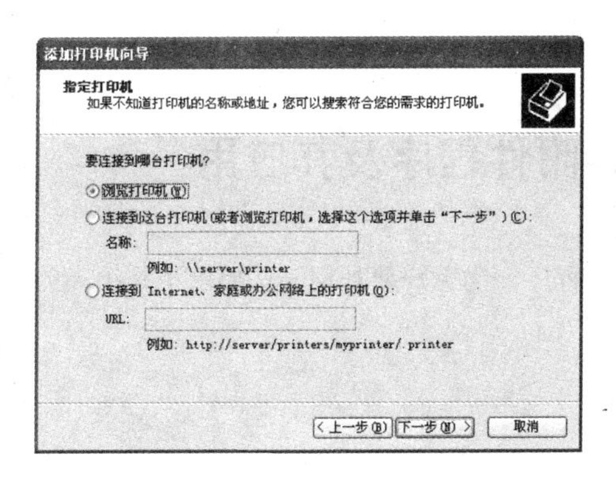

图 3.4.18 “添加打印机向导”对话框（三）

图 3.4.19 “添加打印机向导”对话框（四）

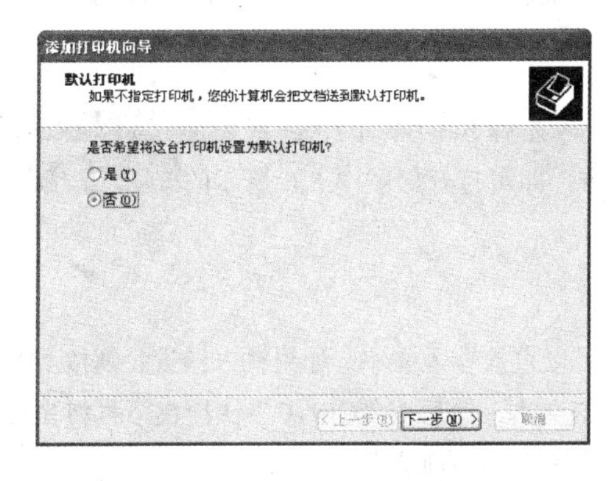

图 3.4.20 “添加打印机向导”对话框（五）

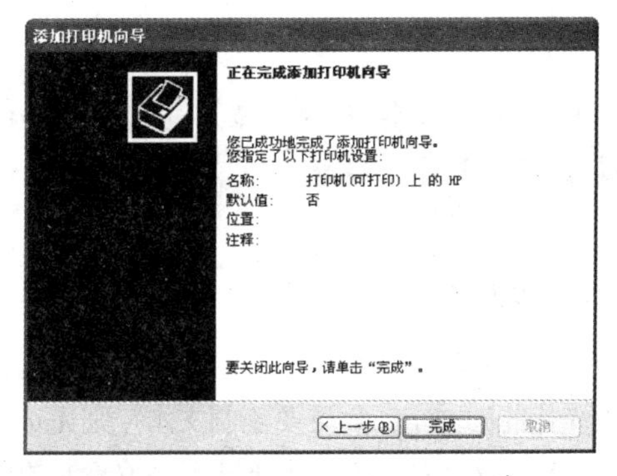

图 3.4.21 “添加打印机向导”对话框（六）

（8）在该对话框中单击 完成 按钮，即可完成打印机的添加。

2. 设置打印机属性

设置打印机属性的具体操作步骤如下：

（1）在选中的打印机上单击鼠标右键，在弹出的快捷菜单中选择 属性(R) 命令，弹出 打印机(可打印) 上 的 HP 属性 对话框，打开 常规 选项卡，如图 3.4.22 所示。

（2）在该选项卡中可以设置打印机的名称，选择打印机所使用的纸张。

（3）在 打印机(可打印) 上 的 HP 属性 对话框中打开 共享 选项卡，如图 3.4.23 所示。在该选项卡中可以设置是否共享该打印机。

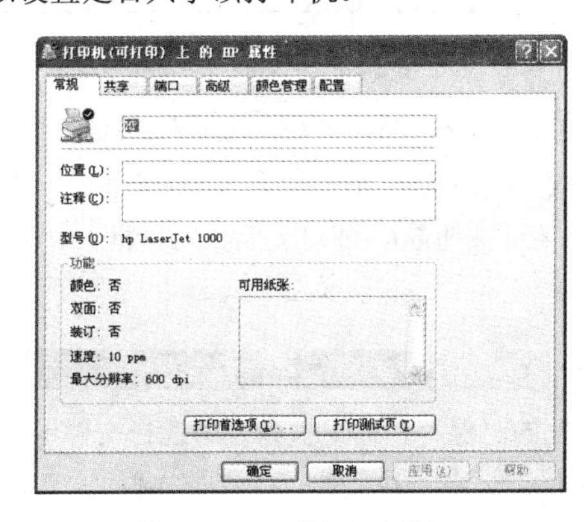

图 3.4.22 “常规”选项卡

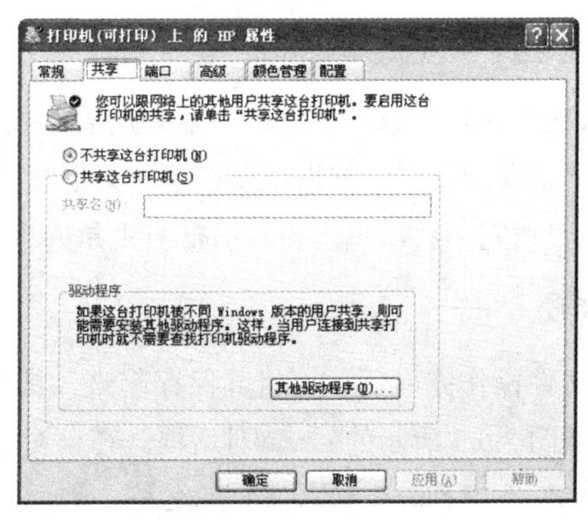

图 3.4.23 “共享”选项卡

（4）所有的参数设置完成后，单击确定按钮，完成打印机的属性设置。

3.5　Windows XP 附件程序及其应用

Windows XP 系统在附件中集成了一些常用的程序，当用户要处理一些要求不是很高的工作时，可以利用附件中的工具来完成。

3.5.1　记事本

记事本是一个基本的文本编辑器，用于编辑一些简单的文档。下面介绍记事本的基本操作。

1．打开

打开记事本的方法是：单击开始按钮，在弹出的菜单中选择程序(P)→附件→记事本命令，即可打开如图 3.5.1 所示的无标题 - 记事本窗口。

2．文本操作

使用记事本可以编辑文本，在光标所在的位置可以直接输入文字。如果输入错误，则按“Delete”键删除光标前的文字；如果要复制文本，则先选定该文本，然后按“Ctrl+C”快捷键，再将光标定位于目标位置，按“Ctrl+V”快捷键可将被复制的内容粘贴到当前位置。

3．查找

使用记事本中提供的菜单命令还可以快速找到所要查找的文字，其具体操作步骤如下：

（1）选择编辑(E)→查找(F)... Ctrl+F命令，弹出如图 3.5.2 所示的查找对话框。

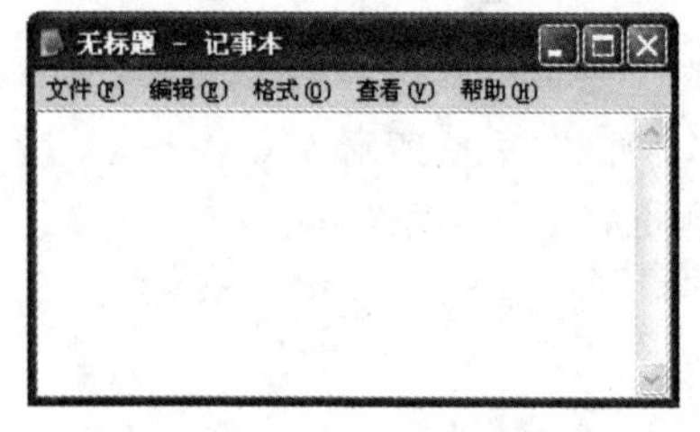

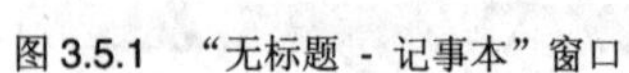
图 3.5.1　“无标题 - 记事本”窗口

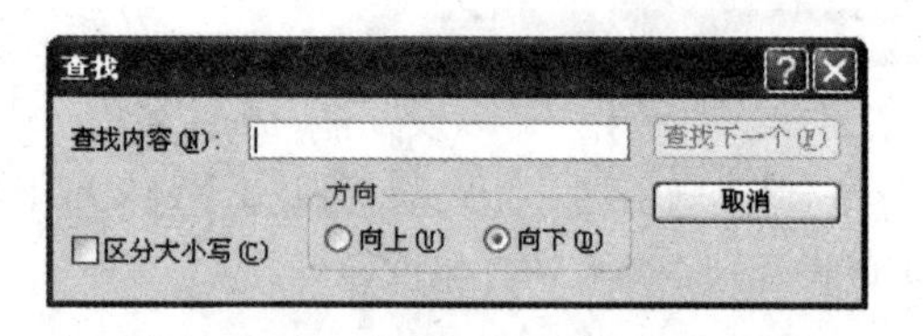

图 3.5.2　“查找”对话框

（2）在“查找内容”文本框中输入所要查找的文字，然后单击查找下一个(F)按钮，即可在文本中找到所要查找的文字，如果还要在下一处继续查找，则继续单击查找下一个(F)按钮。

（3）查找完毕后，单击该对话框右上角的“关闭”按钮，即可关闭该对话框。

4．保存

在对文件操作完成后，可将其保存起来，其方法是：选择文件(F)→保存(S) Ctrl+S命令，弹出如图 3.5.3 所示的另存为对话框。在该对话框的“保存在”下拉列表中选择文件保存的位置；在“文件名”下拉列表中输入文件的名称，然后单击保存(S)按钮即可保存该文件。

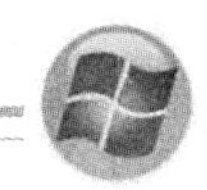

图 3.5.3　“另存为”对话框

5. 关闭

关闭“记事本”窗口通常有以下两种方法：

（1）选择 文件(F) → 退出(X) 命令。

（2）单击窗口右上角的“关闭”按钮。

提示 如果编辑后的文件没有保存，当关闭该窗口时，将弹出一个确认提示框，在该提示框中单击 是(Y) 按钮，保存该文件并关闭“记事本”窗口。

3.5.2　画图

画图是一种绘图工具，使用该工具可以创建自己喜爱的图形，并将这些图形保存为位图文件(.bmp 格式)。另外，使用画图工具还可以处理“gif”“jpg”等格式的图片。

1. 打开

单击 开始 按钮，选择 程序(P) → 附件 → 画图 命令，即可打开如图 3.5.4 所示的 未命名 - 画图 窗口。

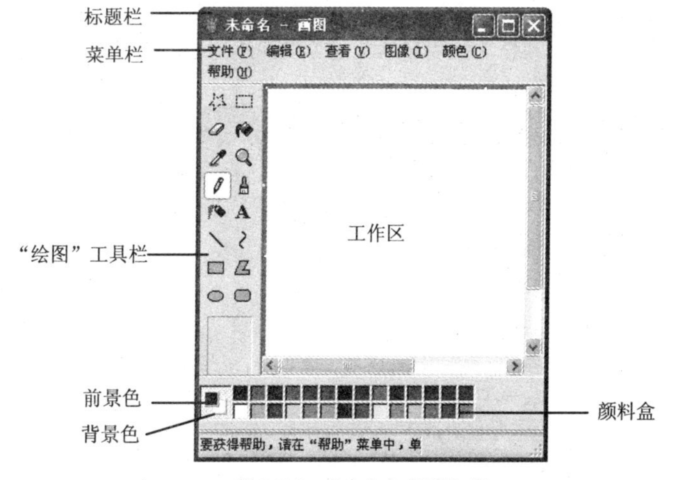

图 3.5.4　“未命名-画图”窗口

2. 绘制图形

利用工具栏中的各工具按钮可以绘制图形，单击“绘图”工具栏中的“铅笔”按钮，当鼠标指针变成形状时，按住鼠标左键拖动即可绘制图形。

3. 设置图形

设置图形包括设置图形的大小和色彩、翻转和旋转、拉伸和扭曲等。

（1）设置图形大小和色彩。设置图形大小和色彩的具体操作步骤如下：

1）选择 图像(I) → 属性(A)... Ctrl+E 命令，弹出如图 3.5.5 所示的 属性 对话框。

2）在该对话框的“宽度”和“高度”文本框中输入所需的数值。

3）在“单位”选项组中选择所需的单位。

4）在“颜色”选项组中选择所需的颜色。

5）设置完成后，单击 确定 按钮。

（2）设置图形翻转和旋转。其具体操作步骤如下：

1）选定需要翻转和旋转的图形范围。

2）选择 图像(I) → 翻转/旋转(F)... Ctrl+R 命令，弹出如图 3.5.6 所示的 翻转和旋转 对话框。

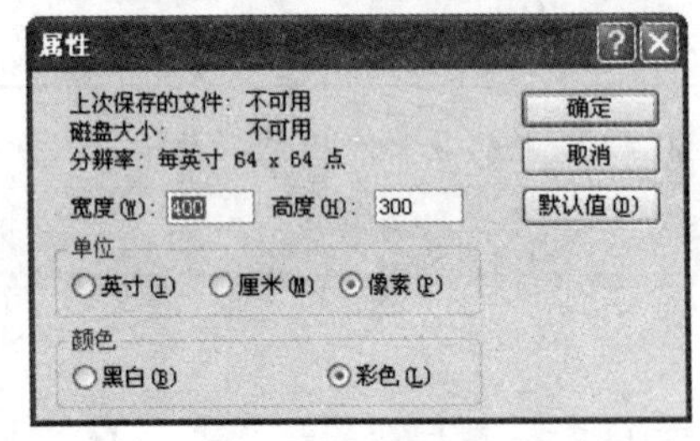

图 3.5.5 “属性”对话框

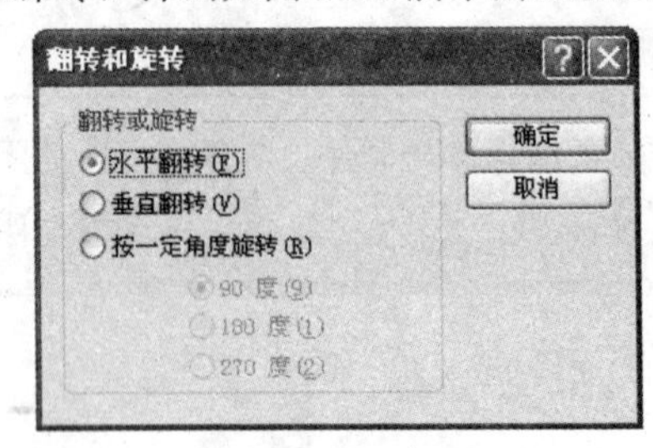

图 3.5.6 “翻转和旋转”对话框

3）在“翻转或旋转”选项组中选择翻转的方式或旋转的角度。

4）设置完成后，单击 确定 按钮。

（3）设置图形拉伸和扭曲。其具体操作步骤如下：

1）选定需要拉伸和扭曲的图形范围。

2）选择 图像(I) → 拉伸/扭曲(S)... Ctrl+W 命令，弹出如图 3.5.7 所示的 拉伸和扭曲 对话框。

3）在“拉伸”选区中的“水平”和“垂直”文本框中设置“水平拉伸”和“垂直拉伸”的百分比。

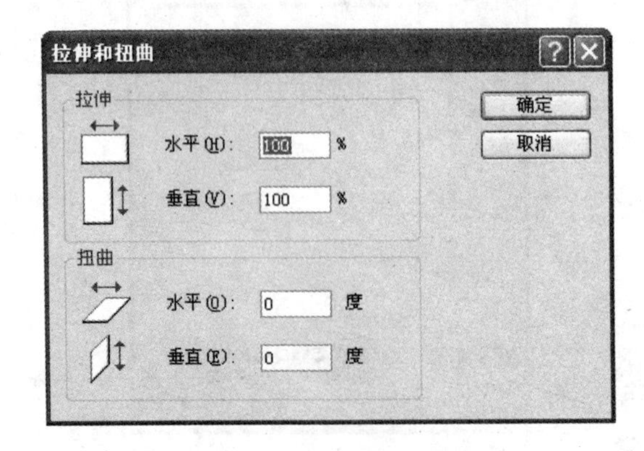

图 3.5.7 “拉伸和扭曲”对话框

4）在“扭曲”选区中的“水平”和“垂直”文本框中设置“水平拉伸”和“垂直拉伸”的度数。

5）设置完成后，单击 确定 按钮。

4．保存

如果要对绘制的图形进行保存，其具体操作步骤如下：

（1）选择 文件(F) → 保存(S) Ctrl+S 命令。

（2）在弹出的 保存为 对话框的“保存在”下拉列表中选择文件保存的位置；在“文件名”下拉列表中输入文件的名称。

（3）单击 保存(S) 按钮即可保存。

5．关闭

关闭画图工具窗口通常有以下两种方法：

（1）选择 文件(F) → 退出(X) 命令。

（2）单击窗口右上角的“关闭”按钮 ✕。

3.5.3　系统工具

Windows XP 中的系统工具主要是对计算机中的磁盘进行管理。在日常工作中，经常会对程序进行安装、卸载、文件复制、下载程序文件等操作，这样会对计算机的硬盘产生许多磁盘碎片或大量的临时文件，导致计算机的运行速度减慢，降低计算机的性能。因此需要对磁盘进行定期维护，使计算机处于一种良好的工作状态。

1．磁盘清理

磁盘清理是将磁盘中的临时文件进行清除，以便释放出更多的磁盘空间，这样有利于提高磁盘的利用率。对磁盘进行清理的具体操作步骤如下：

（1）单击 开始 按钮，选择 程序(P) → 附件 → 系统工具 → 磁盘清理 命令，在弹出的 选择驱动器 对话框的“驱动器”下拉列表中选择需要清理的磁盘，例如 C 盘。

（2）单击 确定 按钮，弹出如图 3.5.8 所示的 (C:)的磁盘清理 对话框。

（3）在“要删除的文件”列表框中选择要删除的文件，然后单击 确定 按钮将其删除。

2．磁盘碎片整理

磁盘使用久了会产生大量的不连续空间，这样会造成运行速度减慢等现象，可以使用磁盘碎片整理程序来整理计算机上的文件和未使用的空间，以提高磁盘的读取速度及减少新文件出现碎片的可能性。磁盘碎片整理的具体操作步骤如下：

（1）单击 开始 按钮，选择 程序(P) → 附件 → 系统工具 → 磁盘碎片整理程序 命令，打开如图 3.5.9 所示的 磁盘碎片整理程序 窗口。

（2）在该窗口中选择需要进行碎片整理的驱动器，然后单击 分析 按钮，系统开始对选中的驱动器进行分析，分析完毕后，弹出如图 3.5.10 所示的 磁盘碎片整理程序 对话框。

（3）单击 查看报告(R) 按钮，弹出如图 3.5.11 所示的 分析报告 对话框，在该对话框中查看报告结果。

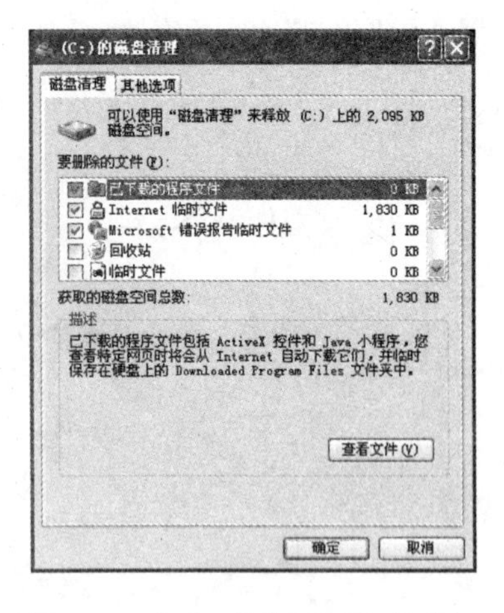

图 3.5.8 “(C:) 的磁盘清理”对话框

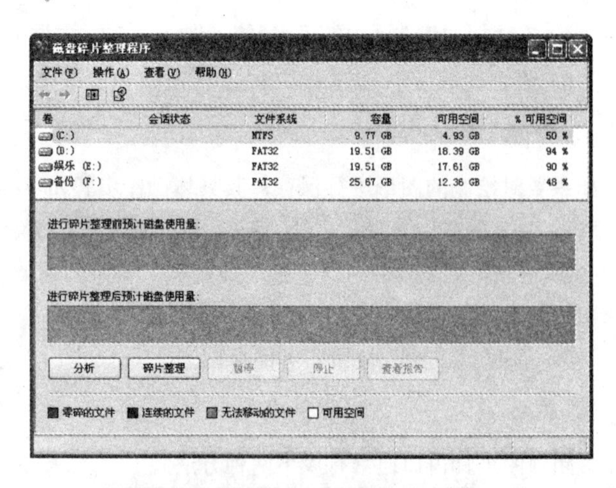

图 3.5.9 “磁盘碎片整理程序”窗口

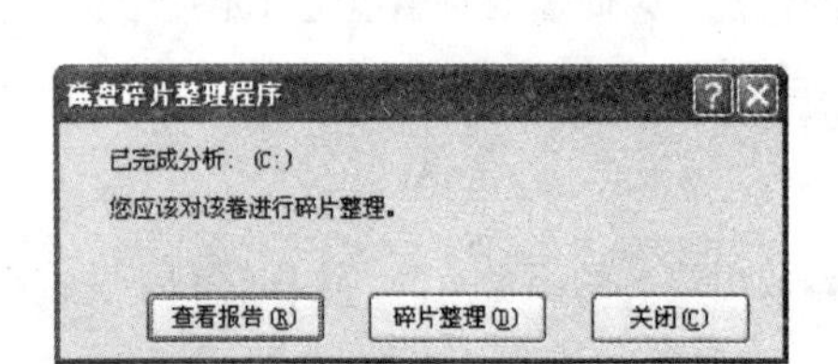

图 3.5.10 “磁盘碎片整理程序”对话框

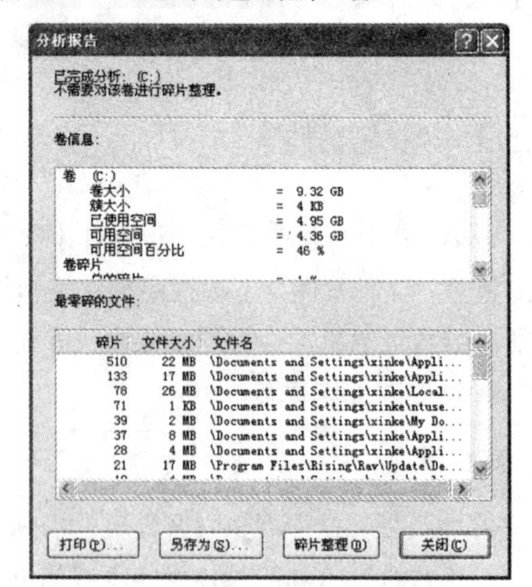

图 3.5.11 “分析报告”对话框

（4）如果在“分析报告”对话框中提示“您应该对该卷进行碎片整理”，则单击“碎片整理(D)”按钮开始整理，其过程如图 3.5.12 所示。

（5）整理完成后，系统将自动弹出如图 3.5.13 所示的“磁盘碎片整理程序”提示框，提示碎片已整理完毕。

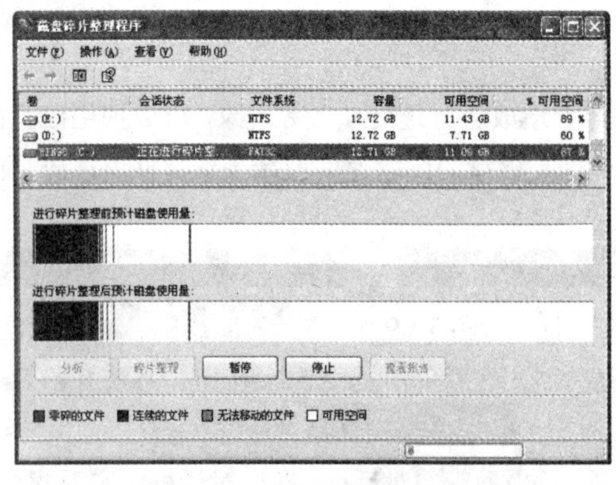

图 3.5.12 磁盘碎片整理过程

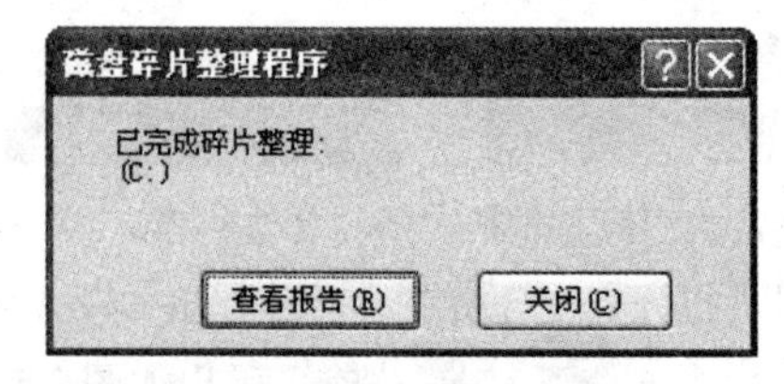

图 3.5.13 “磁盘碎片整理程序”提示框

（6）单击“关闭(C)”按钮即可。按同样方法可以整理其他磁盘。

3.5.4　计算器

Windows XP 提供了两种计算器，分别为标准计算器和科学计算器。利用这两种计算器不仅可以进行简单的数学运算，而且还可以进行复杂的函数和统计运算。

1. 标准计算器

使用标准计算器，可以进行简单的数学计算。选择 开始 → 所有程序(P) → 附件 → 计算器 命令，即可打开“标准计算器”，如图 3.5.14 所示。

2. 科学计算器

使用科学计算器，可以进行更高级的科学计算和统计运算。在打开的“标准计算器”窗口中选择 查看(V) → 科学型(S) 命令，即可打开“科学计算器”，如图 3.5.15 所示。

图 3.5.14　标准计算器

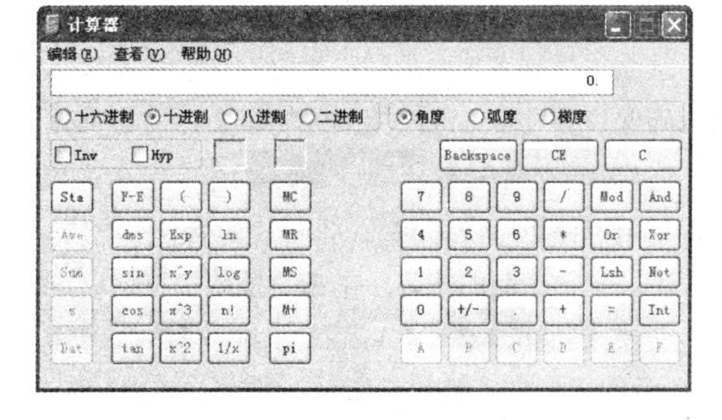

图 3.5.15　科学计算器

3.5.5　写字板

使用写字板可以进行基本的文本编辑或网页创建，不同于记事本的是，写字板可以创建或编辑包含格式或图形的文件。

选择 开始 → 所有程序(P) → 附件 → 写字板 命令，打开如图 3.5.16 所示的 文档 - 写字板 窗口。

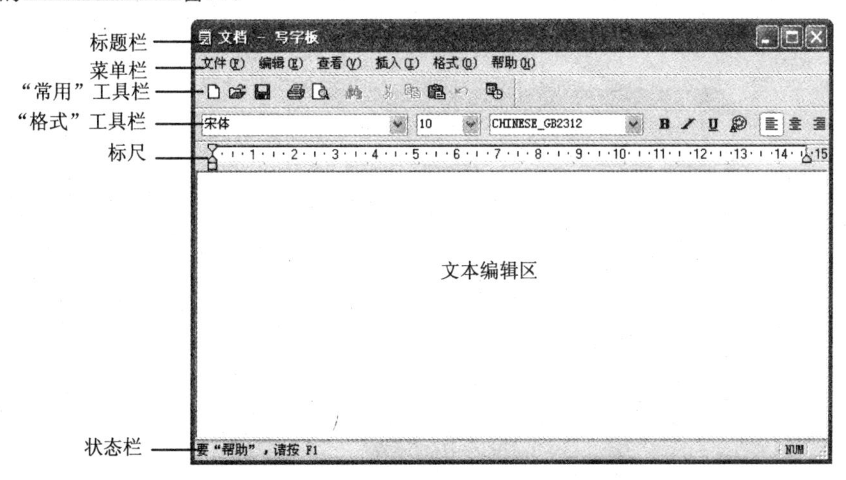

图 3.5.16　“文档-写字板”窗口

该窗口主要由标题栏、菜单栏、“常用”工具栏、“格式”工具栏、标尺、文本编辑区和状态栏组成。

用户在文本编辑区中输入文本，就可以使用“常用”工具栏和“格式”工具栏中的命令按钮或菜单命令对其进行各种编辑操作。

3.5.6 多媒体工具

Windows XP 提供了多媒体应用程序，用于对文字、声音、图像、视频、动画等的编辑。可以从“开始”菜单中启动这些应用程序，本节只对录音机做一个详细介绍。

“录音机”应用程序可以用来录制与声卡相连的任何设备中的声音，它可以完成对波形音频的录制、播放、剪辑等操作。

（1）启动录音机。选择 开始 → 所有程序(P) → 附件 → 娱乐 → 录音机 命令，即可启动录音机，启动后的窗口如图 3.5.17 所示。

（2）录制与播放声音。录制与播放声音的具体操作如下：

1）确保音频设备已经连接到计算机上，启动“录音机”。

2）选择 文件(F) → 新建(N) 命令，单击“录音”按钮●，开始录音。

3）单击“停止”按钮■，停止录音。

4）若要播放录制的声音，单击“播放”按钮▶即可。

5）若要关闭 声音 - 录音机 窗口，单击 声音 - 录音机 窗口右上角的“关闭”按钮✕，弹出如图 3.5.18 所示的提示框。单击 是(Y) 按钮，弹出如图 3.5.19 所示的 另存为 对话框，可将更改后的声音文件保存在指定的文件夹中；单击 否(N) 按钮，则不保存被改动的声音文件直接关闭窗口；单击 取消 按钮，则放弃关闭操作。

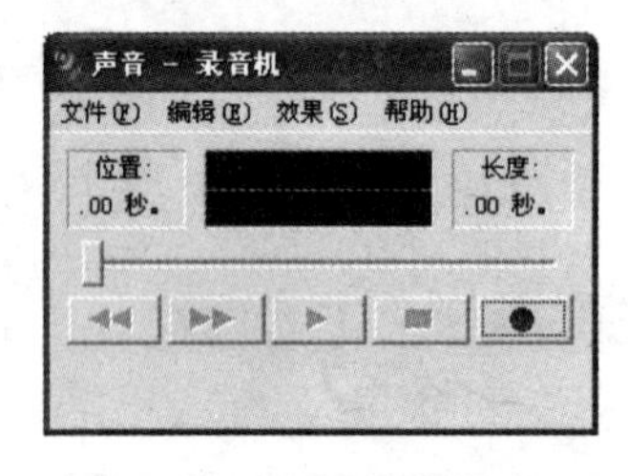

图 3.5.17 “声音 - 录音机”窗口

图 3.5.18 提示框

图 3.5.19 “另存为”对话框

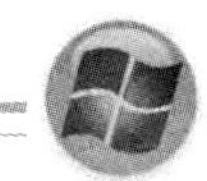

注意　录制的声音被保存为波形（.wav）文件。

（3）设置声音属性。设置声音属性的具体操作步骤如下：

1）选择 编辑(E) → 音频属性(U) 命令，弹出如图 3.5.20 所示的 声音属性 对话框。

2）在“声音播放”设置区域选择播放声音的设备。

3）在“录音”设置区域单击 音量(O)... 按钮，在弹出的 录音控制 窗口中对录音的音量进行控制，如图 3.5.21 所示。

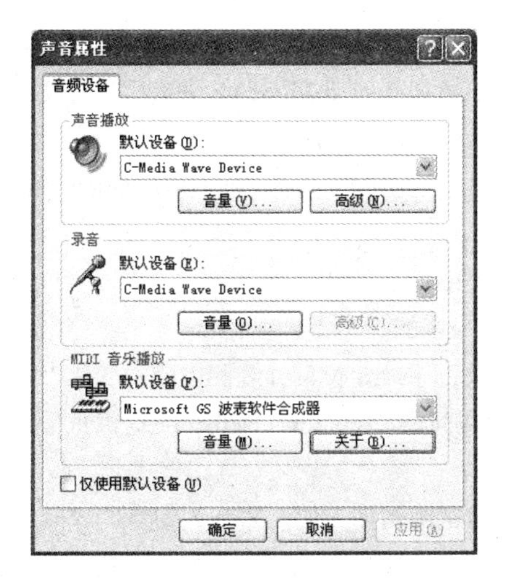

图 3.5.20　“声音属性”对话框

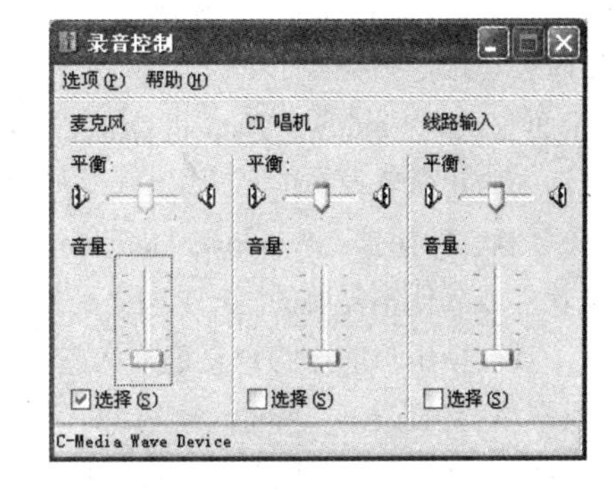

图 3.5.21　“录音控制”窗口

（4）单击 确定 按钮，即可完成对声音属性的设置。

3.6　认识 Windows Vista

Windows Vista 以其突破性的设计、轻松易用的查找和组织工具以及更安全的上网体验显示出诸多独到之处。它代表迄今以来微软发布的质量最高且获得反馈最多的操作系统，是新一代 PC、应用程序、硬件和设备的核心，用户能够获益于整个产业生态系统合作的共同成果，并享受前所未有的个人计算体验。

3.6.1　Windows Vista 的特点

Windows Vista 主要有以下几个特点：

1. 快速、方便的查找功能

（1）快速查找资料。即时查找（Instant Search）功能能够帮助用户在 PC 上轻松地查找任意文档、照片、电子邮件、歌曲、视频、文件或程序。活动图标（Live Icon）显示每个文件的内容缩略图，让用户一目了然。Windows Vista（家庭高级版、商用版和旗舰版）中提供的 Windows Flip 3D 以 3D 视角快速翻转所有打开的窗口，为用户提供一种全新的方式来查找自己需要的窗口。

（2）井然有序的文件组织。用户可以为文件添加“标签”，从而便于查找。它们可以用最有效的方式存储、组织和提取信息，而不仅限于传统的文件夹方式。

（3）快速接入。Windows Vista 中的新技术让 PC 在执行日常任务时极大地提高反应速率，改进的启动和睡眠功能有助于台式电脑和移动 PC 在瞬间完成启动、运行和关闭的操作。

2．安全、可靠性能

Windows Vista 是微软公司推出的最安全可靠的 Windows 版本，在用户浏览网页或从事其他在线活动时提供史无前例的安全感和控制性能。

（1）多层安全保护。Windows Vista 具备共同协作的多层保护，包括强大的默认保护，如 Windows Vista 中的 Windows Internet Explorer 7 具备的保护模式（Protected Mode）。保护模式有助于防止恶意代码悄无声息地安装到用户的计算机上。为了进一步减少网络交易中用户身份被泄露的情况，增加用户的安全感，当 Internet Explorer 7 在地址栏检测到用户正在浏览具备 Extended Validation Certificate 的安全网站时会呈绿色高亮显示。

（2）全面测试。Windows Vista 和 Office system 2007 这两款产品在全球数百万客户的帮助下设计完成，是迄今为止微软发布的质量最高、得到反馈最多的版本。

（3）防恶意软件保护。Windows Defender 监控关键系统定位，并观测电脑的变化，以便了解是否存在恶意软件或其他不需要的程序。如果经检测存在问题，Windows Defender 提供直接而彻底的间谍软件移除工具，使用户的电脑恢复正常状态。

（4）反网络钓鱼保护。Windows Vista 帮助阻截试图诱使人们泄露个人信息的“网络钓鱼”网站。微软反网络钓鱼技术结合针对可疑网站特征的客户端扫描，通过在线附加服务提供给用户，每小时都根据业内最新的关于欺诈网站的信息进行数次更新，从而及时地提醒用户防范可疑的网站。

（5）家庭安全设置。Windows Vista 针对孩子使用电脑的情况为家长提供全新层次的控制性能。根据实际需要，家长们有以下选择：限制孩子使用电脑的时间段和时间长度，限制孩子访问的网站和使用的应用程序，根据名称、内容或 Entertainment Software Rating Board（ESRB）级别限制 PC 游戏的使用以及创建有关孩子在线操作和其他电脑使用情况的报告等信息。

3．更强的娱乐功能

Windows Vista 重新诠释了数字娱乐，为人们提供更轻松的方式来管理和欣赏数量不断增多的数字音乐、照片、影片和其他娱乐内容。

（1）轻松地管理音乐。在 Windows Media Player 11 中，人们可以用和查找文档、程序同样的高级搜索技术来搜索音乐。可自定义的艺术专辑和视图排列让人们可以像浏览 CD 集合那样查看数字音乐，同时快如闪电的 Wordwheel 查找工具帮助用户在大批收集的音乐中迅速搜索。此外，Windows Media Player 11 能够与 200 多种便携式播放机和家庭网络设备配合使用。

（2）亲手制作数字纪念品。有了 Windows Vista，即使不懂技术，也能将照片和家庭录像与音乐、标题和创新性过渡效果等综合起来，制作数字纪念品。新的 Windows Photo Gallery 和增强的 Windows Movie Maker 帮助人们轻松地将照片和视频上传、修复或传输到 DVD2 及便携式移动设备，便于和他人分享。

（3）全新的播放水平。只有 Windows Vista 才能充分发挥 DirectX 10 技术的优势，在进行游戏时提供更真实的图像、复杂的环境和角色效果。新的 Games Explorer 和 Game Folder 有助于轻松地查找和进行游戏。玩家可以像在 Xbox 360 控制台上进行游戏那样在 PC 上使用控制装置。

4．互联性能

Windows Vista 让人们随时随地享受数字娱乐和其他资源。

（1）美妙体验的延伸。Windows Vista 中的 Windows Media Center 让人们在家中随心所欲地分享数字音乐、电视、图片及其他娱乐内容，或把内容传输到 Xbox 360 控制台。用户还可以使用 Media Center 遥控器在沙发上舒适地调节音量，控制娱乐的节奏。

（2）旅途好帮手。Windows Vista 中的 Tablet PC3 功能让人们无论身在何处，都能享受全面的计算体验，同时消除移动计算存在的大部分典型问题。用户可以不需要键盘就能轻松地进行工作，并和家中、办公室或移动设备上的信息进行同步。他们可以观看电视节目、浏览收集的照片，甚至在移动 PC 上编辑家庭录像。

（3）Origami Experience。超便携 PC（Ultra-mobile PC）结合了 Windows Vista 的完整功能和优势，其设计具备轻巧、易于携带等特点，为互联数字生活提供更多选择。很多新式超便携 PC 得益于微软的创新型软件，例如 Origami Experience 和 Windows tablet，以及“触摸”技术，使连接、交流和任务的完成更为便捷，即使在旅途中也能随时享受娱乐。

3.6.2 Windows Vista 的硬件要求

Windows Vista 的硬件要求分为“Visa Capable”和“Vista Premium Ready”两个规格。

（1）Windows Vista Capable PC。要求 CPU 最低为 800 MHz，内存至少 512 MB，硬盘空间至少 15 GB，兼容显卡 DirectX 9，显示器分辨率至少 800×600，光驱为 CD-ROM，当然，这一规格不可能运行 Aero 特效。

（2）Windows Vista Premium Ready。要求 CPU 最低为 1 GHz，内存至少 1 GB，显卡 DirectX 9（支持 WDDM 驱动），显存至少 128 MB（对 Aero 至关重要），支持 Pixel Shader 2.0，DVD-ROM 光驱，声卡，互联网链接以及 40 GB 硬盘，15 GB 空余硬盘空间——也许用户可以在这个配置上运行 Aero 特效。

3.7 典型实例——Windows XP 的环境设置

下面利用本章所学的知识设置 Windows XP 的系统环境，包括桌面背景、系统日期和时间的设置。

（1）设置桌面背景。具体操作步骤如下：

1）打开“控制面板”窗口。若该窗口在分类视图模式下，则选择“外观和主题”选项，打开“外观和主题”窗口。

2）在窗口中选择“更改桌面背景”选项，如图 3.7.1 所示，弹出“显示 属性”对话框，并打开“桌面”选项卡，如图 3.7.2 所示。在该选项卡中单击 浏览(B)... 按钮，弹出“浏览”对话框，在该对话框中选择要使用的图片文件，然后单击 确定 按钮。

（2）设置系统日期和时间。具体操作步骤如下：

1）在“控制面板”窗口中单击“日期、时间、语言和区域设置”选项，打开“日期、时间、语言和区域设置”窗口，如图 3.7.3 所示。

2）在该窗口中单击“更改日期和时间”选项，弹出“日期和时间 属性”对话框，如图 3.7.4 所示。在该对话框中更改日期和时间值。

3）设置完成后，单击确定按钮即可。

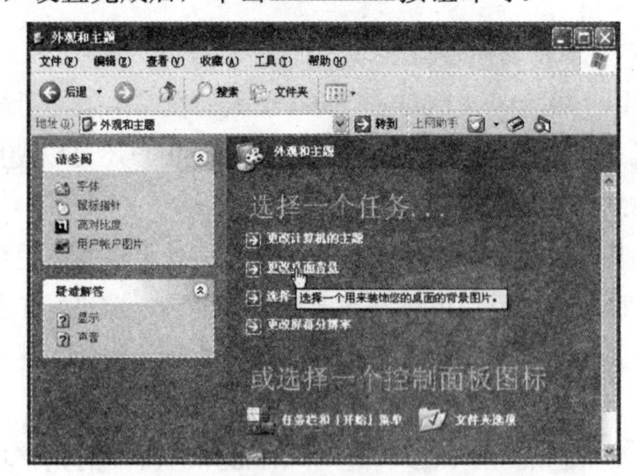

图 3.7.1　选择“更改桌面背景”选项

图 3.7.2　“桌面”选项卡

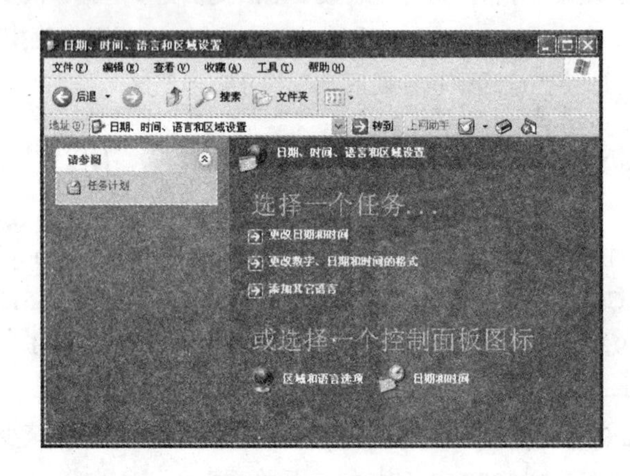

图 3.7.3　“日期、时间、语言和区域设置”窗口

（3）设置键盘和鼠标属性，具体操作步骤如下：

1）在“控制面板”窗口中单击“打印机和其他硬件”选项，打开“打印机和其他硬件”窗口，如图 3.7.5 所示。

2）在该窗口中单击“鼠标”选项，弹出“鼠标 属性”对话框。在该对话框的“指针选项”选项卡中设置鼠标的显示踪迹，如图 3.7.6 所示。

3）单击确定按钮返回到“打印机和其他硬件”窗口，在该窗口中单击“键盘”选项，弹出“键盘 属性”对话框，如图 3.7.7 所示。在该对话框中设置键盘属性。

图 3.7.4　“日期和时间 属性”对话框

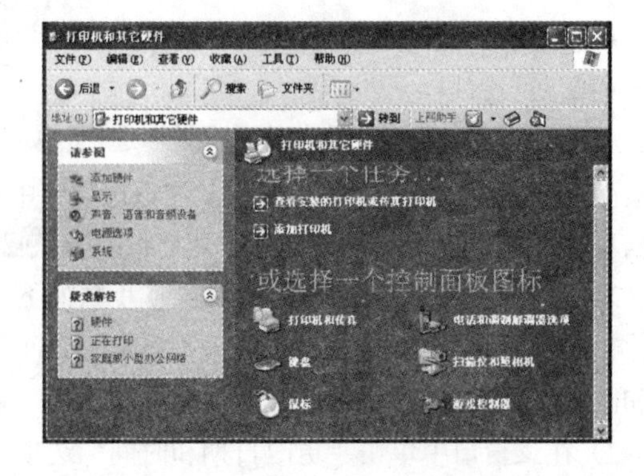

图 3.7.5　“打印机和其他硬件”窗口

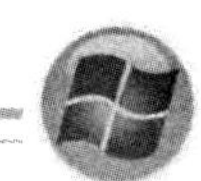

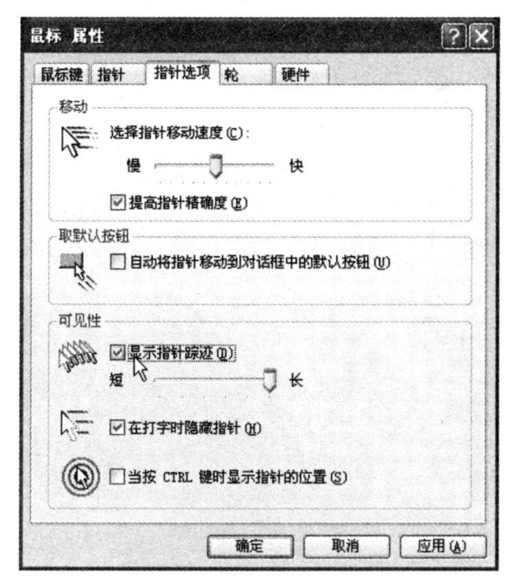

图 3.7.6　设置鼠标的显示踪迹

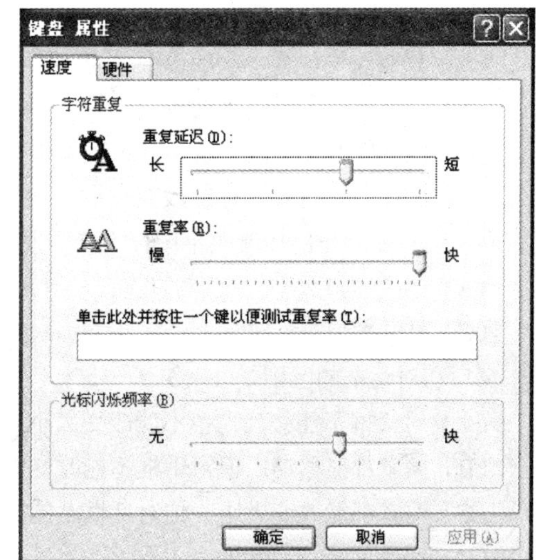

图 3.7.7　“键盘 属性”对话框

（4）所有设置完成后，单击 确定 按钮即可。

小　　结

本章主要介绍了 Windows XP 操作系统的使用方法，通过本章的学习，读者应了解操作系统的基本知识和各种操作方法，并能熟练地运用资源管理器和控制面板等，为将来深入学习计算机知识奠定坚实的基础。

过关练习三

一、填空题

1. __________是 Windows XP 中一个常用来管理文件的工具，它显示了用户计算机上的文件、文件夹和驱动器的分层结构。

2. 按快捷键__________也可以打开“开始”菜单，在打开“开始”菜单后再按键盘上的__________键选择需要的命令，然后按__________键即可打开相应的应用程序。

3. 资源管理器窗口分为左右两部分，左边窗口称为________，用于显示________、________、________的层次结构；右边窗口显示左面窗口中选定对象所包含的________、________和________。

4. 为保护某些文件或文件夹，可以将其属性设置为__________、__________或__________ 3 种类型。

二、选择题

1. 在 Windows XP 资源管理器中为用户提供了（　）种文件的显示方式。

（A）3　　　　（B）4

（C）5　　　　（D）6

2. 在 Windows 中，任务栏（　）。

（A）只能改变位置，不能改变大小

（B）只能改变大小，不能改变位置

（C）既不能改变位置，也不能改变大小

（D）既能改变位置，也能改变大小

3. 利用窗口左上角的控制菜单图标不能实现的操作是（　）。

（A）改变窗口大小　　（B）移动窗口

（C）打开窗口　　（D）关闭窗口

4. 窗口和对话框的区别是（　）。

（A）对话框不能移动，也不能改变大小

（B）两者都能移动，但对话框不能改变大小

（C）两者都能改变大小，但对话框不能移动

（D）两者都能移动和改变大小

5. 在 Windows XP 的“资源管理器”左部窗口中，若显示的文件夹图标前带有加号（+），意味着该文件夹（　）。

（A）含有下级文件夹　　（B）不含下级文件夹

（C）仅含文件　　（D）为空的文件夹

6. 在 Windows XP 中复制文件的快捷键是（　）。

（A）Ctrl+C　　（B）Alt+C

（C）Alt+V　　（D）Ctrl+V

7. 在 Windows XP 中粘贴文件的快捷键是（　）。

（A）Ctrl+C　　（B）Alt+C

（C）Alt+V　　（D）Ctrl+V

三、简答题

1. 简述操作系统的概念。

2. 简述 Windows XP 的新增功能。

四、上机操作题

1. 利用控制面板设置具有个人特点的计算机属性。

2. 在控制面板中新建一个用户账户。

3. 使用资源管理器来对文件和文件夹进行各种操作。

4. 将自己的照片或喜欢的图片，选择一张作为桌面背景。

5. 在计算机中添加应用程序。

6. 在磁盘中创建文件夹，并根据其用途进行命名。

第4章　文字处理软件 Word 2007

Word 2007 是美国微软公司最新推出的办公自动化套件 Office 2007 的组件之一，是目前世界上最流行的文字处理软件，具有功能强大、操作简单、易学易用的特点，适合众多的普通计算机用户、办公人员和专业排版人员使用。使用 Word 2007，用户可以更加轻松和方便地使用办公过程中的文字处理软件。

本章重点

（1）Word 2007 的基础知识。
（2）Word 2007 的视图方式。
（3）文档的创建和编辑。
（4）格式的设置。
（5）插入图形。
（6）表格的使用。
（7）页面设置和打印输出。
（8）典型实例——制作学生成绩表。

4.1　Word 2007 的基础知识

Microsoft Office Word 2007 提供了一套完整的工具，供用户在新的界面中创建文档并设置格式，从而帮助用户制作出具有专业水准的文档。丰富的审阅、批注和比较功能，有助于快速收集和管理来自周围的反馈信息。高级的数据集成可确保文档与重要的业务信息源时刻相连。

4.1.1　Word 2007 的新增功能

Word 2007 与以前版本的软件相比，功能更加强大、完善，主要体现在以下几个方面。

1．创建具有专业水准的文档

Word 2007 提供的编辑和审阅工具，使用户比以前任何时刻都能更轻松地创建精美的文档。

（1）减少格式设置的时间，把更多精力花在撰写上。面向结果的新界面在用户需要的时候清晰而条理分明地为用户提供多种工具，用户可以从收集了预定义样式、表格格式、列表格式、图形效果等内容的库中进行挑选，在用户提交更改之前就能实时而直观地预览文档中的格式，这样不仅可以节省时间，还能更充分地利用 Word 强大的功能。

（2）点几下鼠标即可添加预设格式的元素。Word 2007 引入了构建基块，供用户将预设格式的内容添加到文档中。在处理特定模板类型（如报告）的文档时，用户可以从收集了预设格式封面、重要引述、页眉和页脚等内容的库中进行挑选，从而令文档看上去更加精美。如果希望自定义预设格式的内容，或者用户经常使用相同的一段内容（如法律免责声明或客户联系信息），只须点一下鼠标，

就可以从库中进行挑选，创建自己的构建基块。

（3）利用极富视觉冲击力的图形更有效地进行沟通。新的图表和绘图功能包含三维形状、透明度、阴影以及其他效果，使用户可以更加有效地进行相互沟通。

（4）即时对文档应用新的外观。当用户的公司更新其形象时，用户可以立即在文档中进行仿效。通过使用“快速样式”和“文档主题”，可以快速更改整个文档中的文本、表格和图形的外观，以便与首选的样式和配色方案相匹配。

（5）轻松避免拼写错误。下面列出了拼写检查的部分新功能。

1）在 Microsoft Office 2007 的各个程序之间，拼写检查更加一致。如果用户在一个 Office 程序中更改了其中某个选项，则在 Office 所有其他程序组件中，该选项也会随之改变。Office 除了共享相同的自定义词典外，所有程序还可以使用同一个对话框来管理这些词典。

2）Microsoft Office 2007 拼写检查包括后期修订语法词典，但是在 Microsoft Office 2007 中，它是一个加载项，需要单独安装。

3）拼写检查可以查找并标记某些上下文拼写错误。在 Word 2007 中，可以启用“使用上下文拼写检查”选项来获取关于查找和修复此类错误的帮助。当对使用英语、德语或西班牙语的文档进行拼写检查时，可以使用此选项。

2. 放心地共享文档

当用户向同事发送文档草稿以征求他们的意见时，Word 2007 可以帮助用户有效地收集和管理返回的修订和批注。在用户准备发布文档时，Word 2007 可以帮助确保所发布的文档中不存在任何未经处理的修订和批注。

（1）快速比较文档的两个版本。Word 2007 可以轻松找出对文档所做的更改。比较并合并文档时，可以查看文档的两个版本，而已删除、插入和移动的文本则会清楚地标记在文档的第三个版本中。

（2）查找和删除文档中的隐藏源数据和个人信息。在与其他用户共享文档之前，可使用文档检查器检查文档，以查找隐藏的源数据、个人信息或可能存储在文档中的内容。文档检查器可以查找和删除以下信息：批注、版本、修订、墨迹注释、文档属性、文档管理服务器信息、隐藏文字、自定义 XML 数据，以及页眉和页脚中的信息。文档检查器可以帮助确保用户与其他用户共享的文档中不包含任何隐藏的个人信息，或用户的组织可能不希望分发的任何隐藏内容。

（3）向文档中添加数字签名或签名行。可以通过向文档中添加数字签名来帮助为文档的身份验证、完整性和来源提供保证。在 Word 2007 中，用户可以向文档中添加不可见的数字签名，也可以插入 Microsoft Office 2007 签名行来捕获签名的可见表示形式以及数字签名。

通过使用 Office 文档中的签名行捕获数字签名的功能，可对合同或其他文档使用无纸化签署过程。与纸质签名不同，数字签名能提供精确的签署记录，并允许在以后对签名进行验证。

（4）将 Word 文档转换为 PDF 或 XPS 格式。Word 2007 支持将文件导出为可移植文档格式（PDF）和 XML 纸张规范格式（XPS）等。

PDF 是一种版式固定的电子文件格式，可以保留文档格式并允许文件共享。当联机查看或打印 PDF 格式的文件时，该文件可以保持与原文完全一致的格式，文件中的数据也不能被轻易更改。对于要使用专业印刷方法进行复制的文档，PDF 格式也很有用。

XPS 是一种电子文件格式，可以保留文档格式并允许文件共享。XPS 格式可确保在联机查看或打印该格式的文件时，该文件可以保持与原文完全一致的格式，文件中的数据也不能被轻易更改。

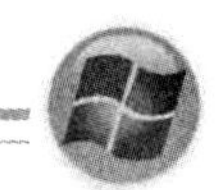

（5）即时检测包含嵌入宏的文档。Word 2007 对启用了宏的文档使用单独的文件格式（.docm），因此可以立即了解某个文件是否能运行任何嵌入的宏。

（6）防止更改文档的最终版本。在与其他用户共享文档的最终版本之前，用户可以使用“标记为最终版本”命令将文档设置为只读，并告知其他用户共享的是文档的最终版本。在将文档标记为最终版本后，键入、编辑命令以及校对标记都会被禁用，以防查看文档的用户不经意地更改该文档。“标记为最终版本”命令并非安全功能。任何人都可以通过关闭“标记为最终版本”来编辑标记为最终版本的文档。

3. 超越文档

如今，随着计算机的广泛使用，用户希望将文档存储于容量小、稳定可靠且支持各种平台的文件中。为满足这一需求，Microsoft Office 2007 在 XML 支持的发展方面实现了新的突破。基于 XML 的新文件格式使 Word 2007 文件变得更小、更可靠，并能与信息系统和外部数据源深入地集成。

（1）缩小文件大小并增强损坏恢复能力。新的 XML 格式是经过压缩、分段的文件格式，可大大缩减文件大小，并有助于确保损坏的文件能够轻松恢复。

（2）将文档与业务信息连接。在日常的业务中，用户需要创建文档来交换重要的业务数据。用户可通过自动完成该沟通过程来节省时间，并降低出错风险。使用新的文档控件和数据绑定连接到后端系统，即可创建能自我更新的动态智能文档。

（3）在文档信息面板中管理文档属性。利用文档信息面板，可以在使用 Word 文档时方便地查看和编辑文档属性。在 Word 中，文档信息面板显示在文档的顶部，用户可以使用文档信息面板来查看和编辑标准的 Microsoft Office 文档属性，以及已保存到文档管理服务器中的文件的属性。如果使用文档信息面板来编辑服务器文档的文档属性，则更新的属性将直接保存到服务器中。

4. 从计算机问题中恢复

Microsoft Office 2007 提供了经过改进的工具，用于在 Word 2007 发生问题时恢复工作成果。

（1）Office 诊断。Microsoft Office 2007 诊断包含一系列的诊断测试，可帮助用户发现计算机崩溃的原因。这些诊断测试可以直接解决一些问题，并可以确定解决其他问题的方法。

（2）程序恢复。改进了的 Word 2007 功能，有助于用户在程序异常关闭时避免丢失工作成果。只要可能，在重新启动后，Word 就会尽力恢复原有程序状态。

4.1.2 启动 Word 2007

启动 Word 2007 的方法有很多种，最常用的有以下 3 种。

1. 使用“开始”菜单栏启动

（1）单击桌面左下角的 开始 按钮，弹出“开始”菜单栏。

（2）选择 所有程序(P) → Microsoft Office → Microsoft Office Word 2007 命令，如图 4.1.1 所示，即可启动 Word 2007。

图 4.1.1 从“开始”菜单栏启动 Word 2007

2．使用桌面快捷方式启动

如果在 Word 2007 的安装过程中，根据屏幕的提示在桌面上建立了 Word 2007 快捷图标，用户只须双击该快捷图标，即可启动 Word 2007。

3．直接启动

在资源管理器中，找到要编辑的 Word 文档，直接双击此文档即可启动 Word 2007。

4.1.3 Word 2007 的工作界面

将 Word 2007 打开以后，就可以看到其工作界面，如图 4.1.2 所示。

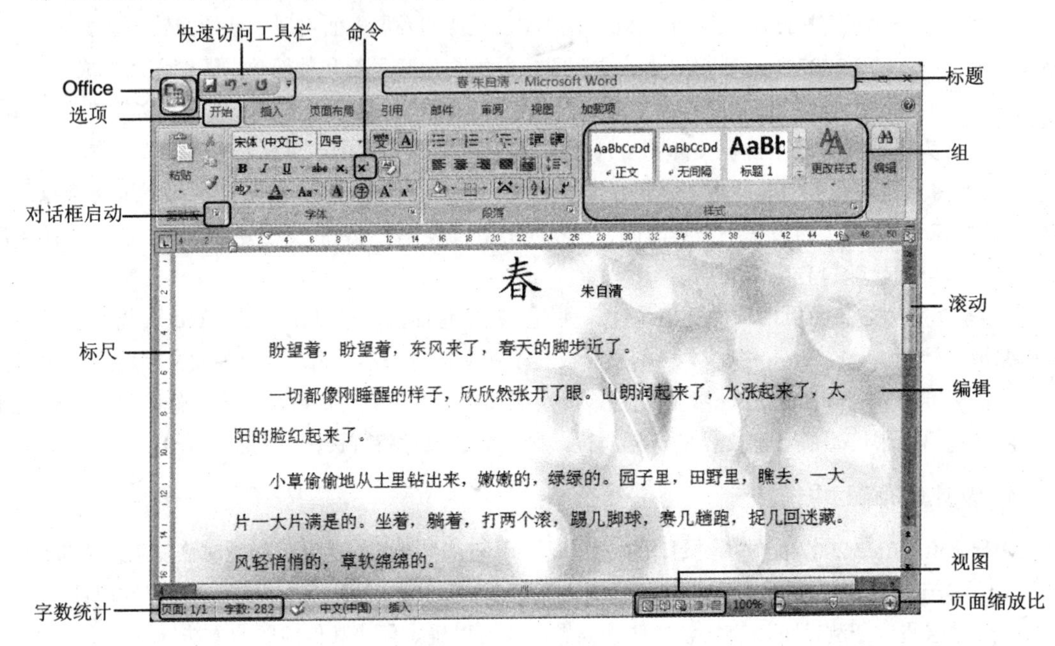

图 4.1.2 Word 2007 工作界面

Word 2007 的工作界面与以前版本的软件相比，有了很大的改进，下面介绍该界面中新增部分的功能。

1．Office 按钮

“Office”按钮位于 Word 窗口的左上角，单击该按钮，可打开 Office 菜单，如图 4.1.3 所示。

用户可以在该菜单中找到原 Word 2003“文件”菜单中的相关命令。

图 4.1.3 Office 菜单

2．快速访问工具栏

在默认情况下，快速访问工具栏位于 Word 窗口的顶部，如图 4.1.4 所示，使用它可以快速访问用户频繁使用的工具。用户可以将命令添加到快速访问工具栏，从而对其进行自定

义，具体操作步骤如下：

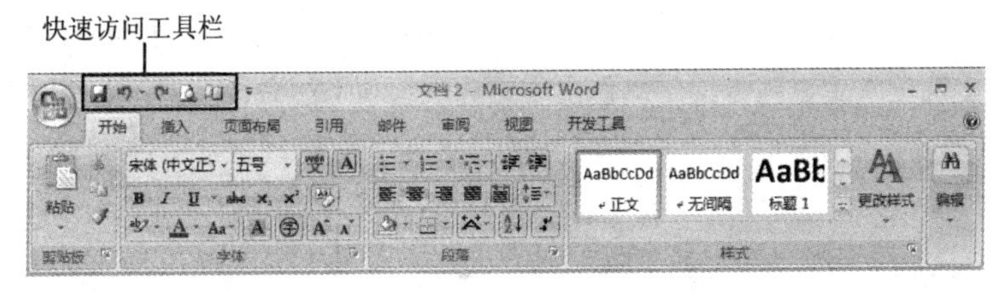

图 4.1.4 快速访问工具栏

（1）单击“Office”按钮，在弹出的菜单中选择 Word 选项(I) 选项。弹出 Word 选项 对话框，在该对话框左侧的列表中选择 自定义 选项，如图 4.1.5 所示。

图 4.1.5 “Word 选项”对话框

（2）在该对话框中的“从下列位置选择命令”下拉列表中选择需要的命令，然后在其下方的列表框中选择具体的命令，单击 添加(A) >> 按钮，将其添加到右侧的“自定义快速访问工具栏”下拉列表当中。

（3）添加完成后，单击 确定 按钮，即可将常用的命令添加到快速访问工具栏中。

3. 功能区用户界面

在 Office Word 2007 中，功能区是菜单和工具栏的主要替代控件。为了便于浏览，功能区包含若干个围绕特定方案或对象进行组织的选项卡，而且，每个选项卡的控件又细化为几个组。功能区能够比菜单和工具栏承载更加丰富的内容，包括按钮、库和对话框等，如图 4.1.6 所示。

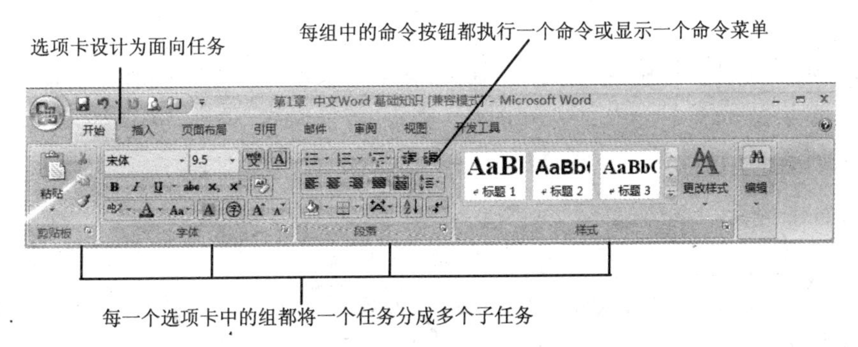

图 4.1.6 功能区用户界面

4. 上下文工具

上下文工具使用户能够操作在页面上选择的对象，如图、图片或绘图。当用户选择文档汇总的对象时，相关的上下文选项卡集以强调文字颜色出现在标准选项卡的旁边，如图 4.1.7 所示。

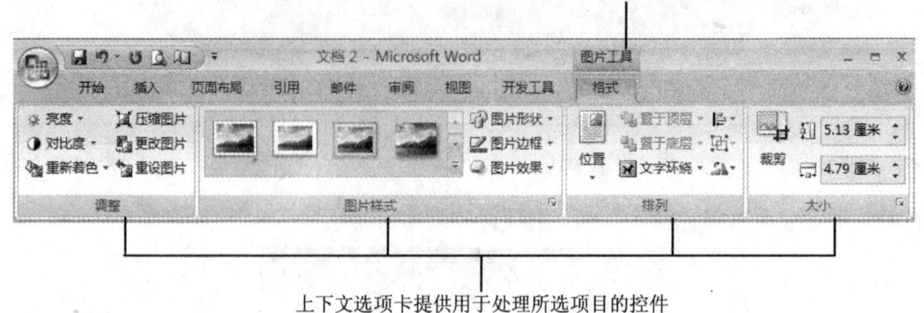

图 4.1.7　上下文工具

5. 程序选项卡

当用户切换到创作模式或视图（包括打印预览）时，程序选项卡会替换标准选项卡集，如图 4.1.8 所示。

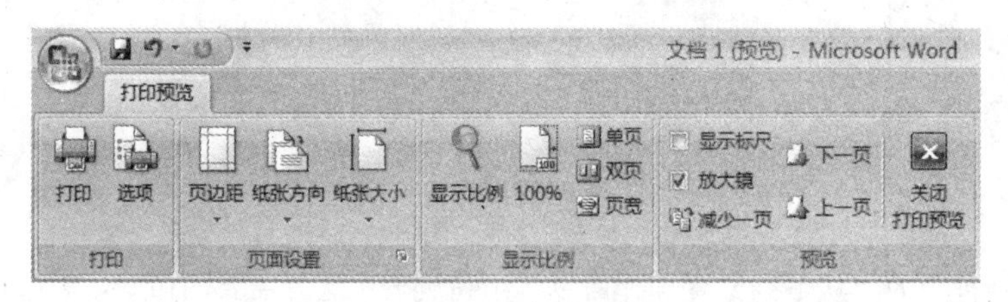

图 4.1.8　程序选项卡

6. 对话框启动器

对话框启动器是一些小图标，这些图标出现在某些组中。单击对话框启动器将打开对应的对话框或任务窗格，其中提供与该组相关的更多选项。例如单击“段落”组中的对话框启动器，弹出对应的“段落”对话框。

4.2　Word 2007 的视图方式

Word 2007 为用户提供了 7 种视图方式：普通视图、Web 版式视图、页面视图、大纲视图、阅读版式视图、文档结构图和缩略图，使用这些视图方式就可以方便地对文档进行浏览和相应的操作，不同的视图方式之间可以进行切换。

1. 普通视图

选择 视图 → 普通视图 命令，或者直接单击“普通视图”按钮，即可切换到普通视图中，如图 4.2.1 所示。普通视图是 Word 中最常用的文本编辑视图，在普通视图中，可以输入、编辑和设置文本格式，

同时可以显示几乎所有的格式信息，但不显示页边距、页眉和页脚、背景、图形对象等，而且多栏编辑的文档只能显示一栏。所以，普通视图适合纯文字稿件的编辑。

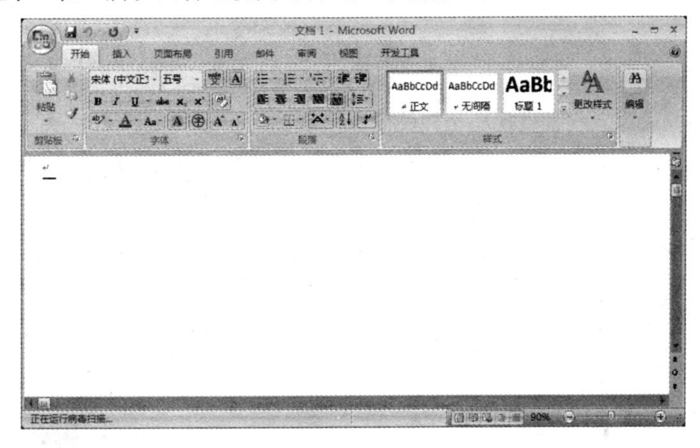

图 4.2.1 普通视图

2. Web 版式视图

选择 视图 → Web 版式视图 命令，或者直接单击“Web 版式视图”按钮，即可切换到 Web 版式视图中，如图 4.2.2 所示。Web 版式视图专门用来创作 Web 页。在该视图中，文档的显示就像在 Web 浏览器中看到的一样，用户不但可以看到 Web 文档的背景，而且文档会自动换行以适应窗口的大小。

3. 页面视图

选择 视图 → 页面视图 命令，或者直接单击“页面视图”按钮，即可切换到页面视图中，如图 4.2.3 所示。页面视图除了具有普通视图的功能外，还可以编辑页眉和页脚、脚注和批注，调整页边距，处理分栏和图形对象，更重要的是文档屏幕显示的效果和打印效果完全相同。在页面视图方式中，不再以一条虚线表示分页，而是直接显示页边距。

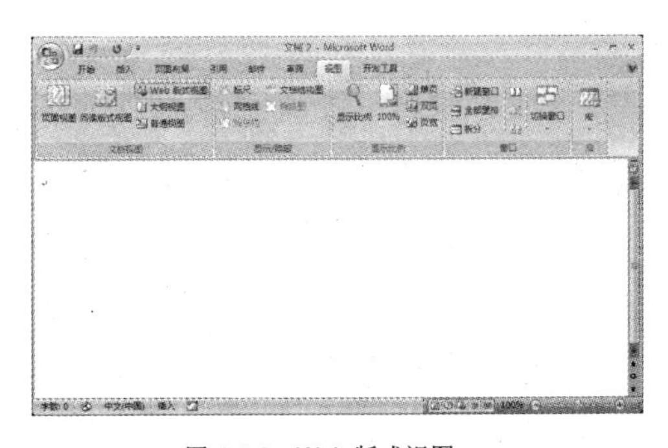

图 4.2.2 Web 版式视图

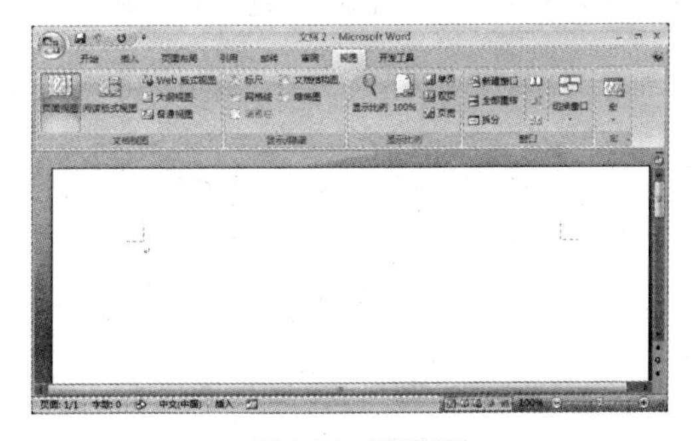

图 4.2.3 页面视图

4. 大纲视图

选择 视图 → 大纲视图 命令，或者直接单击“大纲视图”按钮，即可切换到大纲视图中，如图 4.2.4

所示。大纲视图用于显示、修改或创建文档的大纲。切换到大纲视图方式后，系统将自动打开“大纲”工具栏，该工具栏中包含了大纲视图中最常用的工具按钮。

5. 阅读版式视图

选择 视图 → 阅读版式视图 命令，或者直接单击“阅读版式视图”按钮，即可切换到阅读版式视图中，如图 4.2.5 所示。阅读版式视图为阅读文章提供了一个很好的视图界面，在缩小页面的同时不改变文字的大小。

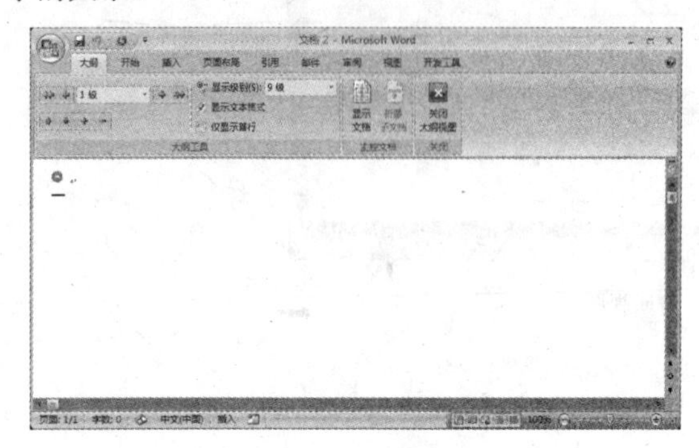

图 4.2.4　大纲视图

图 4.2.5　阅读版式视图

6. 文档结构图

文档结构图在一个单独的窗格中显示文档标题，用户可以通过文档结构图在整个文档中快速浏览并定位特定的文档内容。

在功能区用户界面中的“视图”选项卡中，选中“显示/隐藏”组中的 ☑ 文档结构图 复选框，即可切换到文档结构图中，如图 4.2.6 所示。

将鼠标指针指向窗格之间的分隔条上，当指针变为双向箭头时，按住鼠标左键并拖动，即可调整文档结构图窗格的大小。

在文档结构图中，可以控制显示标题的级别。在文档结构图中单击鼠标右键，从弹出的快捷菜单中选择要显示的标题级别即可，如图 4.2.7 所示。

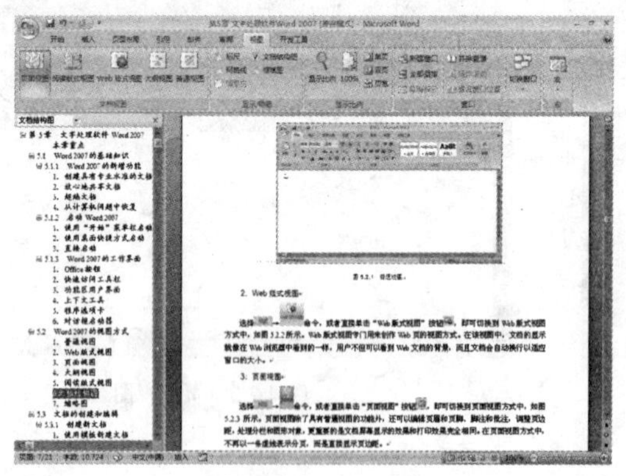

图 4.2.6　文档结构图

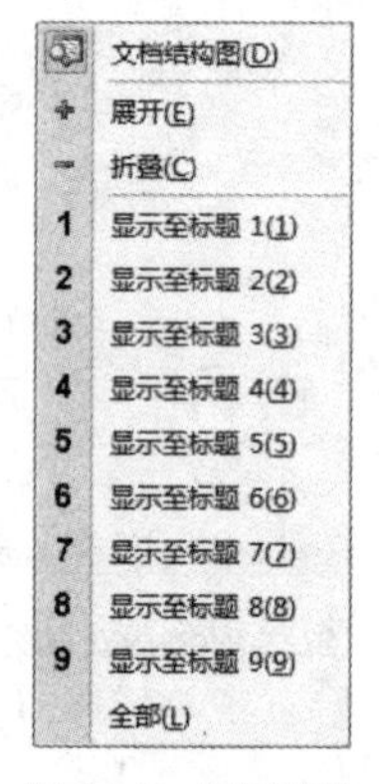

图 4.2.7　级别菜单

7. 缩略图

在 Word 2007 中还可以查看文档缩略图。在文档缩略图左边直接选择需要查看的缩略图，可迅速

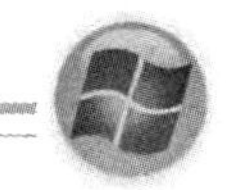

地查看相应的页面，提高了用户的工作效率。

在功能区用户界面中的“视图”选项卡中，选中“显示/隐藏”组中的 缩略图 复选框，即可查看文档的缩略图，如图 4.2.8 所示。

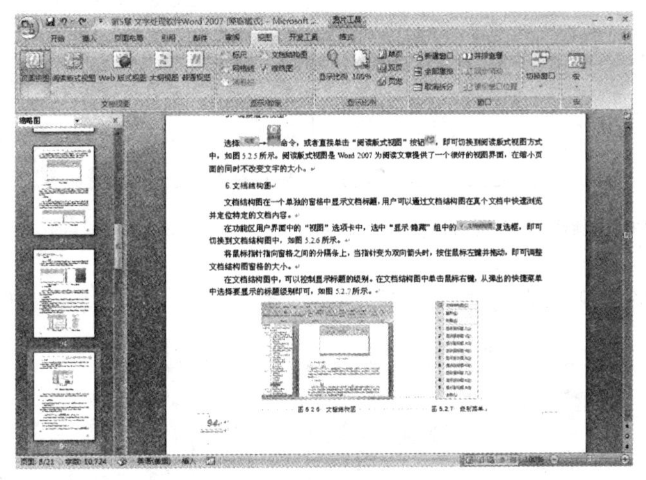

图 4.2.8 缩略图

4.3 文档的创建和编辑

字处理软件经过多年的发展和完善，已经成为目前应用最广泛的软件产品之一。在学习了 Word 的基本知识之后，本节将介绍文档的创建和编辑。创建和编辑文档是 Word 2007 中最基本的操作。

4.3.1 创建新文档

创建新文档是编辑 Word 文档的第一步，在 Word 2007 中，可以通过多种方式创建新文档。

1．使用模板新建文档

模板是按照一定规范建立的文档，已经在文档中填充了固定的内容，并且调整好了格式。使用模板新建文档，可以快速创建具有一定格式和内容的文档，大大减轻用户的工作量。

使用模板新建文档的具体操作步骤如下：

（1）选择 → 新建(N) 命令，弹出 新建文档 对话框，如图 4.3.1 所示。

（2）在该对话框左侧“模板”列表框中选择“空白文档和最近使用的文档”选项，然后在对话框右侧的列表框中选择“空白文档”选项，单击 创建 按钮，即可创建一个空白文档。

2．根据“已安装的模板”文档

根据“已安装的模板”新建文档的具体操作步骤如下：

（1）单击“Office”按钮，然后在弹出的菜单中选择 新建(N) 选项，弹出 新建文档 对话框。

（2）在该对话框左侧的“模板”列表框中选择“已安装的模板”选项，在对话框的右侧将显示已安装的模板，如图 4.3.2 所示。

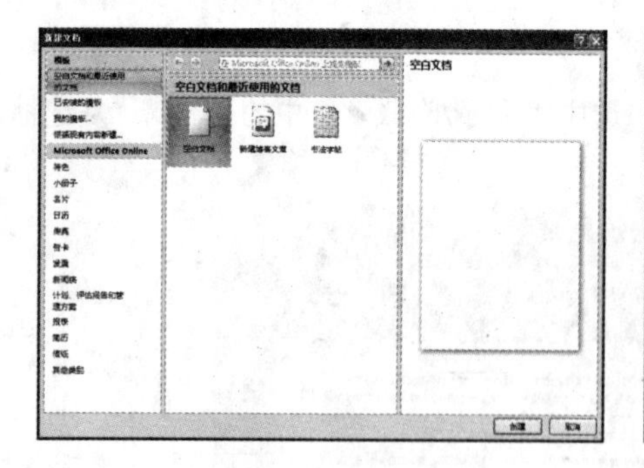

图 4.3.1 “新建文档”对话框

图 4.3.2 已安装的模板

（3）在“已安装的模板”列表框中选择需要的文档模板，单击新建(N)按钮，即可根据已安装的模板创建新文档。如图 4.3.3 所示即为根据平衡报告模板创建的文档。

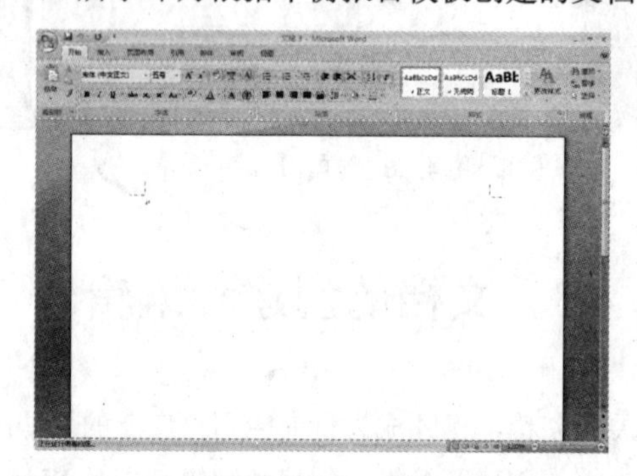

图 4.3.3 根据模板创建的文档

4.3.2 根据“我的模板”新建文档

根据“我的模板”新建文档的具体操作步骤如下：

（1）单击“Office”按钮，然后在弹出的菜单中选择新建(N)选项，弹出新建文档对话框。

（2）在该对话框左侧的“模板”列表框中选择我的模板...选项，弹出新建对话框，如图 4.3.4 所示。

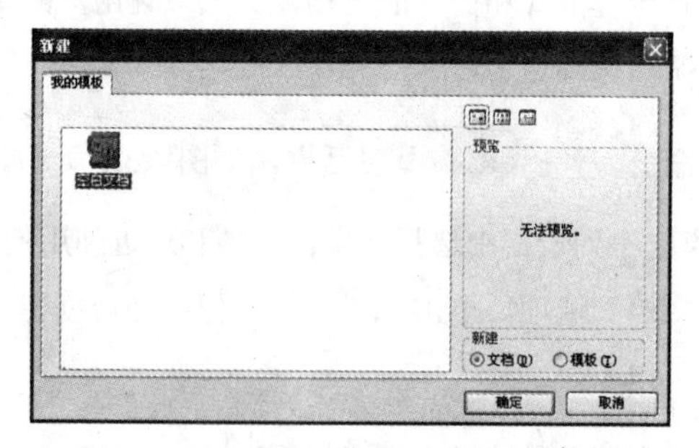

图 4.3.4 “新建”对话框

（3）在该对话框中选择需要的模板，单击确定按钮，即可根据用户创建的模板来创建新文档。

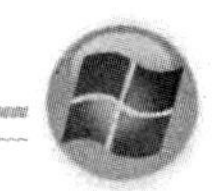

4.3.3　保存文档

新建的文档必须执行保存操作后才能储存在电脑磁盘中，同时在输入文档的过程中也应随时保存文档，以避免因停电或死机造成文档数据丢失。Word 2007 为用户提供了多种保存文档的方法，而且具有自动保存功能，可以最大限度地保护因意外而引起的数据丢失。

1. 保存新建文档

保存新建文档的具体操作步骤如下：

（1）单击“Office”按钮，然后在弹出的菜单中选择保存(S)选项，弹出另存为(A)对话框，如图 4.3.5 所示。

（2）在该对话框中的“保存位置”下拉列表中选择要保存文件的文件夹位置。在“文件名”下拉列表中输入文件的名称；在“保存类型”下拉列表中选择保存文件的格式。

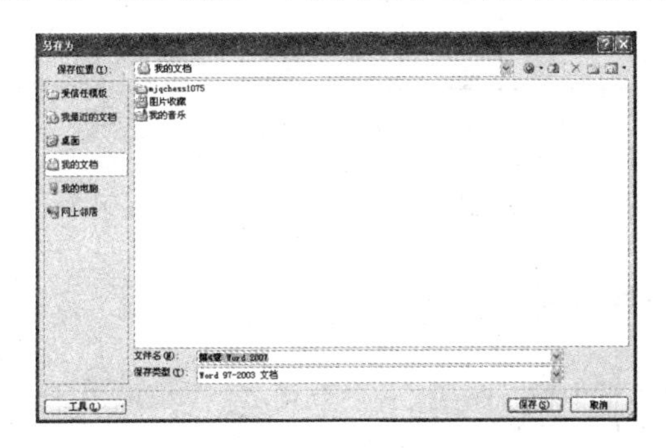

图 4.3.5　“另存为”对话框

2. 保存已有文档

如果文档已存在，用户需要在修改后进行保存，可采用以下两种方法：

（1）在原有位置保存。在对已有文档修改完成后，单击“Office”按钮，然后在弹出的菜单中选择保存(S)选项，Word 2007 将修改后的文档保存到原来的文件夹中，修改前的内容将被覆盖，并且不再弹出对话框。

（2）另外保存。如果需要将已有的文档保存到其他的文件夹中，可以修改完文档之后，单击“Office”按钮，然后在弹出的菜单中选择另存为命令，弹出“另存为”对话框，如图 4.3.6 所示。在该对话框中的“保存位置”下拉列表中重新选择文件的保存位置，在“文件名”下拉列表中输入文件的名称，在“保存类型”下拉列表中选择文件的保存类型，最后单击保存(S)按钮即可。

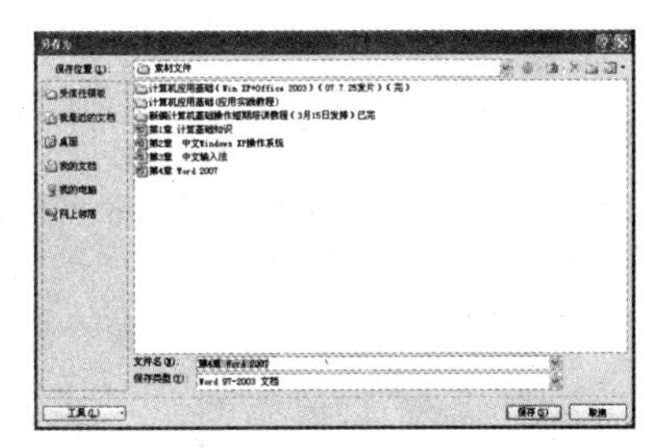

图 4.3.6　“另存为”对话框

3. 自动保存文档

Word 2007 可以按照某一固定时间间隔自动对文档进行保存，这样可大大减少断电或死机时由于来不及保存文档而造成的损失。

设置“自动保存”的具体操作步骤如下：

（1）单击“Office”按钮，然后在弹出的菜单中选择 Word 选项(I) 选项，弹出 Word 选项 对话框。单击 保存 标签，打开“保存”选项卡，如图 4.3.7 所示。

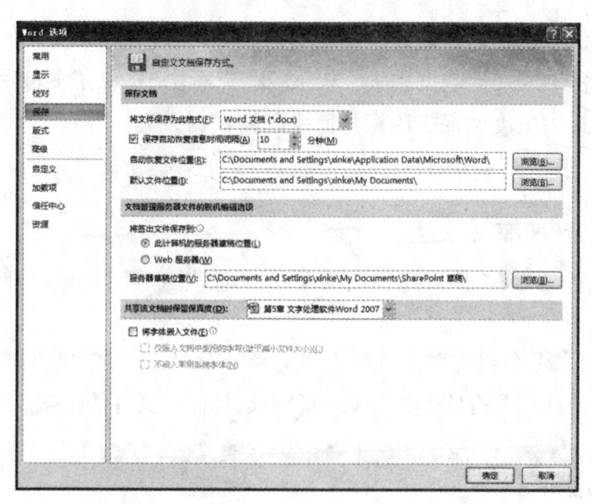

图 4.3.7 “保存”选项卡

（2）在该选项卡的“保存文档”选区中的“将文件保存为此格式”下拉列表中选择文件保存的类型。

（3）选中 ☑ 保存自动恢复信息时间间隔(A) 复选框，并在其后的微调框中输入保存文件的时间间隔。

（4）在 自动恢复文件位置(R): 文本框中输入保存文件的位置，或者单击 浏览(B)... 按钮，在弹出的 修改位置 对话框中设置保存文件的位置。

（5）设置完成后，单击 确定 按钮，即可完成文档自动保存的设置。

4.3.4 打开文档

将文档保存在电脑硬盘中后，可将其打开进行浏览或编辑。在 Word 2007 中打开文档有多种方法，这里介绍两种较常用的方法。

1．使用“打开”对话框打开文档

使用“打开”对话框打开文档的具体操作步骤如下：

（1）单击“Office”按钮，然后在弹出的菜单中选择 打开(O) 选项，弹出“打开”对话框，如图 4.3.8 所示。

（2）在“查找范围”下拉列表中选择文档所在的位置，然后在文件列表中选择需要打开的文档。

（3）在“文件类型”下拉列表中选择所需的文件类型。

（4）单击 打开(O) 按钮打开需要的文档。

2．利用 Word 的记忆功能打开最近使用过的文档

Word 2007 具有强大的记忆功能，它可以记忆最近几次使用的文档。单击“Office”按钮，然后在弹出的菜单右侧列出的最近使用的文档中单击需要打开的文档即可，如图 4.3.9 所示。

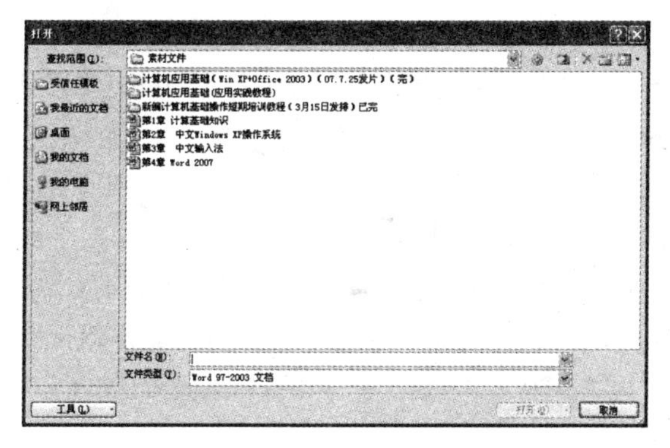

图 4.3.8 “打开”对话框

图 4.3.9 最近使用过的文档

4.3.5 关闭文档

编辑完一篇文档后应关闭它，以免占用屏幕空间。一般退出 Word 2007 后即可关闭文档，但这样会关闭所有 Word 文档，如果只需要关闭某个文档，可采用以下方法中的任意一种：

（1）单击“Office”按钮，然后在弹出的菜单中选择选项。

（2）单击“标题栏”右侧的“关闭”按钮。

（3）按快捷键“Alt+F4”。

4.3.6 输入文本

创建空白文档后，就可以在文档中输入文本。输入的文本将显示在插入点处，插入点自动向右移动。当输入完一行时，Word 2007 将自动换行。如果用户需要另起一段，按回车键即可。

1. 定位插入点

在对文本进行输入和编辑之前，必须先将插入点定位到所需的位置。定位插入点的方法主要有使用鼠标定位和使用键盘定位两种。

（1）使用鼠标定位。使用鼠标定位是最简单的定位方法。使用鼠标拖动垂直滚动条和水平滚动条到要定位的文档页面，然后在需要的位置单击鼠标左键，即可定位插入点。

（2）使用键盘定位。使用键盘可准确快速地定位插入点，如表 4.1 所示为定位插入点的快捷键列表。

表 4.1 定位插入点的快捷键列表

快捷键	移动方式	快捷键	移动方式
↑	上移一行	Home	移至行首
↓	下移一行	End	移至行尾
←	左移一个字符	Ctrl+Home	移至文档的开头
→	右移一个字符	Ctrl+End	移至文档的末尾
Ctrl+↑	上移一段	PageUp	上移一屏
Ctrl+↓	下移一段	PageDown	下移一屏
Ctrl+←	左移一个单词	Ctrl+PageUp	上移一页
Ctrl+→	右移一个单词	Ctrl+PageDown	下移一页

2. 插入符号

用户在文本的输入过程中，有时需要插入一些在键盘上没有的符号和特殊字符，此时可以使用符号对话框在文档中插入这些符号，具体操作步骤如下：

（1）将插入点定位到文档中需要插入符号的位置。

（2）选择 插入 → 符号 命令，弹出符号对话框，如图 4.3.10 所示。

（3）在该对话框中的 字体(F): 下拉列表中选择所需的字体；在 子集(U): 下拉列表中选择所需的选项。

（4）在列表框中选择需要的符号，单击 插入(I) 按钮，即可在插入点位置插入该符号。

（5）此时对话框中的 取消 按钮变为 关闭 按钮，单击该按钮关闭对话框。

3. 插入日期和时间

在文档中插入日期和时间的具体操作步骤如下：

（1）将插入点定位到要插入日期和时间的位置。

（2）选择 插入 → 日期和时间 命令，弹出日期和时间对话框，如图 4.3.11 所示。

图 4.3.10 “符号”对话框

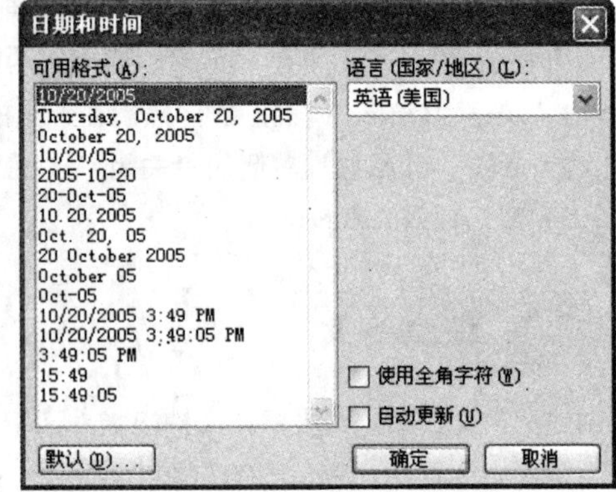
图 4.3.11 “日期和时间”对话框

（3）在该对话框中的“语言（国家/地区）”下拉列表中选择一种语言；在“可用格式”列表框中选择一种日期和时间格式。

（4）设置完成后，单击 确定 按钮即可。

4.3.7 选定文本

选定文本是对文本进行复制、移动和删除等编辑操作的基础。Word 2007 为用户提供了使用鼠标和键盘两种选定文本的方法。

1. 使用鼠标选定文本

使用鼠标选定文本是最基本的选择方法。将鼠标指针定位在文档窗口左边的空白区域，当鼠标指针变为↗形状时，单击鼠标即可选择一行文本，单击并拖动鼠标可选择多行文本。

2. 使用键盘选定文本

Word 2007 提供了一套使用键盘选择文本的方法，主要通过按“Ctrl”“Shift”和方向键来实现。使用键盘选定文本的快捷键如表 4.2 所示。

表 4.2　使用键盘选定文本的快捷键

快捷键	选择范围	快捷键	选择范围
Shift+←	左侧一个字符	Ctrl+Shift+↓	段尾
Shift+→	右侧一个字符	Shift+PageUp	上一屏
Shift+End	行尾	Shift+PageDown	下一屏
Shift+Home	行首	Ctrl+Alt+PageDown	窗口结尾
Shift+↓	下一行	Ctrl+Shift+Home	文档开始处
Shift+↑	上一行	Ctrl+A	整个文档
Ctrl+Shift+↑	段首	Ctrl+Shift+F8，然后使用方向键	列文本块

4.3.8　复制、移动和删除文本

用户在文档的编辑过程中，有时还需要对文本进行复制、移动和删除操作。

1．复制文本

复制文本的具体操作步骤如下：

（1）选定要复制的文本。

（2）单击“常用”工具栏中的“复制”按钮，或者单击鼠标右键选择 复制(C) 命令。

（3）将光标定位在目标位置，单击“常用”工具栏中的“粘贴”按钮，或者按“Ctrl+V”快捷键粘贴文本。

2．移动文本

移动文本的具体操作步骤如下：

（1）选定要移动的文本。

（2）将光标移动到选定的文本上，按住鼠标左键将该文本块拖到目标位置，然后释放鼠标，即可将文本移动到新的位置。

3．删除文本

在编辑文本的过程中，有时会输入多余或错误的内容，此时就要对其进行删除操作。删除文本的具体操作步骤如下：

（1）按“Back Space”键删除光标左边的一个字符。

（2）按“Delete”键删除光标右边的一个字符。

（3）如果要删除一段文本，须先选定要删除的文本，然后按“Delete”键。或者使用快捷键“Ctrl+X”剪切掉内容。

4.3.9　查找与替换

Word 强大的查找和替换功能不仅可以查找并且有选择地替换文本，还可以对带格式和样式的文本、特殊符号和特定格式进行查找和替换。

1．查找

选择 开始 → 查找 命令，弹出如图 4.3.12 所示的 查找和替换 对话框，默认打开 查找(D) 选项卡。

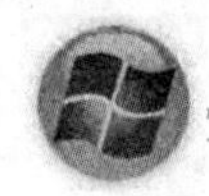

在“查找内容”框中输入要查找的内容，单击查找下一处(F)按钮，即可在文档中查找第一处符合条件的文本，如果要继续查找，再单击查找下一处(F)按钮即可。当查找结束时，系统将弹出如图 4.3.13 所示的提示框，单击确定按钮即可。

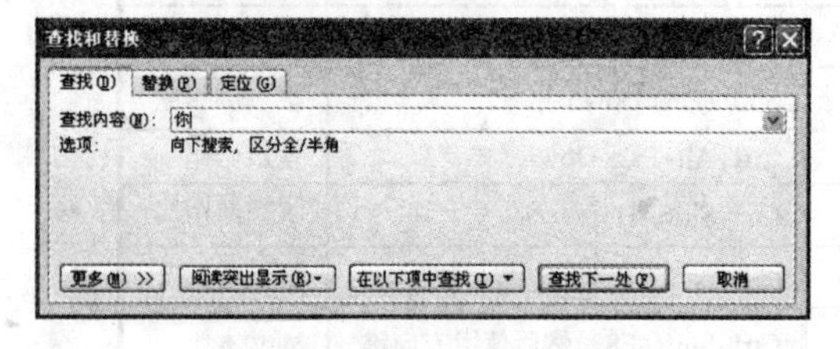

图 4.3.12 “查找和替换”对话框

图 4.3.13 提示框

提示 在图 4.3.12 中单击更多(M) >>按钮，还可以打开查找的高级选项，如图 4.3.14 所示。在该高级选项中可以对要查找的内容做进一步的设置。

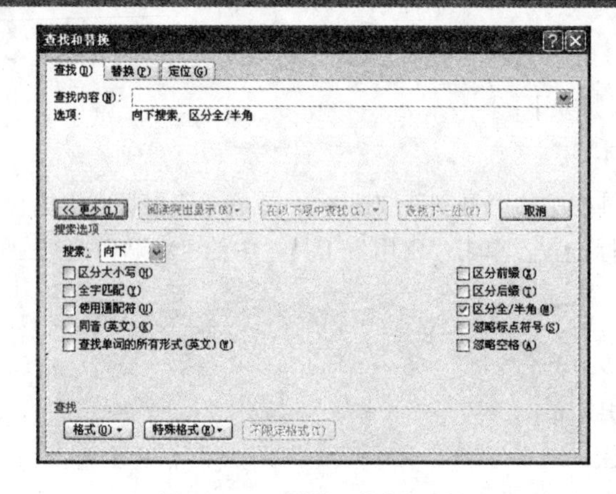

图 4.3.14 “查找”的高级选项

2. 替换

在文档中替换某个单词或短语的具体操作步骤如下：

（1）选择开始→替换命令，弹出如图 4.3.15 所示的查找和替换对话框，默认打开替换(P)选项卡。

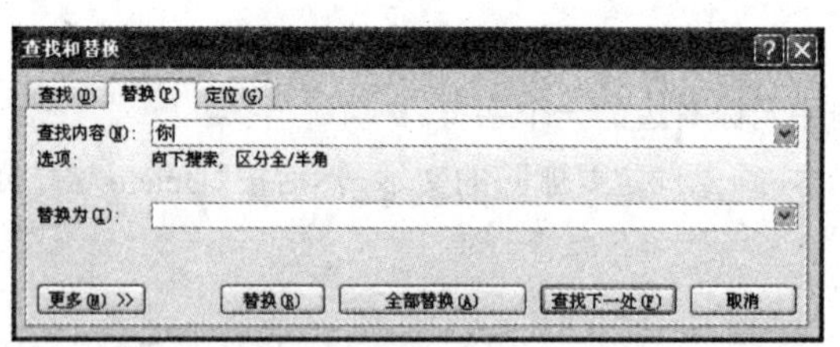

图 4.3.15 “查找和替换”对话框

（2）在“查找内容”文本框中输入要查找的内容，在“替换为”文本框中输入要替换的文本内容。

（3）如果要全部替换，单击全部替换(A)按钮即可；如果要选择性地替换，可以连续单击查找下一处(F)按钮，直至替换完为止。

（4）单击更多(M) >>按钮，还可以打开替换的高级选项，做进一步的替换设置。

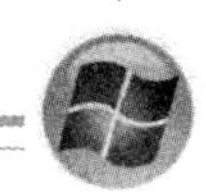

4.4　格式的设置

一篇文章在录入完成后，还需要对文字及其格式进行设置，例如设置字体、字号、字形、字符间距、特殊效果等。这些都要运用到 Word 中的格式设置。

1. 设置字体

给文字设置适当的字体，可以使文档的内容更加清晰，其具体操作步骤如下：

（1）选定要设置字体的文本。

（2）单击“字体”中的下三角按钮，弹出“字体”下拉列表，如图 4.4.1 所示。

（3）在该下拉列表中选择所需的字体，例如选择“隶书”选项，效果如图 4.4.2 所示。

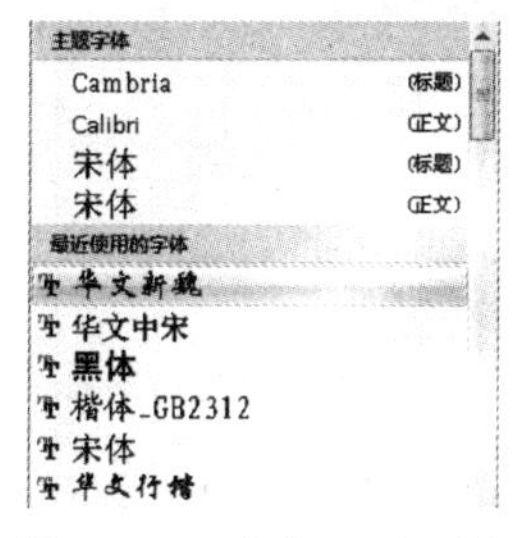

图 4.4.1　“字体”下拉列表

李商隐诗选

李商隐（约 812 年或 813 年—约 858 年），字义山，号玉溪生、樊南生。晚唐诗人。原籍怀州河内（今河南沁阳市），祖辈迁荥阳（今属河南）。诗作文学价值很高，他和杜牧合称“小李杜”，与温庭筠合称为“温李”，与同时期的段成式、温庭筠风格相近，且都在家族里排行 16，故并称为三十六体。在《唐诗三百首》中，李商隐的诗作有 22 首被收录，位列第 4。其诗构思新奇，风格农丽，尤其是一些爱情诗写得缠绵悱恻，为人传诵。但过于隐晦迷离，难于索解，至有“诗家都爱西昆好，只恨无人作郑笺”之诮。因处于牛李党争的夹缝之中，一生很不得志。

图 4.4.2　设置字体效果

2. 设置字号

除了可以设置字体外，还可以设置文字的字号，使整个文档看起来错落有致，其具体操作步骤如下：

（1）选定要设置字号的文本。

（2）单击“字号”中的下三角按钮，弹出“字号”下拉列表，如图 4.4.3 所示。

（3）在该下拉列表中选择合适的字号，选定后单击即可，效果如图 4.4.4 所示。

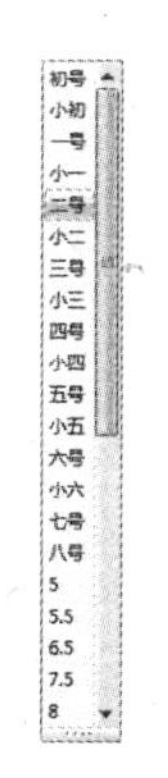

图 4.4.3　“字号”下拉列表

李商隐诗选

李商隐（约 812 年或 813 年—约 858 年），字义山，号玉溪生、樊南生。晚唐诗人。原籍怀州河内（今河南沁阳市），祖辈迁荥阳（今属河南）。诗作文学价值很高，他和杜牧合称“小李杜”，与温庭筠合称为“温李”，与同时期的段成式、温庭筠风格相近，且都在家族里排行 16，故并称为三十六体。在《唐诗三百首》中，李商隐的诗作有 22 首被收录，位列第 4。其诗构思新奇，风格农丽，尤其是一些爱情诗写得缠绵悱恻，为人传诵。但过于隐晦迷离，难于索解，至有“诗家都爱西昆好，只恨无人作郑笺”之诮。因处于牛李党争的夹缝之中，一生很不得志。

图 4.4.4　设置字号效果

3. 设置字形

为文字设置字形包括加粗、倾斜和下画线等设置，其具体操作步骤如下：

（1）选定要设置字形的文本。

（2）单击“开始”选项卡中“字体”栏中的“加粗”按钮B、“倾斜”按钮I或“下画线”按钮U，可以为文章中的不同文本设置字形，效果如图 4.4.5 所示。

4．设置字符间距

在某些情况下，排版某些文档时，还需要对文档设置字符间距，例如在该文档中有一行文字只有一个汉字，这样文章显得排列不均匀，这时就可以给该段文字设置字符间距来改变这种情况，其具体操作步骤如下：

（1）选定要设置字符间距的文本。

（2）单击右键，在弹出的菜单中选择 字体(F)... 命令，弹出 字体 对话框。单击 字符间距(R) 标签，打开 字符间距(R) 选项卡，如图 4.4.6 所示。

李商隐诗选

李商隐（约 812 年或 813 年一约 858 年），字义山，号玉溪生、樊南生。晚唐诗人。原籍怀州河内（今河南沁阳市），祖辈迁荥阳（今属河南）。诗作文学价值很高，他和杜牧合称“小李杜”，与温庭筠合称为“温李”，与同时期的段成式、温庭筠风格相近，且都在家族里排行 16，故并称为三十六体。在《唐诗三百首》中，李商隐的诗作有 22 首被收录，位列第 4。其诗构思新奇，风格农丽，尤其是一些爱情诗写得缠绵悱恻，为人传诵。但过于隐晦迷离，难于索解，至有“诗家都爱西昆好，只恨无人作郑笺”之诮。因处于牛李党争的夹缝之中，一生很不得志。

图 4.4.5　设置字形效果

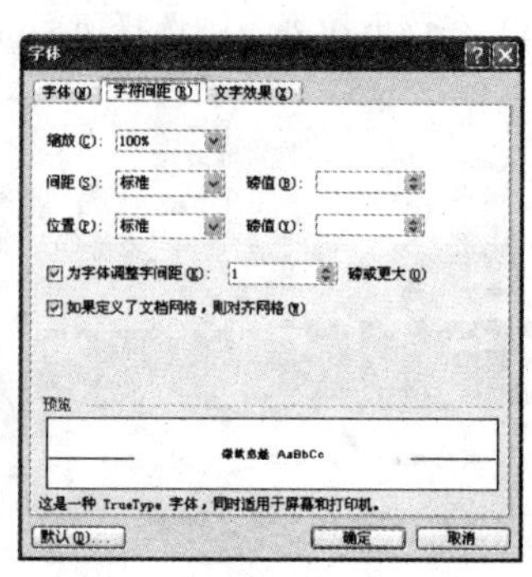

图 4.4.6　“字符间距”选项卡

（3）在“缩放”下拉列表中可以设置文字的缩放效果。

（4）在“间距”下拉列表中可以设置文字与文字之间的间距，其中有 3 种间距类型（标准、加宽和紧缩），选择其中一种，然后在后面的“磅值”微调框中输入具体的数值。

（5）在“位置”下拉列表中可以设置文字的具体位置，其中有 3 种类型（标准、提升和降低），选择其中一种，同样也可以在“磅值”微调框中输入具体的数值。

（6）设置完成后，单击 确定 按钮，效果如图 4.4.7 所示。

李商隐诗选

李商隐（约 812 年或 813 年一约 858 年），字义山，号玉溪生、樊南生。晚唐诗人。原籍怀州河内（今河南沁阳市），祖辈迁荥阳（今属河南）。诗作文学价值很高，他和杜牧合称“小李杜”，与温庭筠合称为“温李”，与同时期的段成式、温庭筠风格相近，且都在家族里排行 16，故并称为三十六体。在《唐诗三百首》中，李商隐的诗作有 22 首被收录，位列第 4。其诗构思新奇，风格农丽，尤其是一些爱情诗写得缠绵悱恻，为人传诵。但过于隐晦迷离，难于索解，至有“诗家都爱西昆好，只恨无人作郑笺”之诮。因处于牛李常争的夹缝之中，一生很不得志。

图 4.4.7　设置字符间距效果

4.4.1　设置段落格式

除了可以给文档中的文字设置格式以外，还可以给文档中的段落设置格式，以达到文字与段的和谐统一。设置段落格式主要包括设置对齐方式、缩进和间距。

1. 设置对齐方式

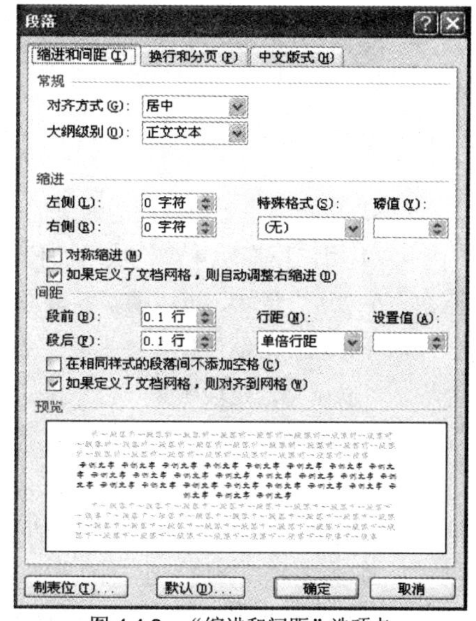

图 4.4.8 “缩进和间距”选项卡

Word 2007 中的对齐方式主要有两端对齐、居中对齐、分散对齐、左对齐和右对齐 4 种方式。在默认情况下，文档中的段落是左对齐的。居中对齐是使段落处于文档的中间位置。分散对齐是使段落中的文本两边均对齐。两端对齐可以调整文字的水平间距，使其均匀分布在左右页边距之间。右对齐是使段落处于文档的右边界。如果要对文档设置对齐方式，其具体操作步骤如下：

（1）选定要设置对齐方式的段落。

（2）打开 开始 选项卡，在“段落”组中单击“段落”对话框启动器，弹出 段落 对话框。打开 缩进和间距(I) 选项卡，如图 4.4.8 所示。

（3）在“常规”选区中的“对齐方式”下拉列表中选择合适的对齐方式。

（4）设置完成后，单击 确定 按钮即可。

2. 设置缩进

设置段落的缩进可以使文档中段落与段落之间富有层次感。设置段落缩进的具体方法有 3 种，即分别利用 段落 对话框、标尺和按钮进行设置。

（1）利用 段落 对话框设置。如果要用 段落 对话框对文档设置缩进，可以按照以下操作步骤进行：

1）选定要设置段落缩进的段落。

2）打开 开始 选项卡，在“段落”组中单击“段落”对话框启动器，弹出 段落 对话框。

3）在“缩进”选区中的“左”和“右”微调框中设置所需的缩进量。

4）在“特殊格式”下拉列表中选择两种缩进方式（首行缩进和悬挂缩进）中的一种，选定后在“度量值”微调框中设置它的具体缩进量。

5）设置完成后，单击 确定 按钮，效果如图 4.4.9 所示。

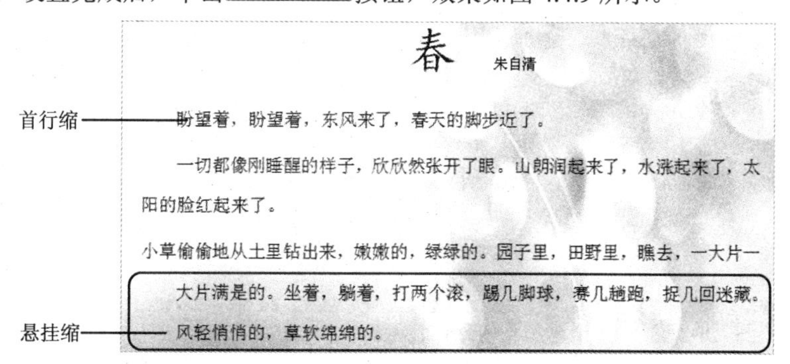

图 4.4.9 设置缩进效果

（2）利用标尺设置。在 Word 2007 的窗口中直接显示了标尺，如图 4.4.10 所示。在标尺的水平方向有 4 个小滑块可以设置段落的缩进，分别是左缩进、悬挂缩进、首行缩进和右缩进。如果要利用标尺设置缩进，可以按照以下操作步骤进行。

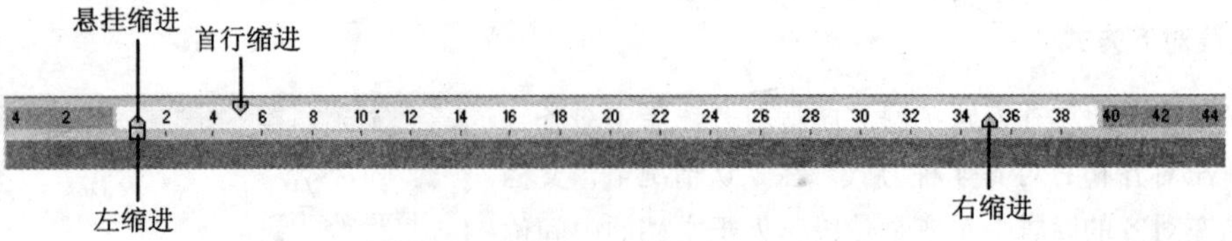

悬挂缩进 首行缩进

左缩进 右缩进

图 4.4.10 水平标尺

1）首先选定要设置段落缩进的段落。

2）用鼠标拖动 4 个滑块中的任意一个，就可以按照指定的缩进方式进行缩进量的调整。例如拖动“左缩进”滑块，可以调整各段左缩进的位置；拖动“悬挂缩进”滑块，可以调整选定段中除第一行以外其他行的缩进位置；拖动“右缩进”滑块，可以调整各段右缩进的位置；拖动“首行缩进”滑块，可以调整选定段中第一行的缩进位置。

如果要精确设置缩进量，可以在拖动滑块的同时按住“Alt”键。

（3）利用按钮设置。打开开始选项卡，在“段落”组中单击“减小缩进量”按钮和“增加缩进量”按钮，也可以设置段落的缩进，其具体操作步骤如下：

1）选定要设置段落缩进的段落。

2）打开开始选项卡，在“段落”组中单击“减小缩进量”按钮，可以使该段增加一个汉字的位置；单击“增加缩进量”按钮，可以使该段减少一个汉字的位置。

3. 设置间距

在 Word 2007 中，除了设置段落中文字之间的间距，还可以设置段落与段落之间的间距、行与行之间的间距，其具体操作步骤如下：

（1）选定要设置段落间距和行间距的文档内容。

（2）打开开始选项卡，在“段落”组中单击“段落”对话框启动器，弹出段落对话框。

（3）在“间距”选项区中的“段前”和“段后”微调框中输入所需的段前值、段后值。

（4）在“行距”下拉列表中选择所需的行距，其中有 6 种样式可供选择，分别为单倍行距、1.5 倍行距、2 倍行距、最小值、固定值和多倍行距。也可以在“设置值”微调框中输入具体的数值。

（5）设置完成后，单击确定按钮，效果如图 4.4.11 所示。

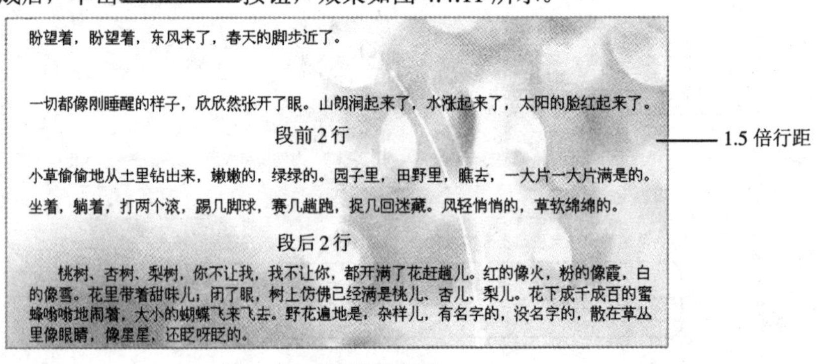

图 4.4.11 设置间距效果

4.4.2 添加边框与底纹

在 Word 2007 中，可以给文字添加适当的边框和底纹，在某些情况下，为了强调某个段落，还可

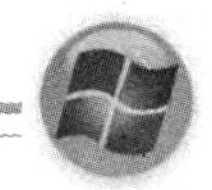

以给该段落设置边框与底纹。

1. 添加边框

如果要给某个段落添加边框，其具体操作步骤如下：

（1）选定要添加边框的段落。

（2）打开 页面布局 选项卡，在“页面背景”组中单击 页面边框 按钮，弹出 边框和底纹 对话框，如图 4.4.12 所示。

（3）在“设置”选区中选择边框的样式，例如选择“方框”样式；在“样式”列表框中任意选择一种线型；在“颜色”下拉列表中选择边框的颜色；在“宽度”下拉列表中选择该线型的宽度；在“应用于”下拉列表中选择要应用的文字或段落。

（4）设置完成后，单击 确定 按钮，添加的边框效果如图 4.4.13 所示。

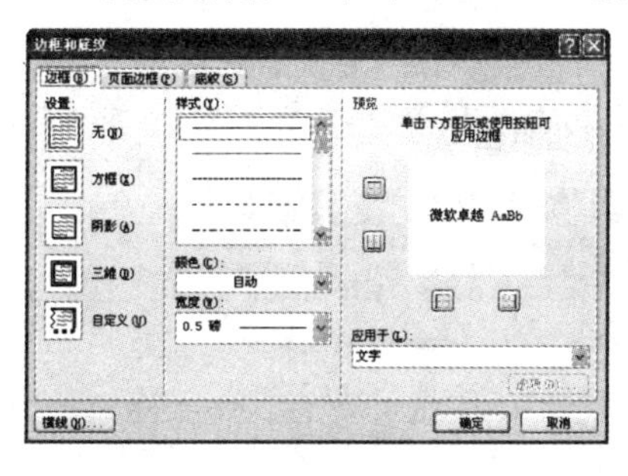

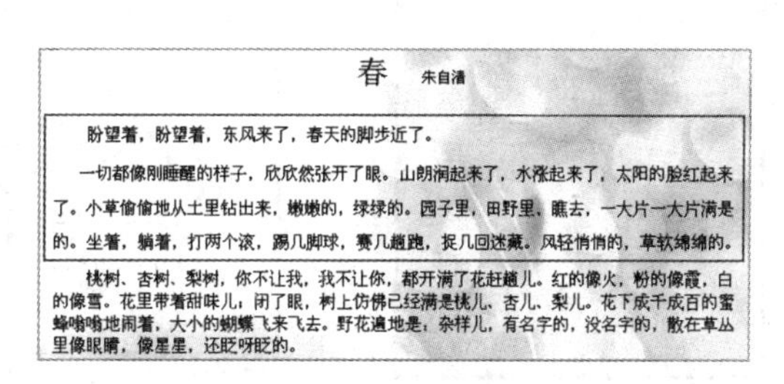

图 4.4.12 “边框和底纹”对话框

图 4.4.13 添加边框效果

2. 添加底纹

如果要给某个段落添加底纹，其具体操作步骤如下：

（1）选定要添加底纹的段落。

（2）打开 页面布局 选项卡，在“页面背景”组中单击 页面边框 按钮，弹出 边框和底纹 对话框，打开“底纹”选项卡。

（3）在“填充”选项区中选择填充颜色。

（4）在“图案”选项区中的“样式”下拉列表中选择图案的样式。

（5）在“应用于”下拉列表中选择“段落”选项。

（6）设置完成后，单击 确定 按钮，添加底纹效果如图 4.4.14 所示。

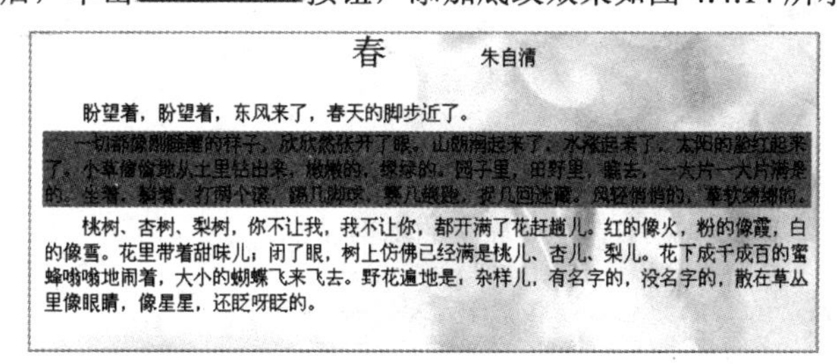

图 4.4.14 添加底纹效果

4.4.3 设置首字下沉

首字下沉经常出现在一些报刊、杂志上，一般位于段落的首行。要设置首字下沉，其具体操作步骤如下：

（1）将光标置于要设置首字下沉的段落中。

（2）在 插入 选项卡中单击 首字下沉 下拉按钮，在弹出的下拉列表中单击 首字下沉选项(D)... 选项，弹出“首字下沉”对话框，如图 4.4.15 所示。

（3）选择 首字下沉选项(D)... 命令，在“位置”选项组中选择一种首字下沉的样式，如“下沉”。

（4）在“选项”选项组中的“字体”下拉列表中选择一种所需的字体，如“华文新魏”；在“下沉行数”微调框中根据需要调整下沉的行数，如默认的“3 行”；在“距正文”微调框中根据需要设置距正文的距离，如默认的“0 厘米”。

（5）单击 确定 按钮即可，效果如图 4.4.16 所示。

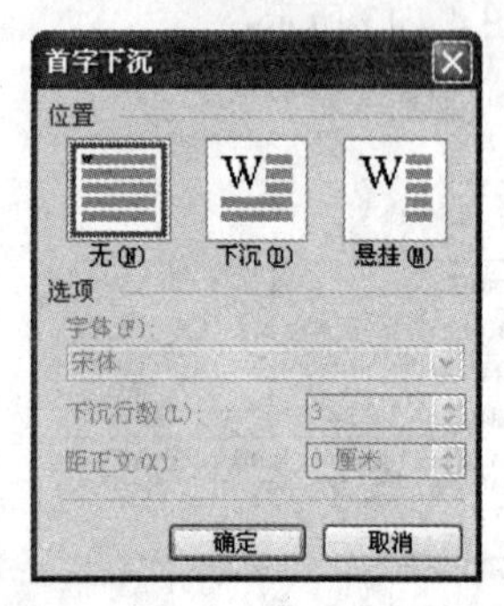

图 4.4.15 “首字下沉”对话框

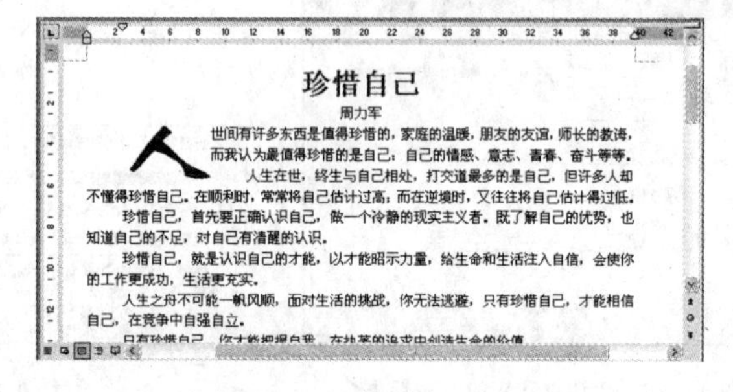

图 4.4.16 设置首字下沉效果

如果要取消首字下沉，其具体操作步骤如下：

（1）选中段落中设置的首字下沉。

（2）在 插入 选项卡中单击 首字下沉 下拉按钮，在列表中选择“无”选项即可。

4.5 插入图形

文档中如果只是简单的文字和表格，会显得非常单调，这时就可以给文档导入图片，设置环绕方式，插入艺术字或自选图形等。

4.5.1 插入图片

插入图片有两种方法，即插入文件中的图片和插入剪贴画。

1．插入文件中的图片

插入文件中的图片的具体操作步骤如下：

（1）将插入点定位在要插入图片的位置。

（2）打开 插入 选项卡，在“插图”组中单击 图片 按钮，弹出 插入图片 对话框，如图 4.5.1 所示。

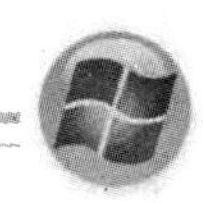

图 4.5.1 “插入图片”对话框

（3）在“查找范围”下拉列表中选择图片的存放路径。

（4）选择要插入的图片，单击 插入(S) 按钮即可。

2．插入剪贴画

插入剪贴画的具体操作步骤如下：

（1）打开 插入 选项卡，在“插图”组中单击 剪贴画 按钮，打开 剪贴画 任务窗格，如图 4.5.2 所示。

（2）在 剪贴画 任务窗格的“搜索文字”文本框中输入描述所需剪贴画的词或词组，或输入剪贴画文件的全部或部分文件名，例如输入“办公用品”。

（3）单击 搜索 按钮，在结果列表中将显示搜索到的内容，如图 4.5.3 所示。

（4）在结果列表中，单击剪贴画即可将其插入到文档中。

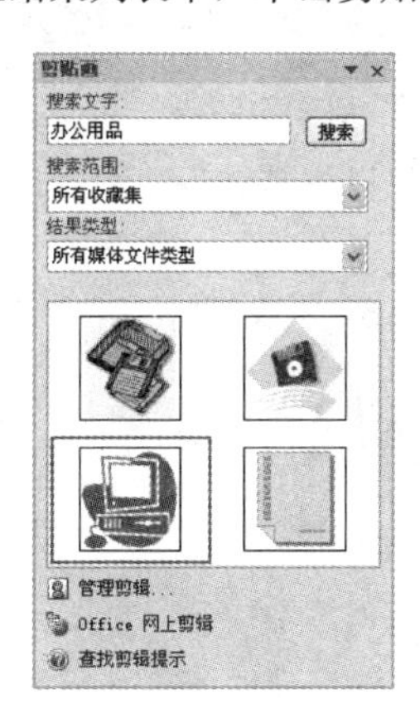

图 4.5.2 “剪贴画”任务窗格

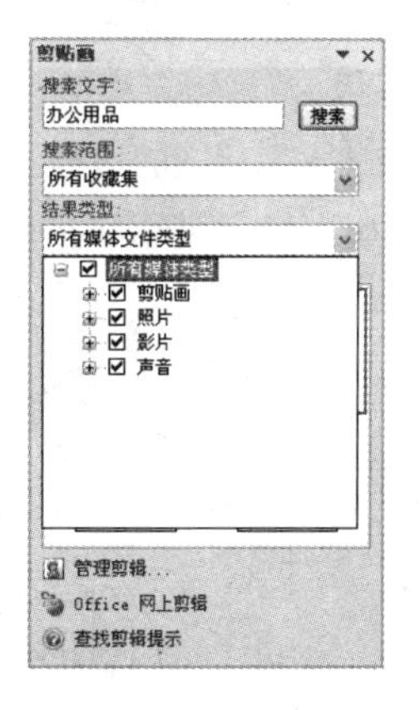

图 4.5.3 显示搜索到的结果

4.5.2 插入艺术字

在 Word 2007 中，用户可以将艺术字添加到文档中，以制作出装饰性效果。插入艺术字的操作步骤如下：

（1）将光标定位在要插入艺术字的文档中。

（2）打开插入选项卡，在“文本”组中单击艺术字按钮，弹出如图 4.5.4 所示的艺术字样式列表框。

（3）在该列表框中选择一种艺术字样式，弹出编辑艺术字文字对话框，在“文本”文本框中输入艺术字文本，并设置文本的字体和字号，如图 4.5.5 所示。

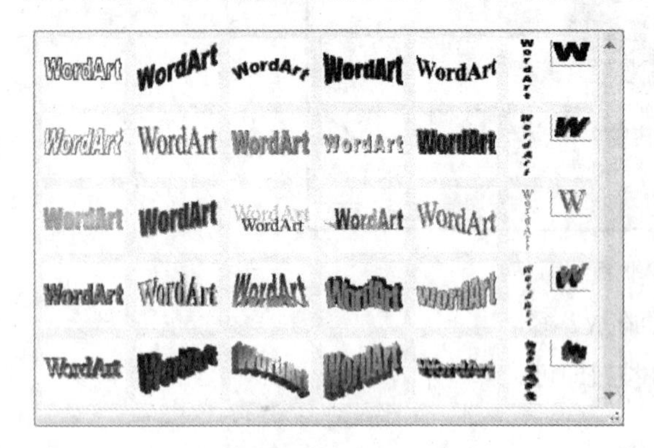
图 4.5.4　艺术字样式列表框

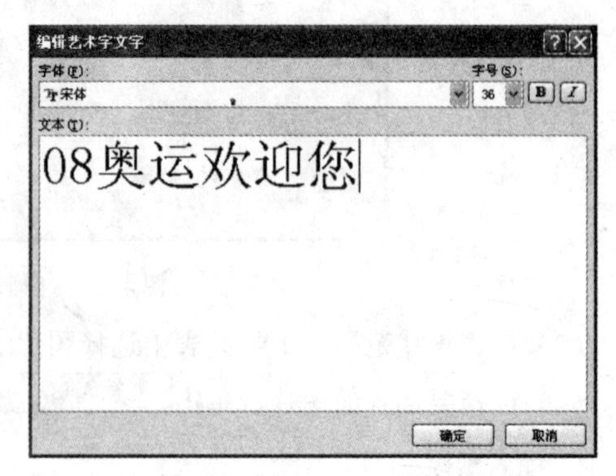

图 4.5.5　“编辑艺术字文字”对话框

（4）单击确定按钮即可，效果如图 4.5.6 所示。

用户还可以填充艺术字或更改其轮廓，从而增加艺术字文字的深度或突出效果。在更改文字的填充颜色时，还可以向该填充添加纹理、图片或渐变（渐变是颜色和底纹的逐渐过渡，通常是从一种颜色过渡到另一种颜色，或者从一种底纹过渡到同一颜色的另一种底纹），如图 4.5.7 所示即为添加胡桃纹理的效果。

图 4.5.6　插入艺术字效果

08奥运欢迎您

图 4.5.7　胡桃纹理效果

轮廓是文字或艺术字周围的边框。在更改文字的轮廓时，还可以调整线条的颜色、粗细和样式。如图 4.5.8 所示即为添加圆点轮廓的效果。

08奥运欢迎您

图 4.5.8　圆点轮廓效果

4.5.3　创建 SmartArt 图形

在 Word 2007 中，用户可以通过使用不同的布局来创建 SmartArt 图形。SmartArt 图形包括图形表、流程图以及更为复杂的图形，如维恩图、组织结构图等。

创建 SmartArt 图形的具体操作步骤如下：

（1）打开插入选项卡，在“插图”组中单击SmartArt按钮，弹出选择 SmartArt 图形对话框，如图 4.5.9 所示。

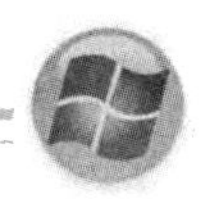

（2）在该对话框中选择 SmartArt 图形的类型和布局，选择好后单击 确定 按钮。

（3）执行下列操作之一，在 SmartArt 图形中输入文字：

1）单击 SmartArt 图形中的一个形状，输入文本。

2）单击“文本”窗格中的“[文本]”，输入文字。

3）从其他程序复制文字，单击“[文本]”，粘贴到“文本”窗格中。

输入文字后的效果如图 4.5.10 所示。

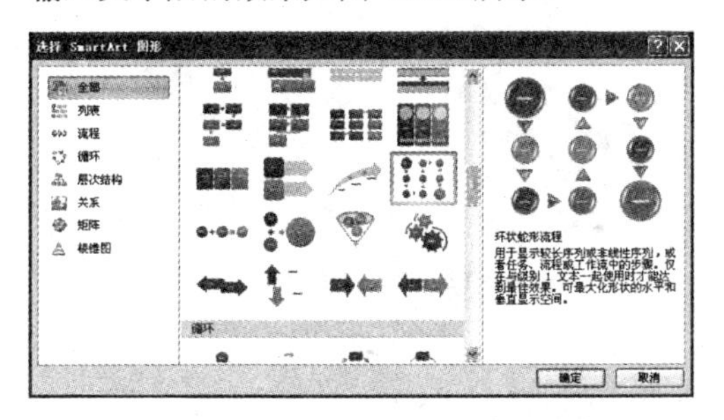

图 4.5.9 “选择 SmartArt 图形”对话框

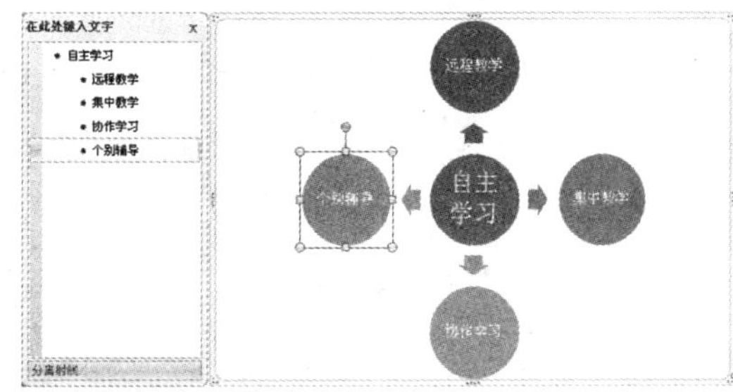

图 4.5.10 在 SmartArt 图形中输入文字

用户在创建 SmartArt 图形时，要选择合适的类型和布局，使图形清楚、易于理解。表 4.3 所示列出了 SmartArt 图形的类型和用途，帮助用户进行选择。

表 4.3 SmartArt 图形的类型和用途

图形类型	图形的用途
列表	显示无序信息
流程	在流程或日程表中显示步骤
循环	显示连续的流程
层次结构	创建组织结构图
关系	图示连接
矩阵	显示各部分如何与整体关联
棱锥图	显示与顶部或底部最大部分的比例关系

此外，还要考虑文字量，因为文字量通常决定了所用布局以及布局中所需的形状个数。通常在形状个数和文字量仅限于表示要点时，SmartArt 图形最有效。如果文字量较大，则会分散 SmartArt 图形的视觉吸引力，使图形难以直观地表示信息。但某些布局（如“列表”类型中的“梯形列表”）适用于文字量较大的情况。

4.5.4 插入图形

在文档中插入图形的具体操作步骤如下：

（1）打开 插入 选项卡，在“插图”组中单击 形状 按钮，在弹出的形状列表框中选择所需的形状，如图 4.5.11 所示。

（2）在文档中任意拖动鼠标，即可创建所需的图形。

图形窗建好后，用户还可以设置图形的填充颜色和三维效果。如图 4.5.12 所示即为设置图形填充颜色的效果。

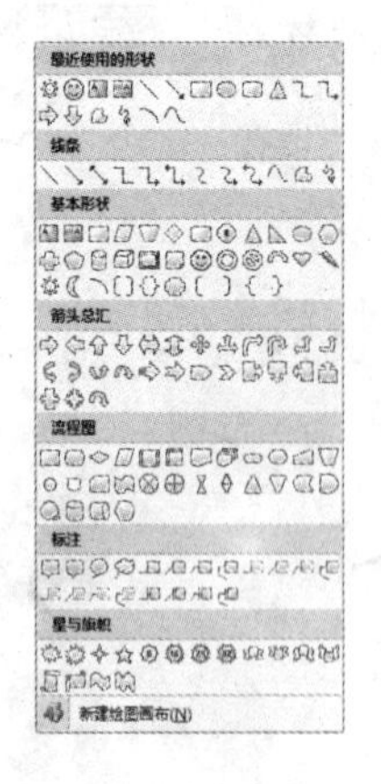

图 4.5.11 形状列表框

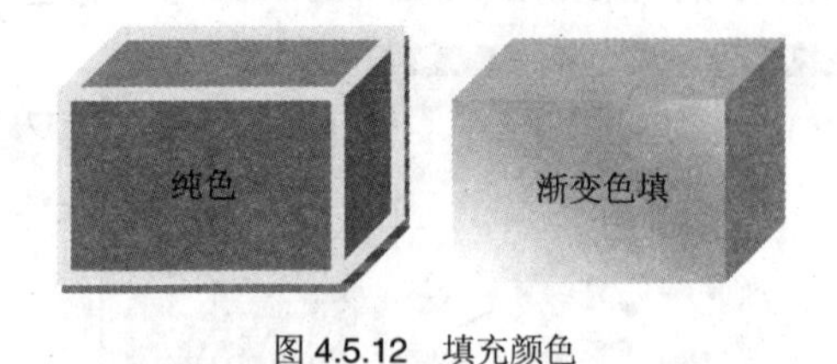

图 4.5.12 填充颜色

4.6 表格的使用

在文档中插入表格，可以有条理地表达相关信息，例如在制作个人简历时，如果只是纯文字的介绍，会显示得杂乱无章，如果做成表格，就会显得清晰明了。

4.6.1 创建表格

在 Word 2007 中创建表格有 3 种方法，分别为使用表格模板创建、使用表格菜单创建和使用“插入表格”命令创建。

1. 使用表格模板创建表格

可以使用表格模板插入一组预先设定好格式的表格。表格模板包含示例数据，可以帮助用户了解添加数据时表格的外观。

使用表格模板插入表格的具体操作步骤如下：

（1）将光标定位在要插入表格的位置。

（2）打开 插入 选项卡，在“表格”组中选择“表格”选项，在弹出的下拉列表中选择 快速表格(T) → 将所选内容保存到快速表格库(S)... 命令，弹出 新建构建基块 对话框，如图 4.6.1 所示。

（3）在该对话框中设置表格模板的名称、类别、说明、保存位置以及插入的位置，单击 确定 按钮即可。

2. 使用表格菜单创建表格

使用表格菜单创建表格的具体操作步骤如下：

（1）将光标定位在要插入表格的位置。

（2）打开 插入 选项卡，在“表格”组中选择“表格”选项，在弹出的下拉列表中拖动鼠标，选择需要的行数和列数，如图 4.6.2 所示。

3. 使用“插入表格”命令创建表格

使用“插入表格”命令插入表格，可在插入前设置表格的尺寸和格式。具体操作步骤如下：

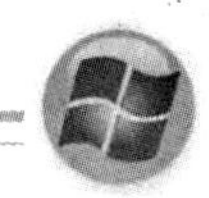

（1）将光标定位在要插入表格的位置。

（2）打开 插入 选项卡，在“表格”组中选择“表格”选项，在弹出的下拉列表中选择 插入表格(I)... 命令，弹出 插入表格 对话框，如图 4.6.3 所示。

图 4.6.1 “新建构建基块”对话框

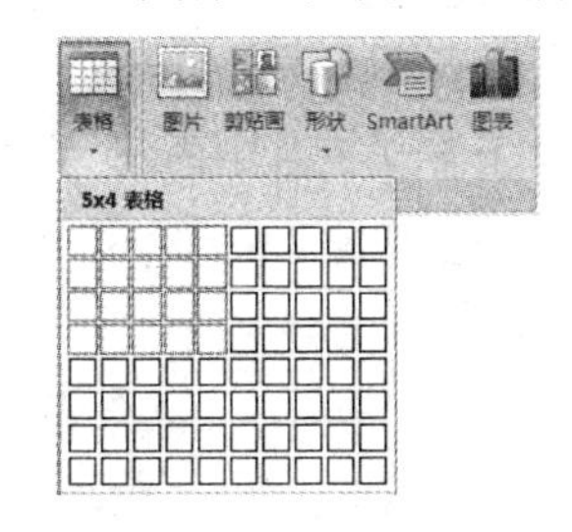

图 4.6.2 选择表格的行数和列数

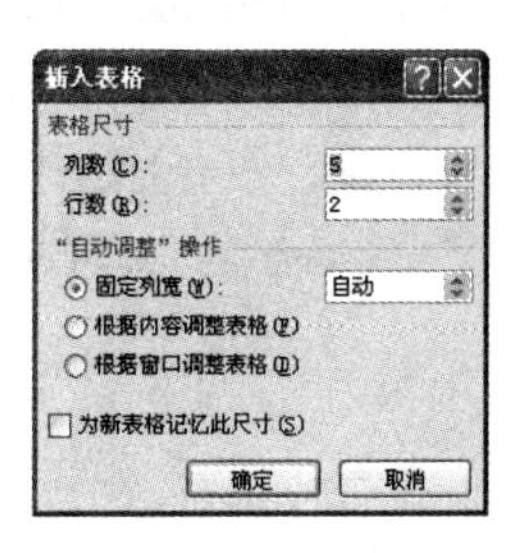

图 4.6.3 “插入表格”对话框

（3）在该对话框中“表格尺寸”选区中的“列数”和“行数”微调框中输入具体的数值；在“‘自动调整’操作”选区中选中相应的单选按钮，设置表格的列宽。

（4）设置完成后，单击 确定 按钮，即可插入相应的表格。

对于比较复杂的表格，Word 2007 允许用户绘制包含不同高度的单元格或每行有不同列数的表格。其具体操作步骤如下：

（1）在要创建表格的位置单击鼠标。

（2）打开 插入 选项卡，在“表格”组中的下拉菜单中选择 绘制表格(D) 命令，此时鼠标指针变为铅笔形状 。

（3）在要定义表格外边界的位置绘制一个矩形，然后在矩形内绘制行线和列线，如图 4.6.4 所示。

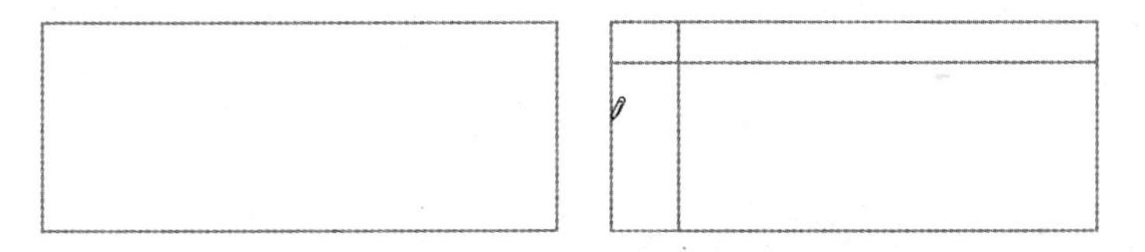

图 4.6.4 绘制表格

（4）如果要擦除一条或多条线，打开 表格工具 上下文工具，在 设计 选项卡的“绘图边框”组中单击 擦除 按钮，此时鼠标指针变为橡皮形状 。

（5）单击要擦除的线条即可将其擦除，如图 4.6.5 所示。

图 4.6.5 擦除线条

（6）绘制完表格后，在单元格内单击，可以输入文本或图形。

4.6.2 选定表格

在对表格进行操作之前，必须先选定表格，主要包括选定整个表格、行、列和单元格等。

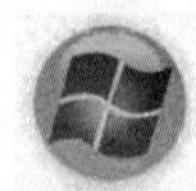

1．选定整个表格

选定整个表格的具体操作步骤如下：

（1）将鼠标指针定位在表格中的任意位置。

（2）表格左上角出现一个移动控制点，当鼠标指针指向该移动控制点时，鼠标指针变成✥形状，单击鼠标左键，或者打开 表格工具 上下文工具中的 布局 选项卡，在“表”组中选择 选择 →选择表格(T) 命令，即可选定整个表格，如图 4.6.6 所示。

中国农历节日介绍

日期	中文名称	英文名称
农历正月初一	春节	the Spring Festival
农历正月十五	元宵节	Lantern Festival
农历五月初五	端午节	the Dragon-Boat Festival
农历七月初七	乞巧节（中国情人节）	Double-Seventh Day
农历八月十五	中秋节	the Mid-Autumn Festival
农历九月初九	重阳节	the Double Ninth Festival
农历腊月初八	腊八节	the laba Rice Porridge Festival
农历腊月二十四	传统扫房日	

图 4.6.6　选定整个表格

2．选定行

在表格中选定行的具体操作步骤如下：

（1）将鼠标指针定位在表格中的任意位置。

（2）打开 表格工具 上下文工具中的 布局 选项卡，在“表”组中选择 选择 →选择行(R) 命令，或者将鼠标指针定位在要选定行的左侧，当鼠标指针变成↗形状时单击鼠标左键，即可选定所需的行，如图 4.6.7 所示。

3．选定列

在表格中选定列的具体操作步骤如下：

（1）将鼠标指针定位在表格中的任意位置。

（2）打开 表格工具 上下文工具中的 布局 选项卡，在“表”组中选择 选择 →选择列(C) 命令，或者将鼠标指针定位在要选定列的上方，当指针变成⬇形状时单击鼠标左键，即可选定所需的列，如图 4.6.8 所示。

中国农历节日介绍

日期	中文名称	英文名称
农历正月初一	春节	the Spring Festival
农历正月十五	元宵节	Lantern Festival
农历五月初五	端午节	the Dragon-Boat Festival
农历七月初七	乞巧节（中国情人节）	Double-Seventh Day
农历八月十五	中秋节	the Mid-Autumn Festival
农历九月初九	重阳节	the Double Ninth Festival
农历腊月初八	腊八节	the laba Rice Porridge Festival
农历腊月二十四	传统扫房日	

图 4.6.7　选定行

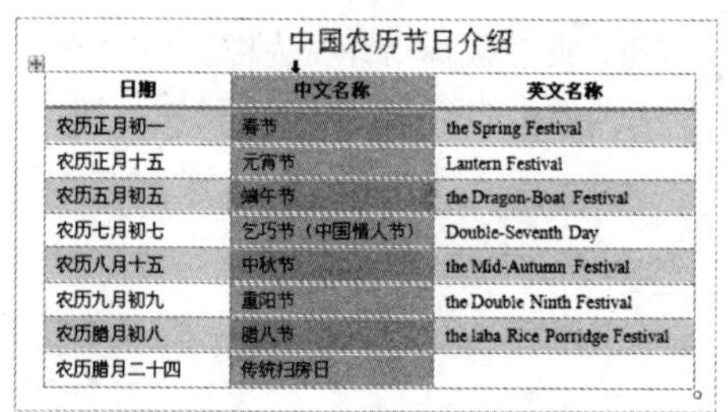

中国农历节日介绍

日期	中文名称	英文名称
农历正月初一	春节	the Spring Festival
农历正月十五	元宵节	Lantern Festival
农历五月初五	端午节	the Dragon-Boat Festival
农历七月初七	乞巧节（中国情人节）	Double-Seventh Day
农历八月十五	中秋节	the Mid-Autumn Festival
农历九月初九	重阳节	the Double Ninth Festival
农历腊月初八	腊八节	the laba Rice Porridge Festival
农历腊月二十四	传统扫房日	

图 4.6.8　选定列

4．选定单元格

在表格中选定单元格的具体操作步骤如下：

（1）将鼠标指针定位在表格中要选定的单元格中。

（2）打开 表格工具 上下文工具中的 布局 选项卡，在“表”组中选择 选择 →选择单元格(L) 命令，或者将鼠标指针定位在要选定的单元格中，当鼠标指针变成↗形状时单击鼠标左键，即可选定所需的单元格，如图 4.6.9 所示。

在选定表格（包括整个表格、行、列或单元格）时，当鼠标指针变为↗、↓或↗形状时，单击鼠标左键并且拖动鼠标，可选定表格中的多行、多列或多个连续的单元格；按住“Shift”键可选定连续的行、列和单元格；按住“Ctrl”键可选定不连续的行、列和单元格，如图 4.6.10 所示。

中国农历节日介绍

日期	中文名称	英文名称
农历正月初一	春节	the Spring Festival
农历正月十五	元宵节	Lantern Festival
农历五月初五	端午节	the Dragon-Boat Festival
农历七月初七	乞巧节（中国情人节）	Double-Seventh Day
农历八月十五	中秋节	the Mid-Autumn Festival
农历九月初九	重阳节	the Double Ninth Festival
农历腊月初八	腊八节	the laba Rice Porridge Festival
农历腊月二十四	传统扫房日	

图 4.6.9 选定单元格

中国农历节日介绍

日期	中文名称	英文名称
农历正月初一	春节	the Spring Festival
农历正月十五	元宵节	Lantern Festival
农历五月初五	端午节	the Dragon-Boat Festival
农历七月初七	乞巧节（中国情人节）	Double-Seventh Day
农历八月十五	中秋节	the Mid-Autumn Festival
农历九月初九	重阳节	the Double Ninth Festival
农历腊月初八	腊八节	the laba Rice Porridge Festival
农历腊月二十四	传统扫房日	

图 4.6.10 选定不连续的单元格

4.6.3 插入行、列和单元格

对于绘制的表格，还可以在其中插入行、列和单元格，甚至还可以插入表格。

1．插入行

在表格中插入行的具体操作步骤如下：

（1）选中行。

（2）打开 表格工具 上下文工具，在 布局 选项卡的“行和列”组中单击 在下方插入 按钮，或者单击鼠标右键，在弹出的快捷菜单中选择 插入(I) → 在下方插入行(B) 命令，效果如图 4.6.11 所示。

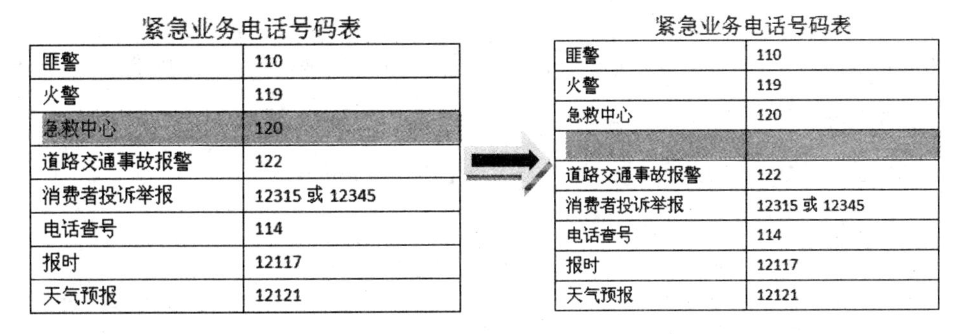

紧急业务电话号码表

匪警	110
火警	119
急救中心	120
道路交通事故报警	122
消费者投诉举报	12315 或 12345
电话查号	114
报时	12117
天气预报	12121

紧急业务电话号码表

匪警	110
火警	119
急救中心	120
道路交通事故报警	122
消费者投诉举报	12315 或 12345
电话查号	114
报时	12117
天气预报	12121

图 4.6.11 插入行

2．插入列

在表格中插入列的具体操作步骤如下：

（1）选中列。

（2）打开 表格工具 上下文工具，在 布局 选项卡的“行和列”组中单击 在右侧插入列(R) 按钮，或者单击鼠标右键，在弹出的快捷菜单中选择 插入(I) → 在右侧插入列(R) 命令，效果如图 4.6.12 所示。

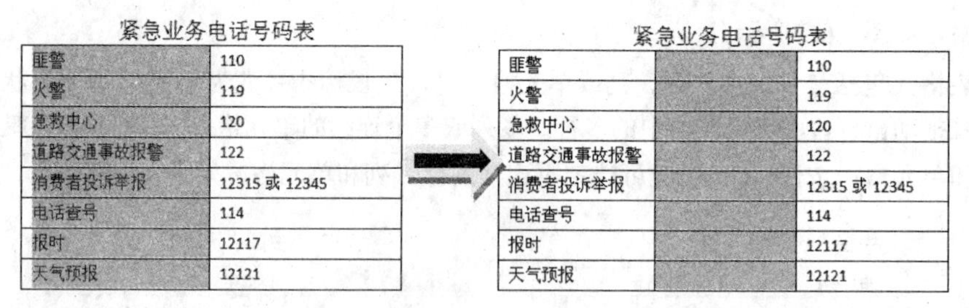

紧急业务电话号码表

匪警	110
火警	119
急救中心	120
道路交通事故报警	122
消费者投诉举报	12315 或 12345
电话查号	114
报时	12117
天气预报	12121

紧急业务电话号码表

匪警		110
火警		119
急救中心		120
道路交通事故报警		122
消费者投诉举报		12315 或 12345
电话查号		114
报时		12117
天气预报		12121

图 4.6.12　插入列

3. 插入单元格

在表格中还可以插入单元格，其具体操作步骤如下：

（1）选定单元格区域，如图 4.6.13 所示。

（2）打开表格工具上下文工具，在布局选项卡的“行和列”组中单击对话框启动器，弹出插入单元格对话框，如图 4.6.14 所示。

紧急业务电话号码表

匪警		110
火警		119
急救中心		120
道路交通事故报警		122
消费者投诉举报		12315 或 12345
电话查号		114
报时		12117
天气预报		12121

图 4.6.13　选定单元格区域

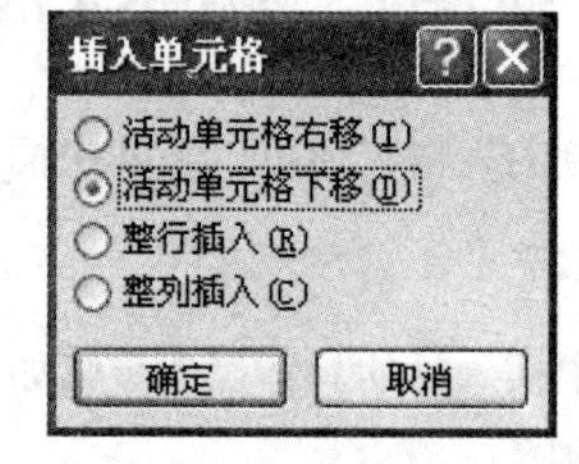

图 4.6.14　“插入单元格”对话框

（3）选中活动单元格下移(D)单选按钮，单击确定按钮，效果如图 4.6.15 所示。

4.6.4　单元格的拆分与合并

拆分单元格就是将一个单元格拆分为多个单元格；合并单元格就是将多个单元格合并为一个单元格。

1. 拆分单元格

如果要对表格中的单元格进行拆分，可以按照以下操作步骤进行：

（1）选定要拆分的单元格。

（2）打开表格工具上下文工具，在布局选项卡的“合并”组中单击拆分单元格按钮，或者单击鼠标右键，在弹出的快捷菜单中选择拆分单元格(P)...命令，弹出拆分单元格对话框，如图 4.6.16 所示。

紧急业务电话号码表

匪警		110
火警		119
急救中心		120
道路交通事故报警		122
消费者投诉举报		12315 或 12345
电话查号		114
报时		12117
天气预报		12121

图 4.6.15　插入单元格

拆分单元格
列数(C)：2
行数(R)：1
拆分前合并单元格(M)
确定　取消

图 4.6.16　“拆分单元格”对话框

（3）在“列数”和“行数”微调框中输入所需的列数和行数。

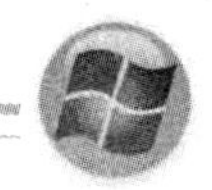

（4）单击 确定 按钮，结果如图 4.6.17 所示。

紧急业务电话号码表

匪警	110
火警	119
急救中心	120
道路交通事故报警	122
消费者投诉举报	12315 或 12345
电话查号	114
报时	12117
天气预报	12121

紧急业务电话号码表

匪警		110
火警		119
急救中心		120
道路交通事故报警		122
消费者投诉举报		12315 或 12345
电话查号		114
报时		12117
天气预报		12121

图 4.6.17　拆分单元格

2. 合并单元格

合并单元格和拆分单元格是相反的操作，其具体操作步骤如下：

（1）选定要合并的单元格区域。

（2）打开 表格工具 上下文工具，在 布局 选项卡的“合并”组中单击 合并单元格，或者单击鼠标右键，在弹出的快捷菜单中选择 合并单元格(M) 命令即可合并选定的单元格，如图 4.6.18 所示。

紧急业务电话号码表

匪警	110
火警	119
急救中心	120
道路交通事故报警	122
消费者投诉举报	12315 或 12345
电话查号	114
报时	12117
天气预报	12121

紧急业务电话号码表

匪警	110
火警	119
急救中心 120 道路交通事故报警 122	
消费者投诉举报	12315 或 12345
电话查号	114
报时	12117
天气预报	12121

图 4.6.18　合并单元格

4.6.5　删除行、列和单元格

创建好表格后，还可以删除表格中的行、列和单元格。

1. 删除行和列

要删除表格中的行和列，其具体操作步骤如下：

（1）选定要删除的行或列。

（2）打开 表格工具 上下文工具，在 布局 选项卡中的“行和列”组中单击 删除 按钮，弹出如图 4.6.19 所示的删除下拉列表。

（3）在下拉列表中选择 删除行(R) 或 删除列(C) 命令，即可删除表格中的行或列。

2. 删除单元格

如果要删除单元格，其具体操作步骤如下：

（1）选定要删除的单元格。

（2）在图 4.6.19 中的下拉列表中选择 删除单元格(D)... 命令，弹出 删除单元格 对话框，如图 4.6.20 所示。

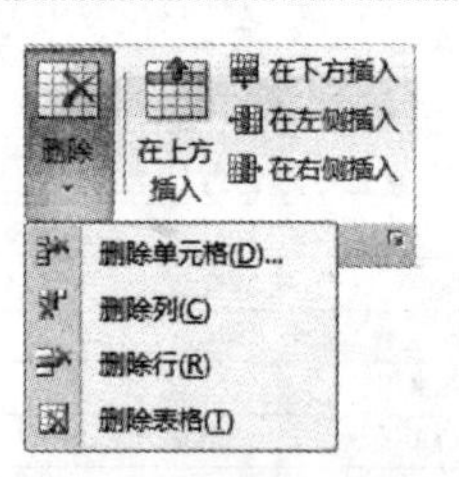

图 4.6.19　删除下拉列表

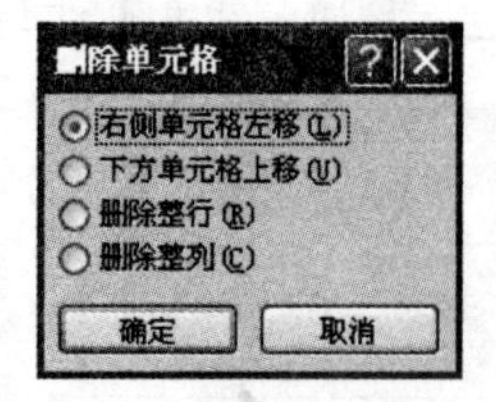

图 4.6.20　“删除单元格”对话框

（3）在该对话框中选中 右侧单元格左移(L) 单选按钮，单击 确定 按钮，效果如图 4.6.21 所示。

紧急业务电话号码表

匪警	110
火警	119
急救中心	120
道路交通事故报警	122
消费者投诉举报	12315 或 12345
电话查号	114
报时	12117
天气预报	12121

紧急业务电话号码表

匪警	110
火警	119
急救中心	120
122	
消费者投诉举报	12315 或 12345
电话查号	114
报时	12117
天气预报	12121

图 4.6.21　删除单元格效果

4.6.6　修饰表格

表格的一些基本操作完成后，还要对表格做进一步的修改，主要包括以下几个方面。

1．应用表格样式

创建表格后，可以使用“表格样式”来设置整个表格的格式。将指针停留在每个预先设置好格式的表格样式上，可以预览表格的外观。应用表格样式的具体操作步骤如下：

（1）在要设置格式的表格内单击。

（2）在 表格工具 上下文工具中打开 设计 选项卡，

（3）在“表格样式”组中将指针停留在每个表样式上，直至找到要使用的样式为止。如果要查看更多样式，则单击“其他”箭头选择表格的外观样式。

（4）单击选中的样式，即可将其应用到表格，如图 4.6.22 所示。

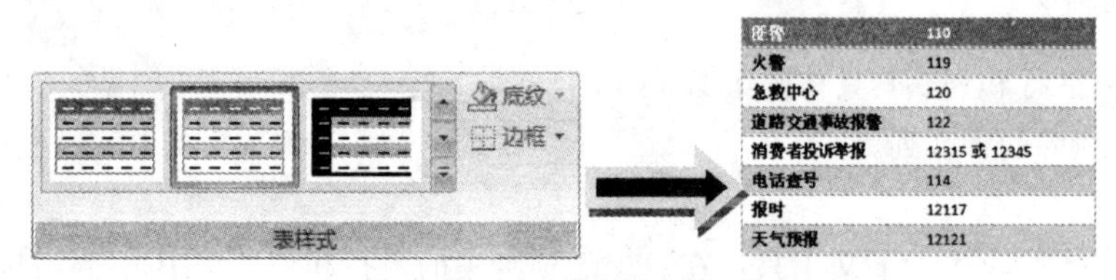

图 4.6.22　自动套用格式的效果

2．设置边框和底纹

如果要给表格设置边框和底纹，可以按照以下操作步骤进行：

（1）选择要设置边框和底纹的表格或表格中的单元格区域。

（2）单击鼠标右键，在弹出的快捷菜单中选择 边框和底纹(B)... 命令，弹出 边框和底纹 对话框，打开 边框(B) 选项卡，如图 4.6.23 所示。

（3）在“设置”选项区中选择边框形式；在“样式”列表中选择边框线型。

（4）打开 底纹(S) 选项卡，在“填充”和“图案”选项区中选择底纹样式。

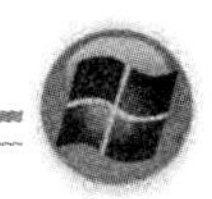

（5）设置完成后，单击 确定 按钮，效果如图 4.6.24 所示。

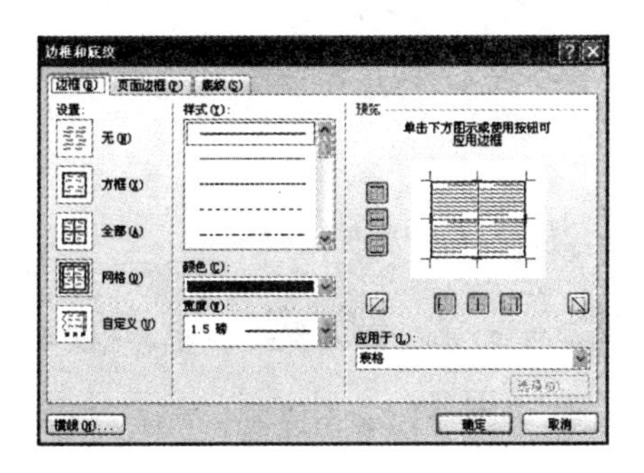

图 4.6.23 “边框”选项卡

紧急业务电话号码表

匪警	110
火警	119
急救中心	120
[illegible]	[illegible]
消费者投诉举报	12315 或 12345
电话查号	114
报时	12117
天气预报	12121

图 4.6.24 添加边框和底效

3. 设置表格属性

设置表格属性主要包括设置表格的行高、列宽和对齐方式等。设置这些属性可以通过 表格属性 对话框完成，具体操作步骤如下：

（1）打开 表格工具 上下文工具，在 布局 选项卡的“表”组中单击 属性 按钮，弹出 表格属性 对话框，如图 4.6.25 所示。

（2）在 表格(T)、行(R) 和 列(U) 选项卡中分别设置相应的参数。

（3）设置完成后，单击 确定 按钮即可。

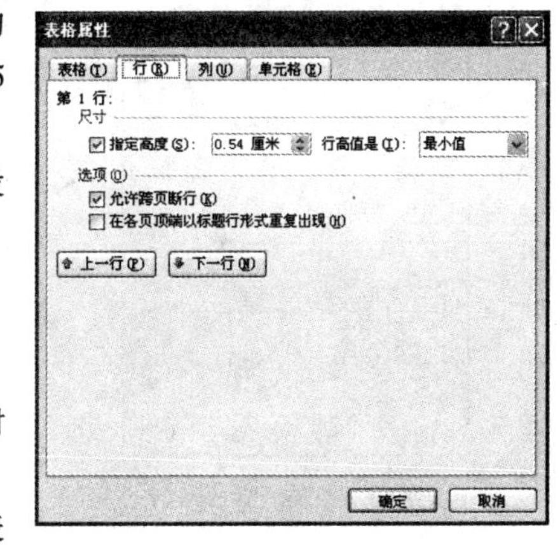

图 4.6.25 “表格属性”对话框

4. 设置表格中文字的对齐方式

表格中的文字也可以设置对齐方式，其对齐方式是相对于表格的边框线而言的，具体操作步骤如下：

（1）选定要设置对齐方式的单元格区域，例如选择表格的第一行。

（2）打开 表格工具 上下文工具，在 布局 选项卡的“对齐方式”组中单击相应的按钮即可。例如单击“水平居中”按钮，效果如图 4.6.26 所示。

紧急业务电话号码表

匪警	110
火警	119
急救中心	120
道路交通事故报警	122
消费者投诉举报	12315 或 12345
电话查号	114
报时	12117
天气预报	12121

紧急业务电话号码表

匪警	110
火警	119
急救中心	120
道路交通事故报警	122
消费者投诉举报	12315 或 12345
电话查号	114
报时	12117
天气预报	12121

图 4.6.26 文本“水平居中”效果

4.7 页面设置和打印输出

要想打印出满意的文档，必须先对文档页面进行编辑和格式化，再对文档的页面布局进行合理的

设置。在打印文档前充分利用打印预览查看文档是否令人满意，并对打印机进行必要的设置，从而得到排列整齐、美观实用的输出效果。

4.7.1 页面设置

在打印文档之前，首先要对文档的页面进行设置，具体操作步骤如下：

（1）选择 页面布局 → 页面设置 命令，弹出 页面设置 对话框，如图 4.7.1 所示。

（2）在该对话框中的 页边距 、 纸张 、 版式 和 文档网格 4 个选项卡中对文档的页边距、纸张、版式、文档网格等内容进行设置。

（3）设置完成后，单击 确定 按钮即可。

注意 在 版式 选项卡中单击 边框(B)... 按钮，弹出 边框 对话框，打开 页面边框(P) 选项卡，如图 4.7.2 所示，在该选项卡中可以设置页面的边框。

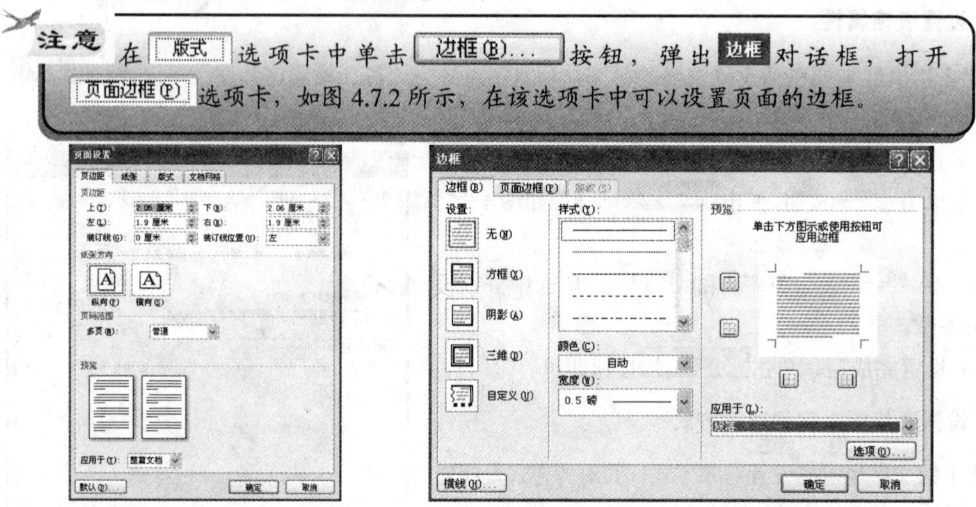

图 4.7.1 “页面设置”对话框　　图 4.7.2 “页面边框”选项卡

4.7.2 插入页码

当用户创建的文档有多页时，就需要在文档中插入页码，以便于在阅读文档的过程中更好地定位。在文档中插入页码的具体操作步骤如下：

（1）选择 插入 → 页码 命令，弹出 页码 对话框。

（2）单击 格式(F)... 按钮，弹出 页码格式 对话框，如图 4.7.3 所示。

（3）在该对话框中可以设置数字格式、章节起始样式、分隔符、页码编排等相关参数。

（4）设置完成后，单击 确定 按钮，返回到 页码 对话框中，再单击 确定 按钮，即可在文档中插入相应格式的页码。

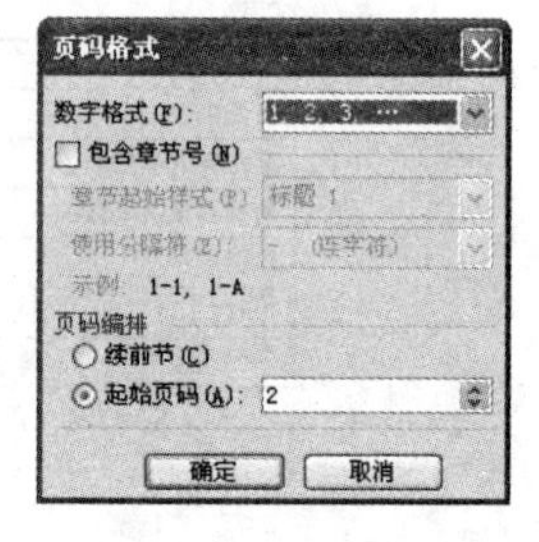

图 4.7.3 “页码格式”对话框

4.7.3 文档预览

当编辑完文档需要进行打印时，可以先使用“打印预览”功能对文档进行预览。单击“Office”

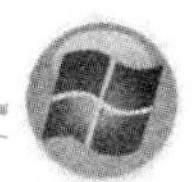

按钮后选择中的，即可打开文档的打印预览窗口，如图 4.7.4 所示。在打印预览窗口中的“打印预览”工具栏中单击相应的按钮，可对文档进行各种方式的预览。查看完毕后，单击“打印预览”工具栏中的按钮，关闭预览窗口。

4.7.4　打印输出

用户如果对文档的预览效果满意，就可以直接打印文档。打印文档的具体操作步骤如下：

（1）选择打印预览中的打印命令，弹出打印对话框，如图 4.7.5 所示。

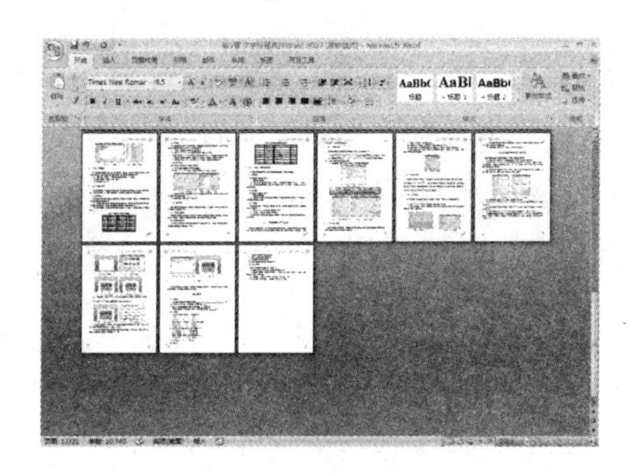

图 4.7.4　打印预览窗口

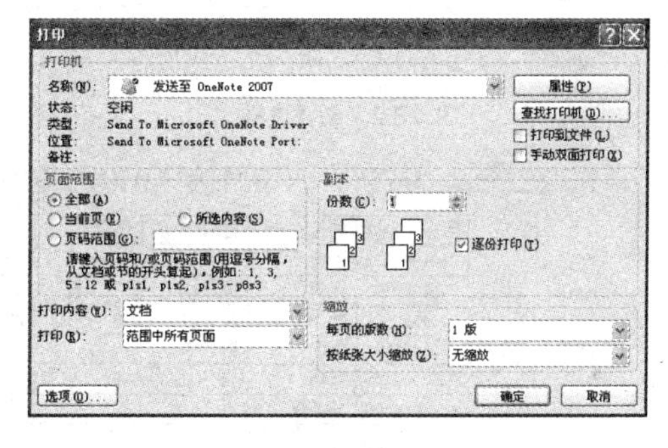

图 4.7.5　“打印”对话框

（2）在该对话框中的“打印机”选区中的“名称”下拉列表中选择打印机的名称，并查看打印机的状态、类型、位置等信息。

（3）在“页面范围”选区中设置打印文档的范围；在“份数”微调框中设置打印的份数；在“缩放”选区中设置打印内容是否缩放。

（4）设置完成后，单击确定按钮，即可对文档进行打印。

4.8　典型实例——制作学生成绩表

本章将制作一张学生成绩表，在制作过程中将用到创建表格、插入艺术字和插入图片等命令，最终效果如图 4.8.1 所示。

07上半年生化01班学生成绩表

学号	姓名	性别	物理	化学	生物	总成绩
0501080101	李虎	男	60	85	90	235
0501080102	梁敏	男	77	80	85	242
0501080103	杜丽莎	女	60	80	98	238
0501080104	古辛	男	80	80	75	235
0501080105	邓杨	男	68	85	83	236
0501080106	司威林	男	76	84	90	250

图 4.8.1　最终效果图

操作步骤如下：

（1）启动 Office 2007，新建一个空白文档。

（2）在“插入”选项卡中的“表格”选项区中单击 表格 按钮，在弹出的下拉列表中单击并拖动鼠标，创建一个 7 行 6 列的表格，并在表格中输入文字，如图 4.8.2 所示。

（3）将光标置于“总成绩”列的第一行，在“表格工具”上下文工具中的“布局”选项卡中的“数据”选项区中单击 公式 按钮，弹出“公式”对话框，如图 4.8.3 所示。

学号	姓名	性别	物理	化学	生物	总成绩
0501080101	李虎	男	60	85	90	
0501080102	梁敏	男	77	80	85	
0501080103	杜丽莎	女	60	80	98	
0501080104	古辛	男	80	80	75	
0501080105	邓杨	男	68	85	83	
0501080106	司威林	男	76	84	90	

图 4.8.2　创建表格

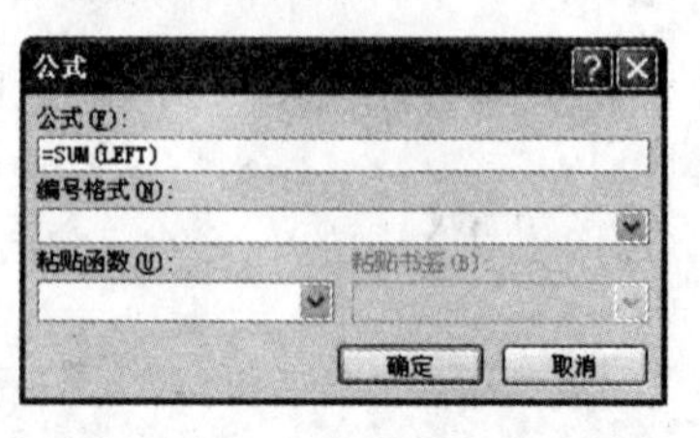

图 4.8.3　“公式”对话框

（4）单击 确定 按钮，将学号为“0501080101”的学生的总分计算出来，如图 4.8.4 所示。

学号	姓名	性别	物理	化学	生物	总成绩
0501080101	李虎	男	60	85	90	235
0501080102	梁敏	男	77	80	85	
0501080103	杜丽莎	女	60	80	98	
0501080104	古辛	男	80	80	75	
0501080105	邓杨	男	68	85	83	
0501080106	司威林	男	76	84	90	

图 4.8.4　计算总分

（5）重复步骤（3）和（4）的操作，计算其他学生的总分。将整个表格选中，在“表格工具”上下文工具中的“布局”选项卡中的“对齐方式”选项区中单击“水平居中”按钮，使表格中的数据居中排列，如图 4.8.5 所示。

（6）选中表格，在“表格工具”上下文工具中的“设计”选项卡中的“表样式”选项区中单击按钮，弹出表格样式下拉列表，如图 4.8.6 所示。

学号	姓名	语文	数学	英语	总分
1	王　艳	85	80	90	255
2	王晓晖	90	99	100	289
3	陈　涛	75	80	81	236
4	李　杰	80	84	75	239
5	郝　静	72	75	65	212
6	张晓波	77	76	73	226

图 4.8.5　对齐数据

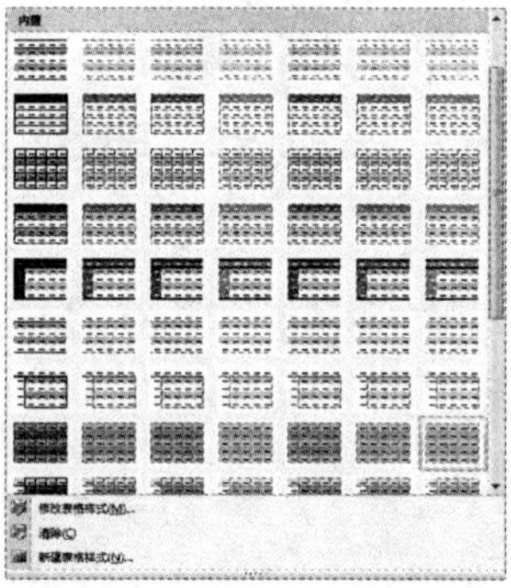

图 4.8.6　表格样式下拉列表

（7）在该下拉列表中选择一种样式，即可将其应用到当前所选表格中，如图 4.8.7 所示。

（8）将光标置于表格上方，在“插入”选项卡中的“文本”选项区中单击 艺术字 按钮，弹出艺术字样式下拉列表，如图 4.8.8 所示。

（9）选择要应用的样式，即可弹出“编辑艺术字文字”对话框，如图 4.8.9 所示。

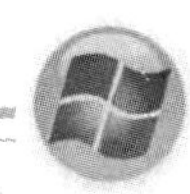

学号	姓名	性别	物理	化学	生物	总成绩
0501080101	李虎	男	60	85	90	235
0501080102	梁敏	男	77	80	85	242
0501080103	杜丽莎	女	60	80	98	238
0501080104	古辛	男	80	80	75	235
0501080105	邓杨	男	68	85	83	236
0501080106	司威林	男	76	84	90	250

图 4.8.7 应用表格样式

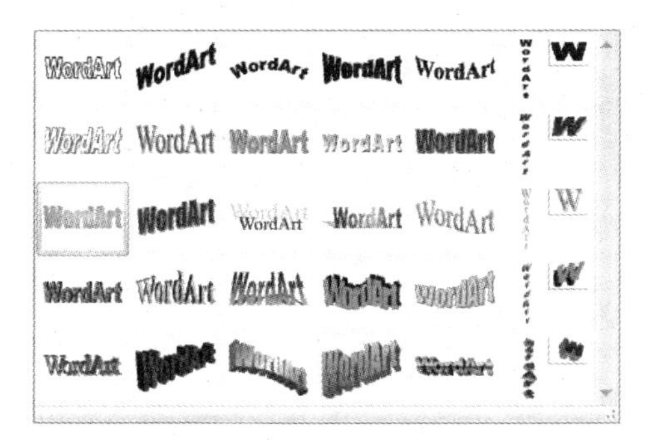

图 4.8.8 艺术字样式下拉列表

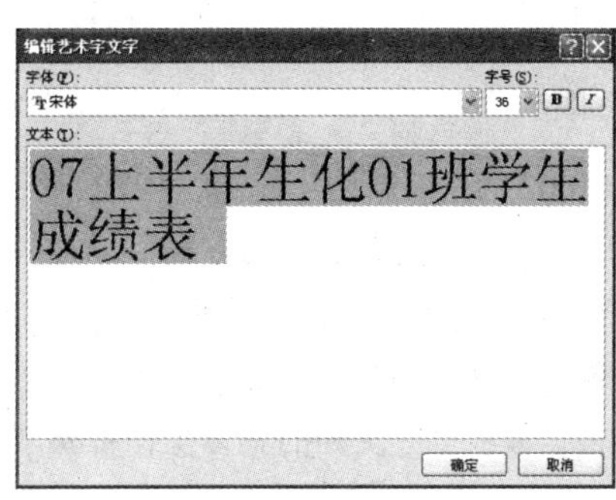

图 4.8.9 “编辑艺术字文字”对话框

（10）在其中输入文字“学生成绩表”，将字体设置为“华文新魏”，字号设置为“36”，单击 确定 按钮，最终效果如图 4.8.1 所示。

小 结

本章主要介绍了 Office Word 2007 的基础知识和文档的创建与编辑等操作，读者应熟练掌握这些知识，为将来 Word 2007 的高级应用奠定基础，使创作的文档更具备专业水准。

过关练习四

一、填空题

1．Word 2007 的视图方式主要有页面视图、__________、__________、__________、__________、________和________7 种。

2．在 Word 中删除、复制、粘贴文本之前，首先应________。

3．在 Word 中如果要选定整个文档，使用快捷键________即可完成。

4．如果要快速新建一个空白文档，单击“Office”按钮选项卡中的________即可。

二、选择题

1．Word 2007 为用户提供了（ ）种视图方式。

（A）3　　（B）5

（C）7　　（D）10

2．在 Word 2007 中，按快捷键（ ）即可新建一个文档。

（A）Ctrl+C　　（B）Ctrl+V

（C）Ctrl+O　　（D）Ctrl+N

3．在 Word 2007 中能显示页眉、页脚的视图是（　）。

（A）普通视图　　（B）页面视图

（C）大纲视图　　（D）全屏视图

4．在文档中打开“查找”对话框的快捷键是（　）。

（A）Ctrl+G　　（B）Ctrl+H

（C）Ctrl+A　　（D）Ctrl+F

三、简答题

1．Word 2007 的主要新增功能有哪些？

2．简述 Word 2007 文档的视图方式。

3．简述绘制 SmartArt 图形的步骤。

4．简述创建新文档的具体方法。

5．简述根据模板创建文档的具体操作步骤。

四、上机操作题

新建一个文档并对文档进行编辑。要求如下：

（1）纸张宽 25 厘米、高 30 厘米，左右页边距均为 2 厘米。

（2）标题文字为艺术字（选择艺术字样式 14），楷书、20 磅、蓝色、水平居中、上下型，距正文上为 0.5 厘米，下为 0.5 厘米。

（3）正文宋体、小五号、两端对齐，首行缩进 2 字符，行距 18 磅。

（4）插入页眉，居中填写日期、文档名称，字号 9.5 磅，楷体。

（5）在创建的自选图形中添加文字。

（6）在文档中插入表格，并在表格中输入内容。

（7）为表格添加边框和底纹，并设置具体的行高和列宽。

第5章　电子表格软件 Excel 2007

Excel 2007 是 Office 2007 办公软件之一，是 Office 2007 中专门用于表格操作的专业处理软件。利用 Excel 2007 的强大功能可以制作出各种表格，完成各种比较复杂的数据统计，并且可以将数据以图表的形式表现出来。

本章重点

（1）Excel 2007 的基础知识。

（2）Excel 2007 的基本操作。

（3）编辑工作表。

（4）公式和函数的输入。

（5）管理数据。

（6）设置单元格。

（7）打印工作表。

（8）典型实例——制作销量统计表。

5.1　Excel 2007 的基础知识

Excel 2007 是一个操作简单、使用方便、功能强大的电子表格软件。在学习 Excel 2007 之前，必须先学习 Excel 2007 的新增功能、工作界面、基本概念等基础知识。

5.1.1　Excel 2007 的新增功能

与 Excel 2000，Excel 2002 等早期的版本相比，Excel 2007 主要有以下几个方面的新增功能。

1．面向结果的用户界面

新的面向结果的用户界面使用户可以轻松地在 Microsoft Office Excel 中工作。以前的版本，命令和功能常常深藏在复杂的菜单和工具栏中，现在用户可以在包含命令和功能逻辑组的、面向任务的选项卡上轻松地找到它们。新的用户界面利用显示有可用选项的下拉库替代了以前的许多对话框，并且提供了描述性的工具提示或示例预览来帮助用户选择正确的选项。

2．更多行和列以及其他新限制

为了使用户能在工作表中浏览大量数据，Excel 2007 支持每个工作表中最多有 1 000 000 行和 16 000 列。具体来说，Excel 2007 中的网格为 1 048 576 行乘以 16 384 列，与 Excel 2003 相比，它提供的可用行增加了 1 500%，可用列增加了 6 300%。

现在，用户可以在同一个工作簿中使用无限多的格式类型，而不再仅限于 4 000 种；每个单元格的单元格引用数量从 8 000 增长到了任意数量，唯一的限制就是用户的可用内存。为了改进 Excel 的性能，内存管理已从 Excel 2003 中的 1 GB 内存增加到 Excel 2007 中的 2 GB 内存。

3. Office 主题和 Excel 样式

在 Excel 2007 中，可以通过应用主题和使用特定样式在工作表中快速设置数据格式。主题可以与其他 Office 2007 发布版程序（例如 Microsoft Office Word 和 Microsoft Office PowerPoint）共享，而样式只用于更改特定于 Excel 的项目（如 Excel 表格、图表、数据透视表、形状或图）的格式。

（1）应用主题。主题是一组预定义的颜色、字体、线条和填充效果，可应用于整个工作簿或特定项目，例如图表或表格，它们可以帮助用户创建外观精美的文档。用户可以使用自己创建的主题，也可以从 Excel 提供的预定义主题中选择，创建具有统一、专业外观的主题，并将其应用于用户所有的 Excel 工作簿和其他 Office 2007 发布版文档。在创建主题时，可以分别更改颜色、字体和填充效果，以便用户对任一或所有这些选项进行更改。

（2）使用样式。样式是基于主题的预定义格式，可应用它来更改 Excel 表格、图表、数据透视表、形状或图的外观。如果内置的预定义样式不符合用户的要求，用户也可以自定义样式。对于图表来说，用户可以从多个预定义样式中进行选择，但不能创建自己的图表样式。

4. 轻松编写格式

在 Excel 2007 中，公式的编写方式有了较大的改进，使得公式的编写变得更加简单、方便。主要体现在以下几个方面：

（1）可调整的编辑栏。编辑栏会自动调整以容纳长而复杂的公式，从而防止公式覆盖工作表中的其他数据。与 Excel 早期版本相比，用户可以编写的公式更长，使用的嵌套级别更多。

（2）函数记忆式键入。使用函数记忆式键入，可以快速写入正确的公式语法。它不仅可以轻松检测到用户要使用的函数，还可以获得完成公式参数的帮助，从而使用户在第一次使用时以及今后的每次使用中都能获得正确的公式。

（3）结构化引用。除了单元格引用（例如 A1 和 R1C1），Excel 2007 还提供了在公式中引用命名区域和表格的结构化引用。

（4）轻松访问命名区域。通过使用 Excel 2007 命名管理器，用户可以在一个中心位置来组织、更新和管理多个命名区域，这有助于任何需要使用用户的工作表的人理解其中的公式和数据。

5. 改进的排序和筛选功能

在 Excel 2007 中，用户可以使用增强了的筛选和排序功能，快速排列工作表数据以找出所需的信息。例如，现在可以按颜色和 3 个以上（最多为 64 个）级别来对数据排序，还可以按颜色或日期筛选数据。在“自动筛选”下拉列表中显示 1 000 多个项，可以选择要筛选的多个项，以及在数据透视表中筛选数据。

6. 新的图表外观

在新的用户界面中，用户可以轻松浏览可用的图表类型，以便为自己的数据创建合适的图表。由于提供了大量的预定义图表样式和布局，用户可以快速应用一种外观精美的格式，然后在图表中进行所需的细节设置。

（1）可视图表元素选取器。用户可以在新的用户界面中快速更改图表的每一个元素，以更好地呈现数据。只须单击几下鼠标，即可添加或删除标题、图例、数据标签、趋势线和其他图表元素。

（2）外观新颖的艺术字。由于 Excel 2007 中的图表是用艺术字绘制的，因而对艺术字形状所做

的任何操作都能够应用于图表及其元素。例如，可以添加柔和阴影或倾斜效果使元素突出显示，或使用透明效果使在图表布局中被部分遮住的元素可见，以及使用逼真的三维效果。

（3）清晰的线条和字体。图表中的线条减轻了锯齿现象，而且对文本使用了 ClearType 字体来提高可读性。

（4）比以前更多的颜色。用户可以轻松地从预定义主题颜色中选择和改变其颜色强度。若要对颜色进行更多控制，用户还可以从“颜色”对话框内的 16 000 000 种颜色中选择来添加所需的颜色。

（5）图表模板。在新的用户界面中，将喜爱的图表另存为图表模板变得更为轻松。

7. 新的文件格式

Excel 2007 相对于早期版本，增加了几种新的文件格式，主要包括以下几种：

（1）基于 XML 的文件格式。在 2007 Microsoft Office System 中，Microsoft 为 Word，Excel 和 PowerPoint 引入了新的称为“Office Open XML 格式”的文件格式。这些新文件格式便于与外部数据源结合，同时减小了文件大小并改进了数据恢复功能。

在 Excel 2007 中，Excel 工作簿的默认格式是基于 Office Excel 2007 XML 的文件格式（.xlsx）。其他可用的基于 XML 的格式是基于 Office Excel 2007 XML 和启用了宏的文件格式（.xlsm）、用于 Excel 模板的 Office Excel 2007 文件格式（.xltx），以及用于 Excel 模板的 Office Excel 2007 启用了宏的文件格式（.xltm）。

（2）二进制文件格式。除了新的基于 XML 的文件格式，Excel 2007 还引入了用于大型或复杂工作簿的分段压缩文件格式的二进制版本。该文件格式即 Excel 2007 二进制（或 BIFF12）文件格式（.xls），可用于获得最佳性能和向后兼容性。

此外，还可以利用 Excel 2007 工作簿来查看它是否包含与 Excel 早期版本不兼容的功能或格式，以便进行必要的更改来获得更好的向后兼容性。在 Excel 早期版本中，可以安装更新和转换器来帮助打开 Excel 2007 工作簿，这样就可以编辑、保存它，然后再次在 Excel 2007 中打开它而不会丢失任何 Excel 2007 特定的功能或特性。

5.1.2　启动 Excel 2007

启动 Excel 2007 的方法有很多种，下面介绍常用的 4 种方式。

1. 通过“开始”菜单启动

选择 开始 → 所有程序(P) → Microsoft Office → Microsoft Office Excel 2007 命令，启动 Excel 2007 应用程序。

2. 通过桌面快捷方式启动

双击桌面上的“Microsoft Office Excel 2007”图标，即可启动 Excel 2007 应用程序。

3. 通过“运行”对话框启动

选择 开始 → 运行(R)... 命令，弹出“运行”对话框，如图 5.1.1 所示。在“打开”下拉列表框中输入“Excel.exe”，单击 确定 按钮，启动 Excel 2007 应用程序。

图 5.1.1　“运行”对话框

4. 通过打开 Excel 文件启动

选择已有的 Excel 文件，双击即可打开 Excel 应用程序。

5.1.3 Excel 2007 的工作界面

Excel 2007 的工作界面如图 5.1.2 所示，主要由快速访问工具栏、选项卡、公式编辑栏、工作区、状态栏等组成。

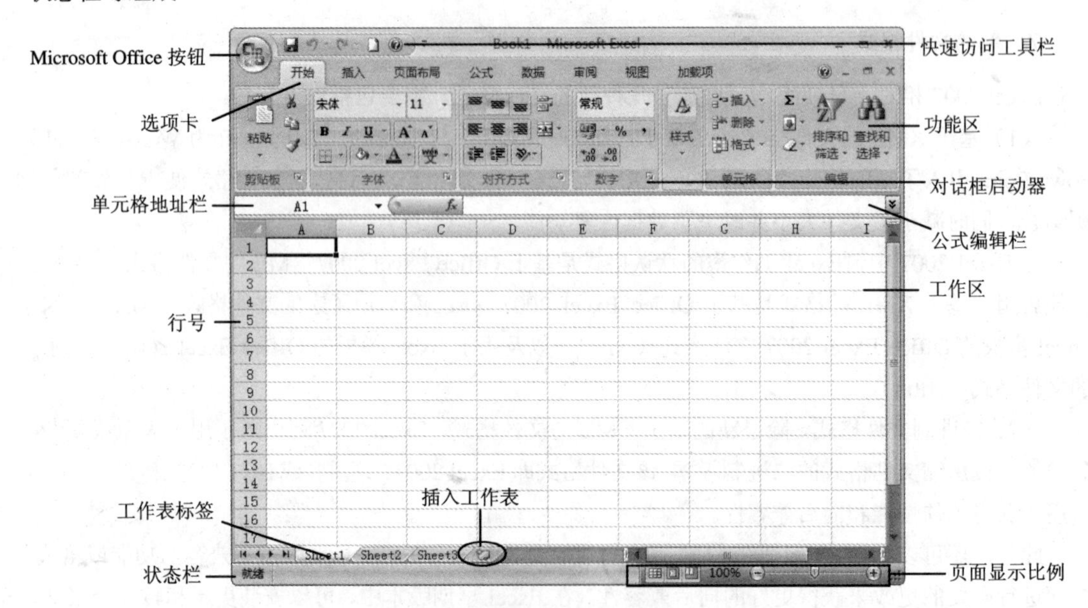

图 5.1.2 Excel 2007 工作界面

单元格地址栏：用于显示当前活动单元格的地址。

公式编辑栏：用于编辑各种数学公式，设置插入点后，单击该栏后的“输入”按钮确认公式的输入；单击“取消”按钮取消公式编辑；单击“插入函数”按钮可打开插入函数对话框。

工作表标签：用来显示当前工作簿中的工作表名称，名称背景为白色的是当前工作表。

5.1.4 Excel 2007 相关概念

工作簿、工作表、单元格和单元格区域是 Excel 2007 的基本组成元素，在对工作簿和工作表进行管理和操作之前，首先学习一些相关的基本概念。

1. 工作簿

工作簿是一种 Excel 文件，扩展名为 XLS，一个工作簿文件可以包括若干张工作表。新建的工作簿默认包括 3 张工作表，标签依次为 Sheet1，Sheet2 和 Sheet3。

2. 工作表

工作表是指在 Excel 中用于存储和处理数据的主要文档，也称为电子表格。工作表由排列成行或列的单元格组成，存储在工作簿中。每插入一个工作表，系统会自动加一个标签 Sheet X，其中 X 为工作表的序号。

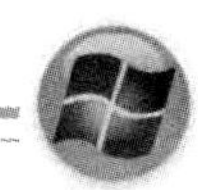

3. 单元格

单元格是组成工作表的基本单元，是由横向和竖向的表格线围成的最小方框。输入工作表的数据都是存储并显示在单元格中的。由列标号（大写英文字母）和行标号（数字）组合起来赋予每个单元格一个唯一的地址，规定列标号在前，行标号在后，如 A5，B12 等，Excel 把它叫做“单元格地址”的引用，简称“单元格引用”。

4. 数据类型

Excel 中的数据类型包括字符型、数值型、日期/时间型。下面分别介绍。

（1）字符型数据：字符型数据也叫文本数据，是单元格中常用的一种数据。它可以用中外文字符、数字及其他符号组成一个字符串。字符型数据不能参与数学运算（即使是数字字符也一样），但可以用专用的符号（&）进行连接。

（2）数值型数据：由阿位伯数字、正号、负号、小数点、百分号、千分号、货币符号等按规定组合而成的数据。

（3）日期/时间型数据：日期/时间型数据也是一种常用的数据，表示某个日期或时间。日期格式为“mm/dd/yy”或“yy-mm-dd”，时间格式为“hh:mm(am/pm)”。其中，日期数据的 mm、dd、yy 分别代表月、日、年；时间数据的 hh、mm、am、pm 分别代表时、分、上午、下午。

5. 公式

公式是指由等号“=”开始且由运算对象和运算符组成的一个表达式。输入公式可在公式编辑栏进行，也可在单元格中进行，确认后结果显示在单元格中。当单击该单元格时，公式显示在公式编辑栏中。

6. 函数

函数是使用一些特定的数值（参数）按特定的顺序或者结构进行计算的预定义的公式。Excel 为用户提供了包括三角函数、统计函数、数据库函数等在内的 300 多个函数。函数由“函数名+（参数 1，参数 2，…）”构成。

提示 公式与函数有一定的联系，可以在公式中使用函数；函数可以直接构成公式，此时必须在函数名前加上等号“=”。

7. 运算符

Excel 包括 4 种类型的运算符，即算术运算符、比较运算符、文本运算符和引用运算符。

（1）算术运算符。如果要完成基本的数学运算，如加、减、乘、除等，可使用如表 5.1 所示的算术运算符。

表 5.1　算术运算符

运算符	含义及示例
+（加号）	加法运算（2+3）
-（减号）	减法运算（10-1）
*（星号）	乘法运算（2*3）
/（正斜线）	除法运算（6/2）
%（百分号）	百分比（50%）

(2)比较运算符。可以使用如表 5.2 所示的运算符比较两个值,其结果是逻辑值 TRUE 或 FALSE。

表 5.2 比较运算符

运算符	含义及示例
=(等号)	等于(A2=B2)
>(大于号)	大于(A2>B4)
<(小于号)	小于(A1<B4)
>=	大于或等于(A1>=B4)
<=	小于或等于(A1<=B4)
<>	不相等(A1<>B4)

(3)文本连接运算符。使用和号(&)加入或连接一个或更多文本字符串,可以产生一串新的文本,如表 5.3 所示。

表 5.3 文本连接运算符

运算符	含义及示例
&(和号)	将两个文本值连接或串起来,产生一个连续的文本值("King"&"soft")

(4)引用运算符。使用引用运算符可以将单元格区域合并计算,如表 5.4 所示。

表 5.4 引用运算符

运算符	含义及示例
:(冒号)	区域运算符,产生对包括在两个引用之间的所有单元格的引用(B1:B10)
,(逗号)	联合运算符,将多个引用合并为一个引用(SUM(B1:B10,D1:D10))
空格	交叉运算符,产生对两个引用共有的单元格的引用(B1:D7 C2:C8)

5.2 Excel 2007 的基本操作

在使用 Excel 2007 进行数据处理的过程中,经常要对工作簿和工作表进行适当的管理,如创建和保存工作簿、插入和删除工作表、编辑单元格、格式化工作表等。下面将介绍对工作簿和工作表的基本操作。

5.2.1 新建工作簿

新建的 Excel 文档为"工作簿"文件,新建工作簿的方法有以下 3 种:

(1)使用快捷键新建。单击"快速访问工具栏"中的"新建"按钮,可快速新建一个工作簿。

(2)新建空白工作簿文件。启动 Excel 时会自动新建一个空白工作簿,并自动命名为"Book1",再新建工作簿时会自动命名,仅将文件名的序号增加 1,例如"Book2"。

(3)根据模板新建工作簿。利用模板新建具有一定格式的工作簿,具体操作步骤如下:

1)单击"Office"按钮,选择 新建(N) 命令,弹出"新建工作簿"对话框,在"模板"列表中选择"已安装的模板"选项,如图 5.2.1 所示。

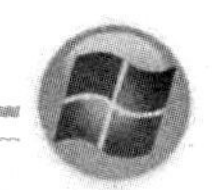

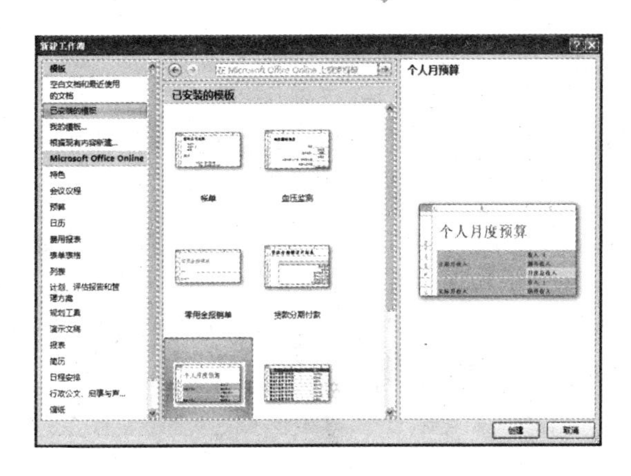

图 5.2.1　“新建工作簿”对话框

2）在“已安装的模板”列表框中选择需要的模板，单击 创建 按钮或者双击模板图标，即可新建一张与模板样式相同的工作簿。

5.2.2　添加工作表

新建的工作簿文件中保存有 3 张工作表，分别为“Sheet1”“Sheet2”“Sheet3”，并将“Sheet1”置于当前状态，用户可以在第一张工作表中录入数据。

如果 3 张工作表不够用，用户可根据需要在当前工作簿中添加工作表，其具体操作步骤如下：

（1）单击当前工作簿中的某张工作表。

（2）单击鼠标右键，在弹出的快捷菜单中选择 插入(I)... 命令，弹出 插入 对话框，如图 5.2.2 所示。

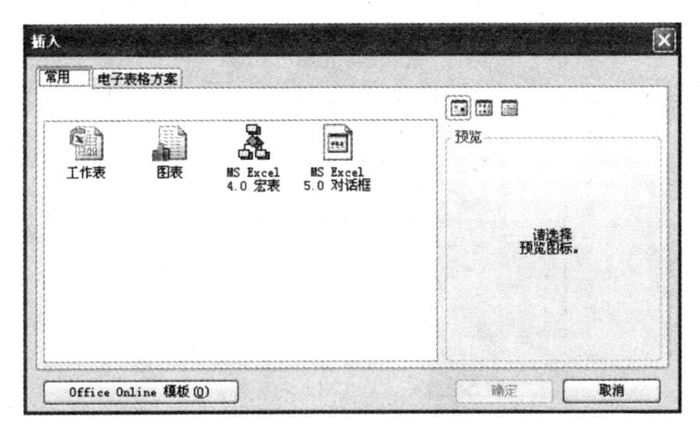

图 5.2.2　“插入”对话框

（3）在 常用 选项卡中选中 工作表，单击 确定 按钮，一张新的工作表即可插入到当前工作表之前。

插入工作表最简单的方法是单击“插入工作表”按钮，这也是 Excel 2007 的新增功能。

提示　新插入的工作表自动处于当前位置，其标签名的序号在原有工作表最大序号基础上增加 1。

5.2.3 保存工作簿

在工作簿中输入、编辑数据后，一定要将其保存，以便于下次打开查看或继续编辑，这也是防止意外丢失数据的一个重要手段。

（1）直接保存。用户可以单击“Office”按钮，在弹出的菜单中选择保存(S)命令，或者单击“快速访问工具栏”中的“保存”按钮，弹出另存为对话框，如图 5.2.3 所示。在该对话框中的“保存位置”下拉列表中选择保存的位置，在“文件名”下拉列表中输入文件名，在“保存类型”下拉列表中选择保存的文件类型，单击保存(S)按钮即可。

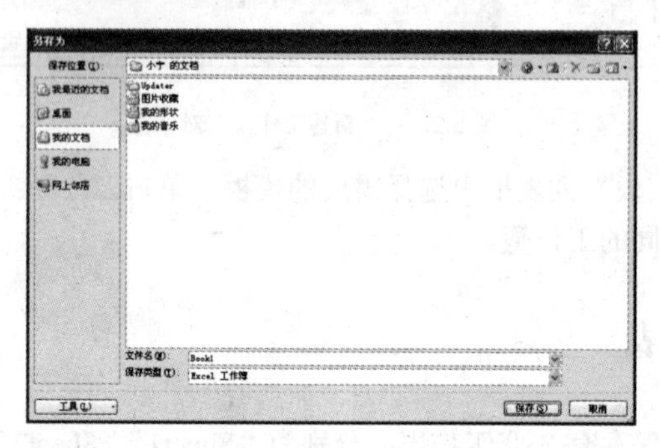

图 5.2.3 “另存为”对话框

（2）设置自动保存。单击“Office”按钮，在弹出的菜单中单击Excel 选项(I)按钮，弹出Excel 选项对话框，选择保存选项，如图 5.2.4 所示。在右边的列表框中选中☑ 保存自动恢复信息时间间隔(A)复选框，在其后的微调框中输入自动保存时间，单击确定按钮完成设置。

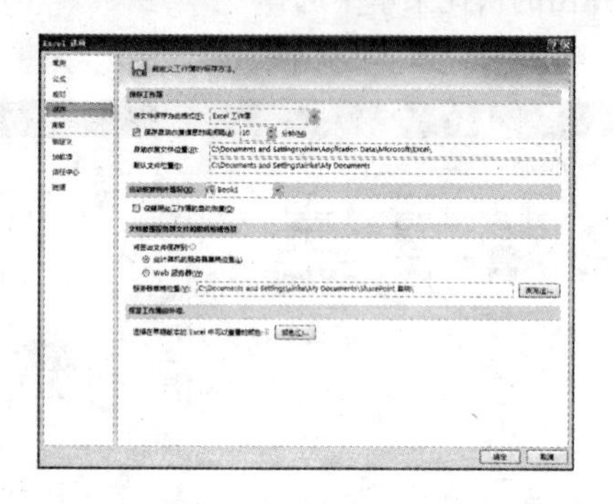

图 5.2.4 “Excel 选项”对话框

5.2.4 选择工作表

在当前工作表中输入数据，首先要选择工作表，选择工作表通常有以下 3 种方式：

（1）选择单张工作表。如果要选择当前工作簿中的某个工作表，用鼠标左键单击工作表标签即可。

（2）选择多张工作表。在当前工作簿中选择多张工作表，分为以下两种情况：

1）单击选择一张工作表的标签，按住“Ctrl”键不放，再单击其他工作表名，可以选择不连续的多张工作表。

2）单击第一张工作表的标签，按住“Shift”键不放，再单击另一张工作表标签，可以选择这

两张工作表之间（包括这两张工作表）连续的多张工作表。

(3)选定所有工作表。用鼠标右键单击工作表标签，在弹出的快捷菜单中选择 选定全部工作表(S) 命令即可。

5.2.5　移动和复制工作表

移动工作表即改变工作表的位置，而复制工作表是在不改变原来工作表位置的基础上，将该工作表复制到其他位置。

1. 移动工作表

移动工作表有以下两种方法，下面分别进行介绍。

（1）在工作簿中改变工作表的位置。选中要移动的工作表标签，按住鼠标左键并拖动，此时工作表标签上方会出现一个黑色下三角箭头▼，提示工作表插入的位置，当鼠标指针变成形状时，将指针拖动至该黑色下三角箭头位置，即可移动工作表，如图 5.2.5 所示。

（2）将工作表移动到其他工作簿。这种操作的结果是将工作表从当前工作簿剪切掉，再粘贴到目标工作簿中，具体操作步骤如下：

1）打开源工作簿和目标工作簿，将源工作簿文件设置为当前状态。单击要移动的工作表标签，使其成为当前工作表。

2）单击鼠标右键，在弹出的快捷菜单中选择 移动或复制工作表(M)... 命令，弹出 移动或复制工作表 对话框，如图 5.2.6 所示。

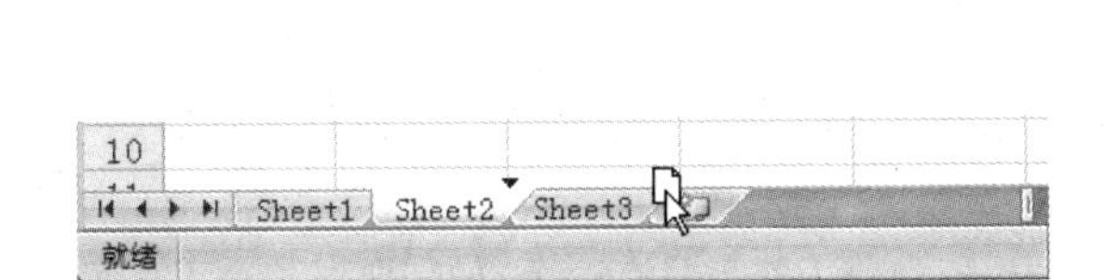

图 5.2.5　移动工作表

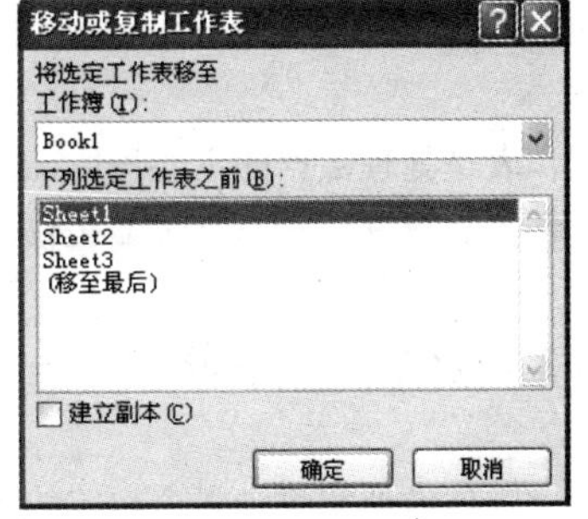

图 5.2.6　“移动或复制工作表”对话框

3）在该对话框中选择移动到目标工作簿的工作表之前或移到最后，单击 确定 按钮完成移动操作。

2. 复制工作表

复制工作表也有两种情况，即复制到当前工作簿和复制到其他工作簿。

（1）复制到当前工作簿。这种操作将在当前工作簿中插入一张工作表。选定要复制的工作表标签，按住“Ctrl”键，用鼠标拖动选中的工作表，拖到目标位置后松开鼠标即可。

提示　如果源工作表中有数据，则同时将数据复制到新生成的工作表中。

（2）复制到其他工作簿。将工作表复制到其他工作簿中，用鼠标右键单击要复制的工作表标签，在弹出的快捷菜单中选择 移动或复制工作表(M)... 命令，弹出“移动或复制工作表”对话框，如图 5.2.7 所示。在“工作簿”下拉列表框中选择目标工作簿，选中 ☑建立副本(C) 复选框，单击 确定 按钮，即可完成工作表的复制工作。如果取消选中 □建立副本(C) 复选框，可在不同工作簿间移动工作表。

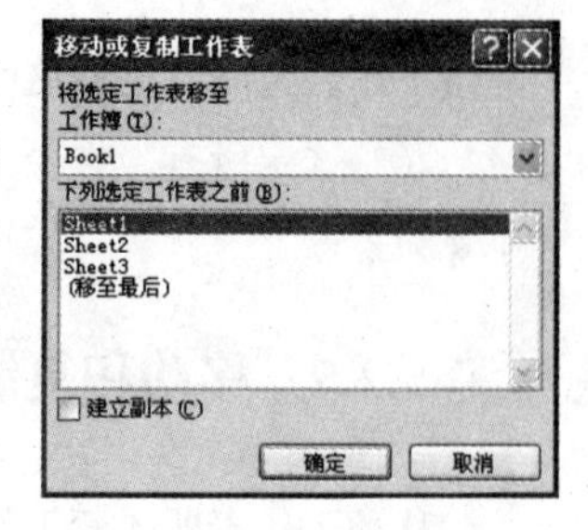

图 5.2.7 “移动或复制工作表”对话框

5.2.6 删除工作表

当某个工作表不再需要时，可以将其删除。单击要删除的工作表标签名（将其置于当前位置，但不能处于编辑状态，否则将无法删除），单击鼠标右键，在弹出的快捷菜单中选择 删除(D) 命令，系统弹出提示框，如图 5.2.8 所示。如果确定删除就单击 删除 按钮，否则单击 取消 按钮。

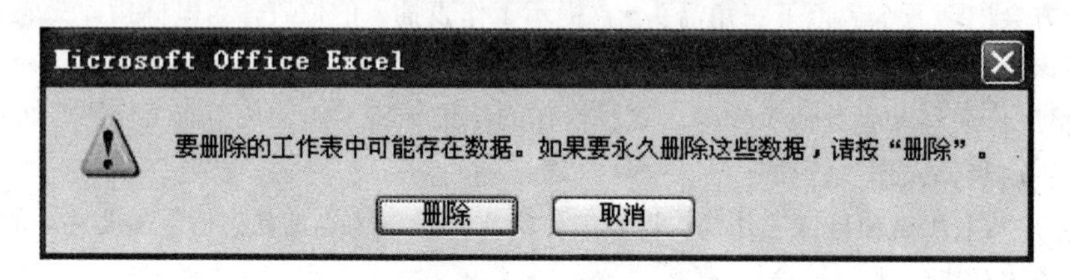

图 5.2.8 删除提示框

5.3 编辑工作表

工作表是处理数据的主要场所，默认创建的工作簿中包含 3 张工作表，可根据需要对工作表进行激活、插入、移动、重命名等编辑操作。

5.3.1 激活工作表

一个工作簿通常包含多个相关的工作表，但当前工作表只有一个，如需要对某个工作表进行操作，必须先激活该工作表。根据需要，用户既可以激活单个工作表，也可以激活多个工作表。可采用以下方法：

（1）选择单个工作表。如果要选择当前工作簿文件中的某个工作表，用鼠标左键单击工作表标签即可。

（2）选择多个工作表。在当前工作簿文件中选择多个工作表，分为 3 种情况：

1）单击一个工作表的标签，按住“Ctrl”键不放，再单击其他工作表标签，可以选择不连续的多个工作表。

2）单击第一个工作表的标签，按住“Shift”键不放，再单击另一个工作表标签，可以选择这两个工作表之间（包括这两个工作表）连续的多个工作表。

（3）选定所有工作表。用鼠标右键单击工作表标签，在弹出的快捷菜单中选择 选定全部工作表(S) 命令即可。

5.3.2　插入工作表

工作簿默认生成的 3 张工作表有时不能满足用户的实际需要，在编辑工作簿时，可能要增加工作表的数目，即插入新的工作表。插入工作表包括插入单个工作表和插入多个工作表两种情况。

如果用户要插入单个工作表，可按以下两种方法进行操作：

（1）单击工作表标签，确定要插入工作表的位置，例如要在 Sheet2 和 Sheet3 之间插入一个工作表，则单击 Sheet3 标签，在“开始”选项卡的单元格选项组中单击 插入 按钮，从弹出的下拉菜单中选择 插入工作表(S) 命令，即可在 Sheet2 和 Sheet3 之间插入一个工作表，如图 5.3.1 所示。

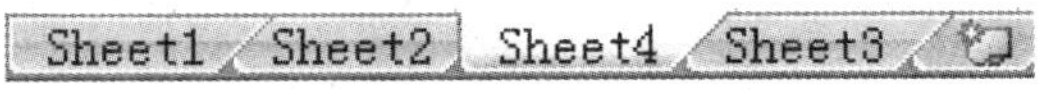

Sheet1 Sheet2 Sheet4 Sheet3

图 5.3.1　插入工作表

（2）在工作表标签中单击鼠标右键，从弹出的快捷菜单中选择 插入(I)... 命令，再从弹出的“插入”对话框中选中 工作表 图标，单击 确定 按钮即可。

如果要同时插入多个工作表，可按以下操作步骤进行：

（1）如果要同时添加多个工作表，按住“Shift”键，选定与添加工作表相同数目的工作表标签。

（2）在“开始”选项卡的单元格选项组中单击 插入 按钮，从弹出的下拉菜单中选择 插入工作表(S) 命令，即可同时添加多个工作表。

5.3.3　重命名工作表

Excel 2007 默认将工作表依次命名为“Sheet1”“Sheet2”……这样既不直观又不便于记忆，根据需要用户可为工作表取一个直观而易记的名称，即重命名。用户可以使用以下两种方法进行重命名。

1. 使用鼠标

（1）双击工作表标签，此时标签名呈黑色背景显示，如图 5.3.2 所示。

（2）直接输入新工作表名，如“成绩表”字样，如图 5.3.3 所示。

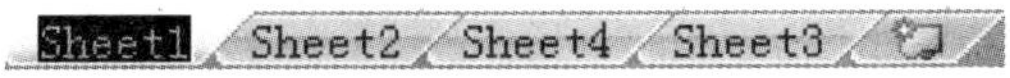

Sheet1 Sheet2 Sheet4 Sheet3

图 5.3.2　选中工作表名

成绩表 Sheet2 Sheet3 Sheet4

图 5.3.3　重命名工作表

（3）输入完成后按回车键，或单击标签外的任何位置即可。

2. 使用菜单项

（1）选中要重命名的工作表标签。

（2）单击鼠标右键，从弹出的快捷菜单中选择 重命名(R) 命令，此时标签名呈黑色背景显示，在标签中输入新的工作表名称即可。

5.3.4　输入数据

向单元格中输入数据，先应选中要输入数据的单元格，然后再进行输入。在输入过程中若发现有错误，可用“Back Space”键删除。按回车键或用鼠标单击编辑栏中的“输入”按钮完成输入。若要取消，可直接按“Esc”键或用鼠标单击编辑栏中的“取消”按钮。

在输入数值时要注意以下两点：

（1）如果要输入负数，必须在数字前加一个负号“-”或给数字加上一个圆括号。例如输入“-50”或（-50）都可以在单元格中得到-50。

（2）如果要输入分数，例如 2/5，应先输入“0”和一个空格，再输入“2/5”。如果不输入“0”，Excel 会把该数据当做日期格式处理，单元格中将显示“2 月 5 日”。

5.3.5　填充数据

向单元格中输入数据时，如果输入的数据具有某种规律，可以通过拖动当前单元格填充柄来自动填充数据。

1．自动填充相同的数据

自动填充相同数据的具体操作步骤如下：

（1）在单元格中输入数据，如在“D1”中输入“西安”。

（2）单击该单元格，将鼠标指针指向该单元格右下角的填充柄，使鼠标的指针变为黑十字形状。

（3）按住鼠标左键不放，拖动单元格填充柄到要填充的单元格区域。

（4）释放鼠标左键，指针经过的区域即自动填充相同的内容，如图 5.3.4 所示。

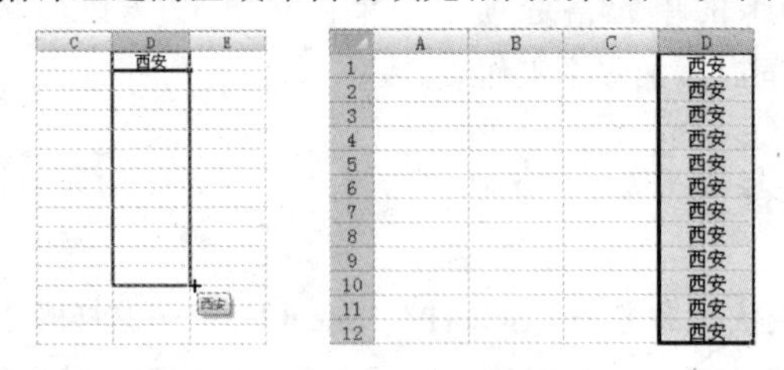

图 5.3.4　自动填充相同的数据

2．自动填充序列数据

有规律变化的数据称为序列数据，如日期、时间、月份、等差或等比数列等。要对日期和月份等序列进行自动填充，具体操作步骤如下：

（1）在填充数据区域的起始单元格内输入序列的初始值，如在“B3”中输入“3 月份”。

（2）按住鼠标左键不放，拖动单元格填充柄至要填充数据的区域，如“E3”。

（3）释放鼠标，则“C3”到“E3”的单元格中自动填充 “4 月份”“5 月份”“6 月份”，如图 5.3.5 所示。

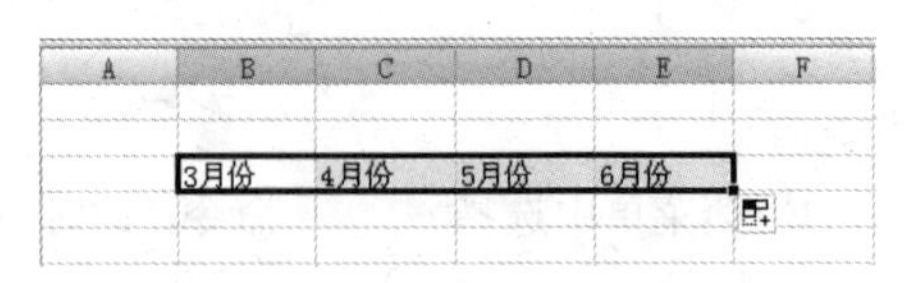

图 5.3.5　日期序列的自动填充

如果要对等差或等比序列的数据进行自动填充，可以采用输入前两个数据的方法实现。具体操作步骤如下：

（1）在前两个单元格中输入序列的前两个数据，如在“B2”和“B3”单元格中分别输入“3”和“6”。

（2）选定这两个单元格区域，按住鼠标左键不放，拖动单元格区域的填充柄至要填充数据的区域，如“B8”。

（3）释放鼠标左键，则“B4”到“B8”的单元格中自动填充“9”“12”“15”“18”“21”，效果如图 5.3.6 所示。

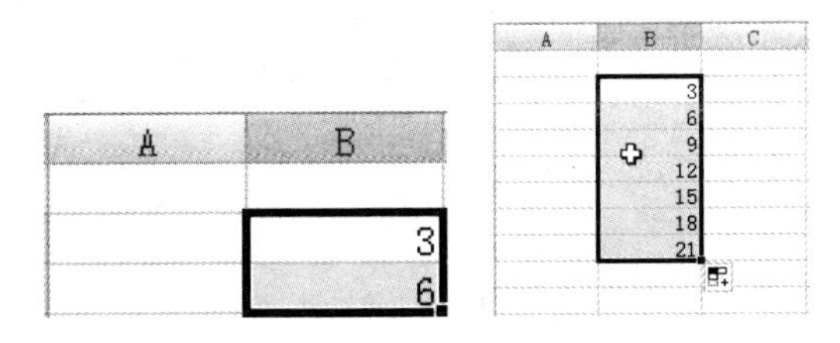

图 5.3.6　等差序列的自动填充

5.3.6　编辑数据

编辑数据主要包括清除单元格数据、复制和移动单元格数据、查找和替换数据等操作。

1. 清除单元格数据

清除单元格和删除单元格不同。删除单元格是将选定的单元格从工作表中移去，同时与被删除单元格相邻的单元格做出相应的位置调整，而清除单元格只是从工作表中移去单元格中的内容，单元格本身仍然留在工作表上。

清除单元格数据的具体操作步骤如下：

（1）选择要清除数据的单元格区域。

（2）单击鼠标右键，在弹出的快捷菜单中选择 清除内容(N) 命令，如图 5.3.7 所示，结果如图 5.3.8 所示。

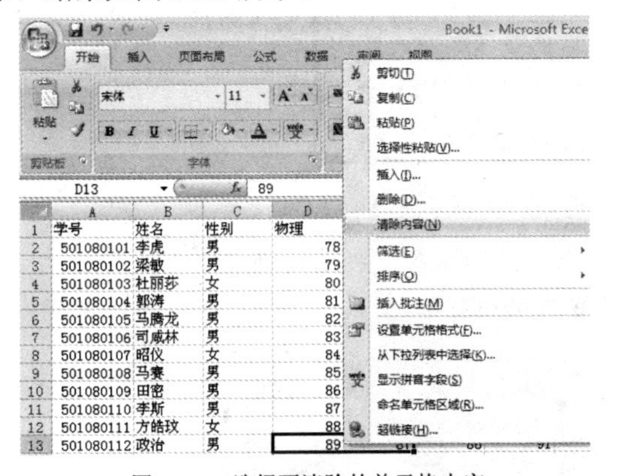

图 5.3.7　选择要清除的单元格内容

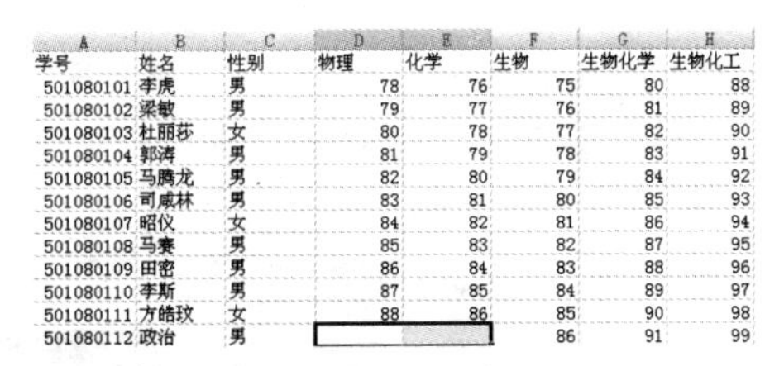

图 5.3.8　清除单元格数据

2. 复制和移动单元格数据

复制数据就是将工作表中的一个单元格（或单元格区域）中的数据复制到另一个单元格（或单元格区域）中。数据复制到目标位置后，原来区域的数据仍然存在。如果目标区域已存在数据，系统直接将目标区域的数据覆盖。复制单元格数据可减少用户的键盘输入量，是提高表格制作效率的有效方法。复制单元格数据的操作步骤如下：

（1）选择要进行复制的单元格或单元格区域。

（2）在开始选项卡的“剪贴板”组中单击“复制”按钮。

（3）选定目标单元格区域，单击粘贴按钮即可，如图 5.3.9 所示。

	A	B	C	D	E	F	G	H	I	J	K
	学号	姓名	性别	物理	化学	生物	生物化学	生物化工	化工原理	总成绩	总分
	501080101	李虎	男	78	76	75	80	88	60	457	457
	501080102	梁敏	男	79	77	76	81	89	61	463	463
	501080103	杜丽莎	女	80	78	77	82	90	62	469	469
	501080104	郭涛	男	81	79	78	83	91	63	475	475
	501080105	马腾龙	男	82	80	79	84	92	64	481	481
	501080106	司威林	男	83	81	80	85	93	65	487	487

图 5.3.9　复制单元格

移动数据是将工作表中的一个单元格或区域中的数据移动到另一个单元格或区域中。数据移动到目标位置后，原来区域的数据将被清除。移动单元格数据的操作步骤如下：

（1）选定要移动数据的单元格或单元格区域。

（2）在开始选项卡的“剪贴板”组中单击“剪切”按钮。

（3）选定目标单元格或单元格区域，单击粘贴按钮即可完成移动数据的操作。

3．查找和替换数据

当要查找工作表中的某些数据时，可以使用查找命令来实现。具体操作步骤如下：

（1）在开始选项卡的“编辑”组中单击查找和选择按钮，在弹出的菜单中选择查找(F)...命令，弹出查找和替换对话框，如图 5.3.10 所示。

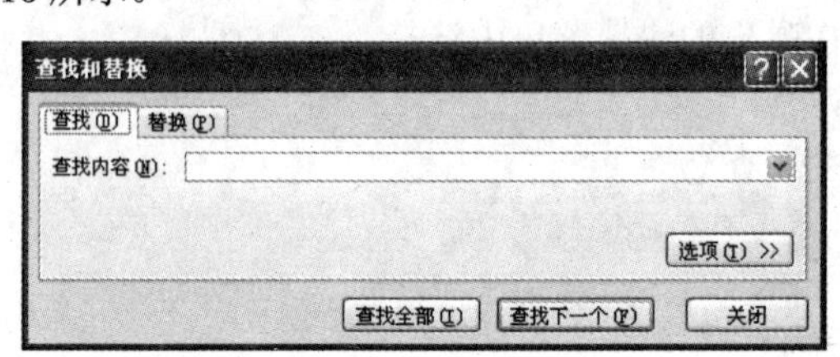

图 5.3.10　“查找和替换”对话框

（2）在“查找内容”下拉列表中输入查找的内容，例如输入“李虎”，如图 5.3.11 所示。

（3）单击查找下一个(F)按钮，即可查找到符合条件的单元格。

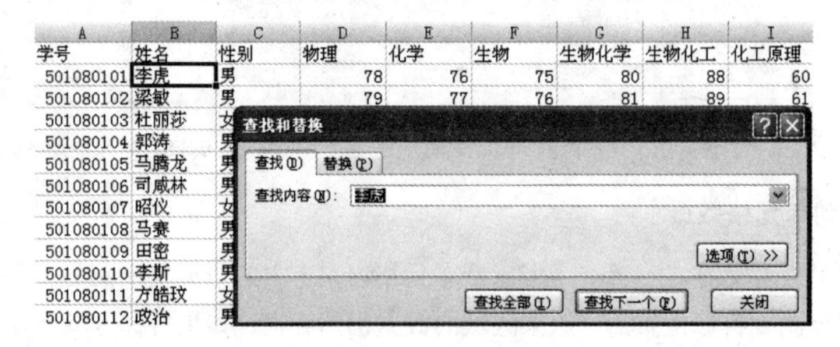

图 5.3.11　查找结果

如果用户要将查找到的值用其他值替换掉，打开查找和替换对话框中的替换(P)选项卡，输入需要替换的内容，单击替换(R)按钮即可。

5.4　公式和函数

分析和处理 Excel 工作表中的数据，离不开公式和函数。公式是函数的基础，常用于执行某些计算，可以生成新的值。函数是 Excel 提供的一些特殊的内置公式，它用一些符号代替了计算式，可以进行数学、文本、逻辑的运算或者查找工作表的信息。与直接使用公式进行计算相比较，使用函数进行计算的速度更快，并且可以减少错误的发生。

5.4.1　公式的定义

公式是用来对数据进行计算与分析的等式。公式以等号“=”开头，也可以包括函数、引用、运算符和常量等内容，如图 5.4.1 所示。

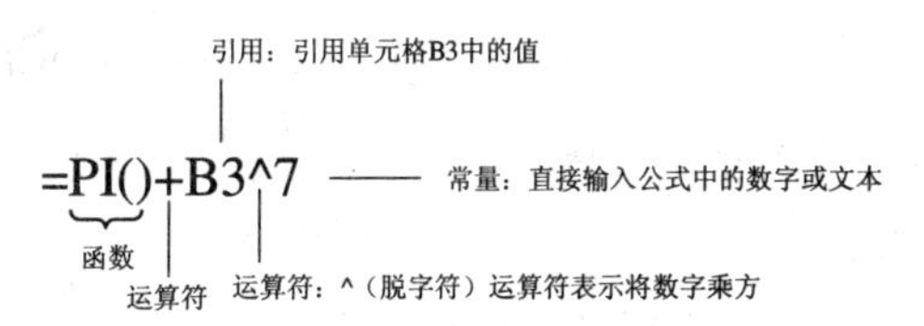

图 5.4.1　公式的组成

如果要在工作表单元格中输入公式，其操作类似于输入字符型数据。在单元格中输入公式的操作步骤如下：

（1）选择要输入公式的单元格，例如选择“J2”单元格，在单元格中输入“=”号，单击“D2”单元格；输入“+”号，单击“E2”单元格；…；输入“+”号，单击“I2”单元格，如图 5.4.2 所示。也可直接在单元格中输入“=D2+E2+F2+G2+H2+I2”。

A	B	C	D	E	F	G	H	I	J	K
学号	姓名	性别	物理	化学	生物	生物化学	生物化工	化工原理	总成绩	
501080101	李虎	男	78	76	75	80	88	60	=D2+E2+F2+G2+H2+I2	
501080102	梁敏	男	79	77	76	81	89	61		
501080103	杜丽莎	女	80	78	77	82	90	62		
501080104	郭涛	男	81	79	78	83	91	63		
501080105	马腾龙	男	82	80	79	84	92	64		
501080106	司威林	男	83	81	80	85	93	65		

图 5.4.2　输入公式

（2）按回车键或单击公式编辑栏中的“输入”按钮，确定公式的创建，J2 单元格中显示相加的结果，如图 5.4.3 所示。

A	B	C	D	E	F	G	H	I	J
学号	姓名	性别	物理	化学	生物	生物化学	生物化工	化工原理	总成绩
501080101	李虎	男	78	76	75	80	88	60	457
501080102	梁敏	男	79	77	76	81	89	61	
501080103	杜丽莎	女	80	78	77	82	90	62	
501080104	郭涛	男	81	79	78	83	91	63	
501080105	马腾龙	男	82	80	79	84	92	64	
501080106	司威林	男	83	81	80	85	93	65	

图 5.4.3　公式计算结果

5.4.2　单元格的引用

引用的作用在于标识工作表上的单元格或单元格区域，并告知 Excel 在何处查找公式中所使用的数值或数据。通过引用，可以在一个公式中使用工作表不同部分中包含的数据，或者在多个公式中使

用同一个单元格的数值。还可以引用同一个工作簿中其他工作表上的单元格和其他工作簿中的数据。引用其他工作簿中的单元格被称为链接或外部引用（外部引用指对其他 Excel 工作簿中的工作表单元格或区域的引用，或对其他工作簿中的定义名称的引用）。

默认情况下，Excel 使用“A1”引用样式，此样式引用字母标识列（A～XFD，共 16 384 列），数字标识行（1～1 048 576），这些字母和数字被称为行号和列标。如果要引用某个单元格，先输入列标再输入行号即可。例如，“B2”引用列 B 和行 2 交叉处的单元格。

Excel 2007 提供了 3 种不同类型的单元格引用方式：相对引用、绝对引用和混合引用。

（1）相对引用。公式中的相对单元格引用（如“A1”）是基于包含公式和单元格引用的单元格的相对位置。如果公式所在单元格的位置改变，引用也随之改变。如果多行或多列地复制或填充公式，引用会自动调整。默认情况下，新公式使用相对引用。

（2）绝对引用。公式中的绝对单元格引用（如“A1”）总是在特定位置引用单元格。如果公式所在单元格的位置改变，绝对引用将保持不变。如果多行或多列地复制或填充公式，绝对引用将不作调整。默认情况下，新公式使用相对引用，用户也可以将它们转换为绝对引用。

（3）混合引用。混合引用有绝对列和相对行或绝对行和相对列两种。绝对引用列采用“$A1”“$B1”等形式。绝对引用行采用“A$1”“B$1”等形式。如果公式所在单元格的位置改变，则相对引用将改变，而绝对引用不变。如果多行或多列地复制或填充公式，相对引用将自动调整，而绝对引用将不作调整。

5.4.3 编辑公式

编辑公式包括修改公式、复制公式和移动公式等操作。

1. 修改公式

创建公式后，对于包含公式的单元格来说，可以对其重新编辑修改，添加或减少公式中的数据元素，改变公式的算法等。

修改公式可以直接双击含有公式的单元格，例如双击“A3”单元格，就可以在“A3”单元格中修改公式。

2. 复制公式

在 Excel 中编辑好一个公式后，如果在其他单元格中需要编辑的公式与此单元格中编辑的公式相同，可以复制公式。在复制公式时，单元格中的绝对引用会改变，而相对引用则不会改变。例如将“J2”单元格的公式复制到“J3”单元格，其具体操作步骤如下：

（1）选定“J2”单元格，单击鼠标右键，在弹出的快捷菜单中选择 复制(C) 命令。

（2）单击“J3”单元格，单击 粘贴 按钮，复制公式的结果如图 5.4.4 所示。

A	B	C	D	E	F	G	H	I	J
学号	姓名	性别	物理	化学	生物	生物化学	生物化工	化工原理	总成绩
501080101	李虎	男	78	76	75	80	88	60	457
501080102	梁敏	男	79	77	76	81	89	61	463
501080103	杜丽莎	女	80	78	77	82	90	62	
501080104	郭涛	男	81	79	78	83	91	63	
501080105	马腾龙	男	82	80	79	84	92	64	
501080106	司威林	男	83	81	80	85	93	65	

图 5.4.4 复制公式结果

在图中可以看到，在复制带有公式的单元格时，只是将单元格的公式进行复制和粘贴，而不是粘贴单元格的结果，即单元格中的数值。

3. 移动公式

创建公式后，还可以将其移动到其他单元格中。移动公式后，改变公式中元素的大小，此单元格的内容也会随着元素的改变而改变它的值。在移动过程中，单元格中的绝对引用不会改变，而相对引用则会改变。移动公式的具体操作步骤如下：

（1）选定“J2”单元格，将指针移动到“J2”单元格边框上，此时指针变为✥形状，如图 5.4.5 所示。

（2）按住鼠标左键不放，拖动鼠标到“J7”单元格，释放鼠标左键，将公式移动到了“J7”单元格，如图 5.4.6 所示。

B	C	D	E	F	G	H	I	J
姓名	性别	物理	化学	生物	生物化学	生物化工	化工原理	总成绩
李虎	男	78	76	75	80	88	60	457
梁敏	男	79	77	76	81	89	61	
杜丽莎	女	80	78	77	82	90	62	
郭涛	男	81	79	78	83	91	63	
马腾龙	男	82	80	79	84	92	64	
司咸林	男	83	81	80	85	93	65	

图 5.4.5　移动鼠标

B	C	D	E	F	G	H	I	J
姓名	性别	物理	化学	生物	生物化学	生物化工	化工原理	总成绩
李虎	男	78	76	75	80	88	60	
梁敏	男	79	77	76	81	89	61	
杜丽莎	女	80	78	77	82	90	62	
郭涛	男	81	79	78	83	91	63	
马腾龙	男	82	80	79	84	92	64	
司咸林	男	83	81	80	85	93	65	457

图 5.4.6　移动公式

5.4.4　函数的使用

函数是预先编写的公式，可以对一个或多个值进行运算，并返回一个或多个值。函数可以简化和缩短工作表中的公式，在使用 Excel 处理工作表时，经常要用函数和公式来自动处理大量的数据。最常用的函数有以下几种：

（1）数字和三角函数：用于进行数学上的计算。

（2）文本函数：用于处理字符串。

（3）逻辑函数：用于判断真假值或者进行符号的检验。

（4）查找和引用函数：用于在表格中查找特定的数据或者查找一个单元格中的引用。

（5）统计函数：用于对选定的单元格区域进行统计。

（6）财务函数：用于进行简单的财务计算。

（7）工程函数：用于进行工程分析。

（8）数据库函数：用于分析数据清单中的数值是否符合特定条件。

函数由函数名和参数组成，具体格式为：函数名（参数 1，参数 2，…），其中，函数的参数可以是表达式、单元格地址、区域、区域名称等。如果函数没有参数，也必须加上括号。

1. 直接输入函数

用户在实际编辑公式时，如果对所用的函数十分熟悉，可以直接输入函数。具体操作步骤如下：

（1）在单元格或编辑栏中输入一个等号“=”。

（2）在“=”右侧输入函数本身，例如输入“SUM(B2:B10)”。

（3）输入完后，按回车键确认即可。

2. 插入函数

在使用函数时，对于简单的函数可以采用手工输入；对于较复杂的函数，为了避免在输入过程中产生错误，可以通过向导来插入。

例如，利用函数计算比赛总分，并将结果放在“J2”单元格中，具体操作步骤如下：

（1）单击要插入函数的单元格“J2”。

（2）打开 公式 选项卡，在“函数库”组中单击 f_x 插入函数 按钮，弹出 插入函数 对话框，如图 5.4.7 所示。

（3）在“或选择类别”下拉列表框中选择要输入的函数类别，如“常用函数”。

（4）在“选择函数”列表框中选择需要的函数，如“SUM”求和函数。

（5）单击 确定 按钮，弹出 函数参数 对话框，如图 5.4.8 所示。在对话框中输入或选定使用函数的单元格区域。

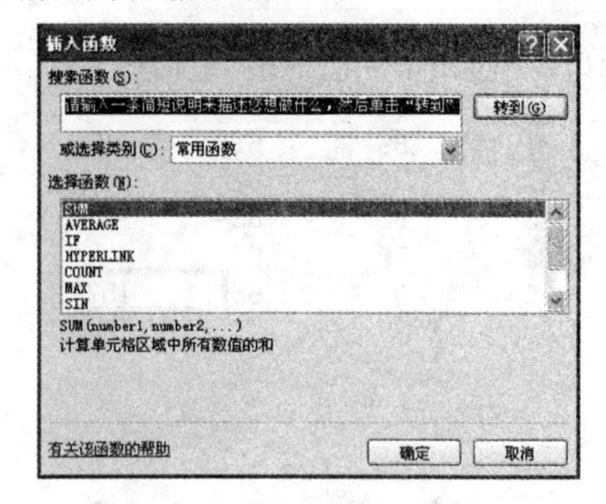

图 5.4.7 “插入函数”对话框

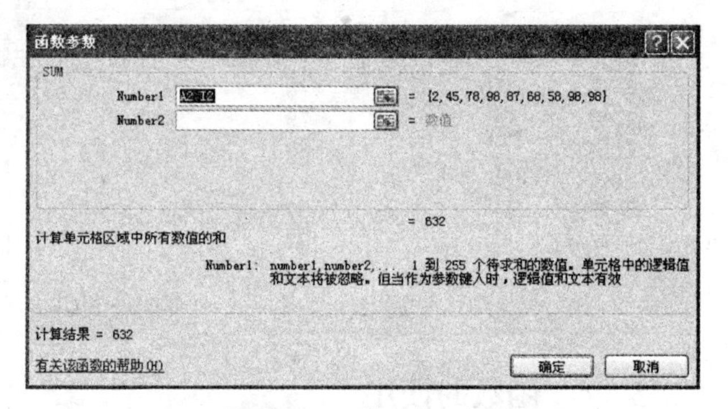

图 5.4.8 “函数参数”对话框

（6）单击 确定 按钮，函数计算结果如图 5.4.9 所示。

	A	B	C	D	E	F	G	H	I	J
1	学号	姓名	性别	物理	化学	生物	生物化学	生物化工	化工原理	总成绩
2	501080101	李虎	男	78	76	75	80	88	60	457
3	501080102	梁敏	男	79	77	76	81	89	61	
4	501080103	杜丽莎	女	80	78	77	82	90	62	
5	501080104	郭涛	男	81	79	78	83	91	63	
6	501080105	马腾龙	男	82	80	79	84	92	64	
7	501080106	司咸林	男	83	81	80	85	93	65	

图 5.4.9 函数计算结果

3. 编辑函数

用户在输入完函数之后，还可以对函数进行编辑。选定要编辑函数的单元格，然后在编辑栏中直接对该函数进行编辑，编辑完成后，按回车键确认即可。

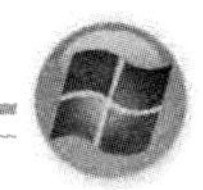

5.5　管 理 数 据

Excel 的数据管理功能包括数据的排序、筛选、分类汇总等，这些功能不仅可以提高用户对数据进行运算比较的工作效率，还可以使表格内容更加细腻。

5.5.1　数据排序

数据排序就是按一定的规则对数据进行整理，Excel 2007 提供了多种排序方法，可以按常规的升序或降序排序，也可以自定义排序。

1. 常规排序

按常规排序可以将数据清单中的列标记作为关键字进行排序，操作步骤如下：

（1）选中要进行排序的列中的任意一个单元格，打开开始选项卡，单击“编辑”组中的“排序和筛选”按钮。

（2）在弹出的菜单中选择升序(S)或降序(O)命令，可将该列自动按升序或降序进行排序。

在按升序排序时，Excel 使用如表 5.5 所示的排序次序。在按降序排序时，则使用相反的次序。

表 5.5　排序次序

值	注　释
数字	数字按从最小的负数到最大的正数进行排序
日期	日期按从最早的日期到最晚的日期进行排序
文本	字母数字文本按从左到右的顺序逐字符进行排序。文本以及包含存储为文本的数字的文本按以下次序排序：0 1 2 3 4 5 6 7 8 9 （空格） ! " # $ % & ( ) * , . / : ; ? @ [\ ] ^ _ ` { | } ~ + < = > A B C D E F G H I J K L M N O P Q R S T U V W X Y Z 撇号(')和连字符(-)会被忽略。但例外情况是，如果两个文本字符串除了连字符不同外其余都相同，则带连字符的文本排在后面
逻辑	在逻辑值中，FALSE 排在 TRUE 之前
错误	所有错误值（如#NUM!和#REF!）的优先级相同
空白单元格	无论是按升序还是按降序排序，空白单元格总是放在最后

2. 自定义排序

在 Excel 中，用户还可以按自己定义的顺序进行排序。Excel 2007 提供内置的星期、日期和年月自定义序列，用户还可以创建自己的自定义序列。

（1）自定义序列。自定义序列的具体操作步骤如下：

1）在单元格区域中，按照需要的顺序从上到下输入要排序的值。

2）选择输入的值，单击“Office”按钮，在弹出的列表框中单击Excel 选项(I)按钮，在弹出的Excel 选项对话框中单击编辑自定义列表(O)...按钮，弹出自定义序列对话框，如图 5.5.1 所示。

3）在“自定义序列”对话框中单击导入(M)按钮，然后连续单击确定按钮，即可完成自定义序列。

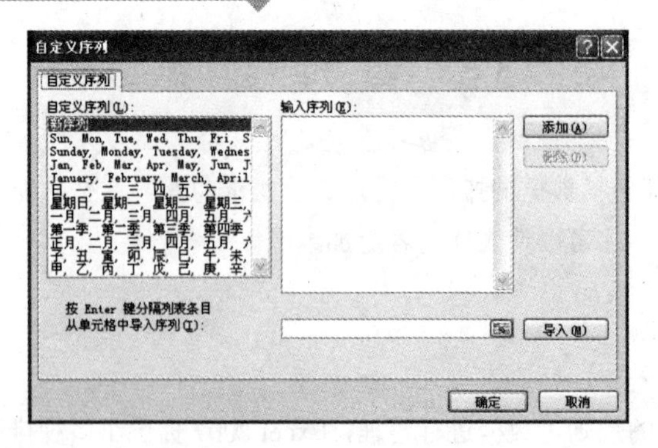

图 5.5.1 “自定义序列”对话框

提示 用户只能基于值（文本、数字、日期或时间）创建自定义序列，而不能基于格式（单元格颜色、字体颜色和图标）创建自定义序列。自定义序列的最大长度为 255 个字符，并且第一个字符不得以数字开头。

（2）自定义排序。自定义排序的具体操作步骤如下：

1）选择单元格区域中的一列数据，或者确保活动单元格在表列中。

2）在开始选项卡上的“编辑”组中单击排序和筛选按钮，在弹出的菜单中选择自定义排序(U)...命令，弹出排序对话框，如图 5.5.2 所示。

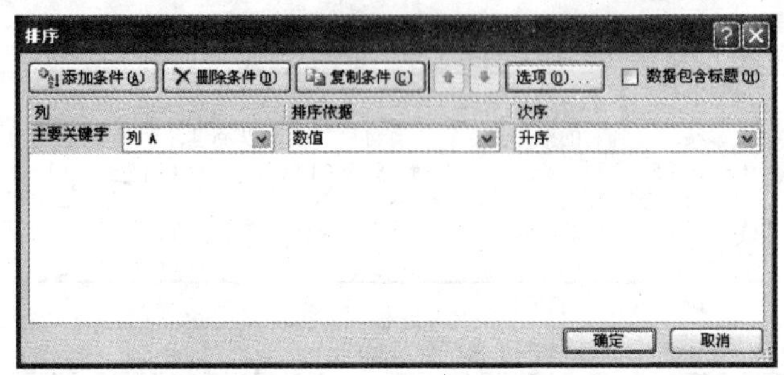

图 5.5.2 “排序”对话框

3）在“列”下的“主要关键字”下拉列表中选择要按自定义序列排序的列，在“排序依据”下拉列表中选择排序依据，在“次序”下拉列表中选择“自定义序列”，打开“自定义序列”对话框。

4）在该对话框中选择所需的序列。

5）单击确定按钮，完成自定义序列。

5.5.2 数据筛选

筛选数据可显示满足指定条件的行，并隐藏不希望显示的行。筛选数据之后，对于筛选过的数据子集，不用重新排列或移动就可以复制、查找、编辑、设置格式、制作图表或打印。Excel 2007 提供了两种筛选数据的方法，即自动筛选和高级筛选。使用自动筛选可以创建按列表值、按格式和按条件 3 种筛选类型。

1. 自动筛选

自动筛选是一种简单而又快速的筛选方法。自动筛选的具体操作步骤如下：

（1）选定要筛选的数据清单中的任意一个单元格，打开 数据 选项卡，在“排序和筛选”组中单击按钮，即可看到每列旁边有一个下三角按钮▼，如图 5.5.3 所示。

A	B	C	D	E	F	G	H	I	J
学号	姓名	性别	物理	化学	生物	生物化学	生物化工	化工原理	总成绩
501080101	李虎	男	78	76	75	80	88	60	457
501080102	梁敏	男	79	77	76	81	89	61	463
501080103	杜丽莎	女	80	78	77	82	90	62	469
501080104	郭涛	男	81	79	78	83	91	63	475
501080105	马腾龙	男	82	80	79	84	92	64	481
501080106	司咸林	男	83	81	80	85	93	65	487

图 5.5.3　显示下拉列表框

（2）选中“G”列，单击下三角按钮▼，弹出如图 5.5.4 所示的下拉菜单。

（3）在该下拉菜单中选择 自定义筛选(F)... 命令，弹出 自定义自动筛选方式 对话框，在对话框中选择筛选条件，如图 5.5.5 所示。

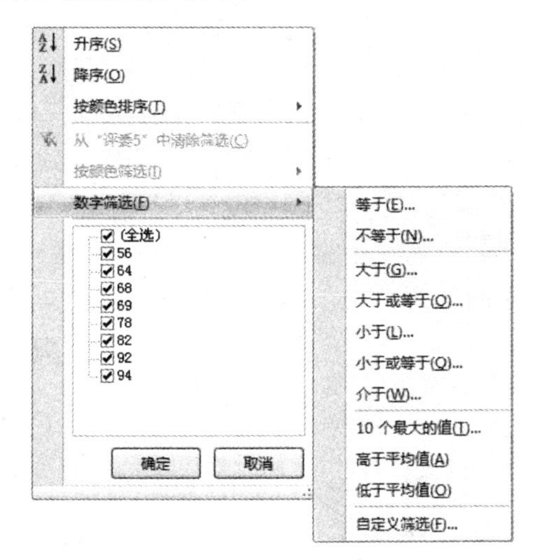

图 5.5.4　下拉菜单

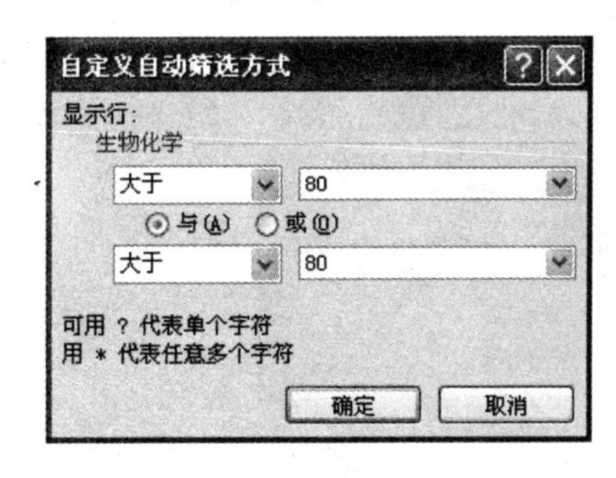

图 5.5.5　“自定义自动筛选方式”对话框

（4）单击 确定 按钮，筛选结果如图 5.5.6 所示。

A	B	C	D	E	F	G	H	I	J
学号	姓名	性别	物理	化学	生物	生物化学	生物化工	化工原理	总成绩
501080102	梁敏	男	79	77	76	81	89	61	463
501080103	杜丽莎	女	80	78	77	82	90	62	469
501080104	郭涛	男	81	79	78	83	91	63	475
501080105	马腾龙	男	82	80	79	84	92	64	481
501080106	司咸林	男	83	81	80	85	93	65	487

图 5.5.6　筛选结果

如果要取消对某列的筛选，单击该列中的“筛选”按钮，在弹出的菜单中选择 从“评委7”中清除筛选(C) 命令，或者单击“排序和筛选”组中的 清除 按钮即可。

2. 高级筛选

如果要通过复杂的条件来筛选单元格区域，就要使用高级筛选命令。高级筛选的具体操作步骤如下：

（1）在可用做条件区域的区域上方插入至少 3 个空白行。条件区域必须具有列标签，确保在条件值与区域之间至少留有 1 个空白行，如图 5.5.7 所示。

学号	姓名	性别	物理	化学	生物	生物化学	生物化工	化工原理	总成绩
501080101	李虎	男	78	76	75	80	88	60	457
501080102	梁敏	男	79	77	76	81	89	61	
501080103	杜丽莎	女	80	78	77	82	90	62	
501080104	郭涛	男	81	79	78	83	91	63	
501080105	马腾龙	男	82	80	79	84	92	64	
501080106	司威林	男	83	81	80	85	93	65	

图 5.5.7 插入空白行

（2）在列标签下面的行中键入所要匹配的条件，如图 5.5.8 所示。

A	B	C	D	E	F	G	H	I	J
			物理						
			>80						
学号	姓名	性别	物理	化学	生物	生物化学	生物化工	化工原理	总成绩
501080101	李虎	男	78	76	75	80	88	60	457
501080102	梁敏	男	79	77	76	81	89	61	
501080103	杜丽莎	女	80	78	77	82	90	62	
501080104	郭涛	男	81	79	78	83	91	63	
501080105	马腾龙	男	82	80	79	84	92	64	
501080106	司威林	男	83	81	80	85	93	65	

图 5.5.8 输入筛选条件

（3）打开数据选项卡，在“排序和筛选”组中单击高级按钮，弹出高级筛选对话框，如图 5.5.9 所示。

（4）在“方式”组中选择筛选结果显示的位置。如果选中◉在原有区域显示筛选结果(F)单选按钮，结果将在原数据清单位置显示；如果选中◉将筛选结果复制到其他位置(O)单选按钮，并在“复制到”文本框中选定要复制到的区域，筛选后的结果将显示在其他区域，其结果与原工作表并存。

（5）在“列表区域”文本框中输入要筛选的区域，也可以用鼠标直接在工作表中选定。在“条件区域”文本框中输入筛选条件的区域。

（6）如果要筛选重复的记录，则选中☑选择不重复的记录(R)复选框。

（7）单击确定按钮，筛选后的结果将显示在工作表中，如图 5.5.10 所示。

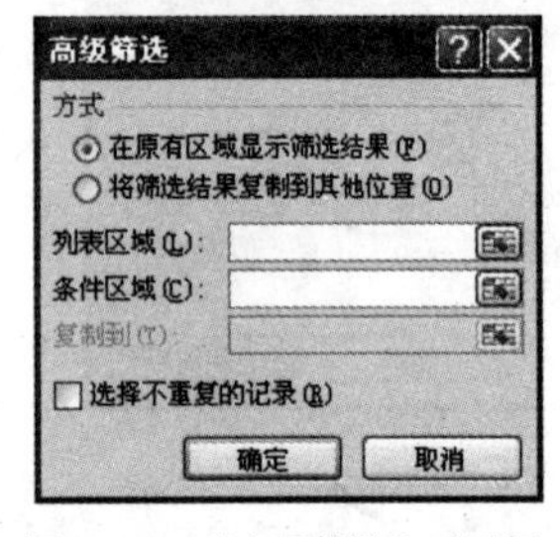

图 5.5.9 “高级筛选”对话框

A	B	C	D	E	F	G	H	I	J
			物理						
			>80						
学号	姓名	性别	物理	化学	生物	生物化学	生物化工	化工原理	总成绩
501080104	郭涛	男	81	79	78	83	91	63	475
501080105	马腾龙	男	82	80	79	84	92	64	
501080106	司威林	男	83	81	80	85	93	65	

图 5.5.10 筛选结果

5.5.3 数据图表

图表可以将 Excel 表格中的数据以柱形图、饼图、散点图等形式生动地表现出来，它可以直接对数据进行更加直观的分析。而且图表与生成它们的工作表数据相链接，当更改工作表数据时，图表会自动更新。

1. 创建图表

Excel 2007 提供了图表向导功能，利用它可以快速、方便地创建一个标准类型或自定义类型的图表。使用图表向导创建图表的具体操作步骤如下：

（1）打开工作表，并选定用于创建图表的数据，如图 5.5.11 所示。

（2）打开插入选项卡，单击“图表”组中的“对话框启动器”按钮，弹出插入图表对话框，如图 5.5.12 所示。

A	B	C	D
华阳集团11月份产品销售情况表			
产品代号	数量（箱）	单价（元）	总价（元）
D115	156	12	1872
D179	45643	20	912860
D183	213	46	9798
J458	3131	5	15655
J531	23133	2	46266
J546	2131	4	8524
U321	131	455	59605
U489	543	1	543
T850	4643	54	250722

图 5.5.11　选定数据

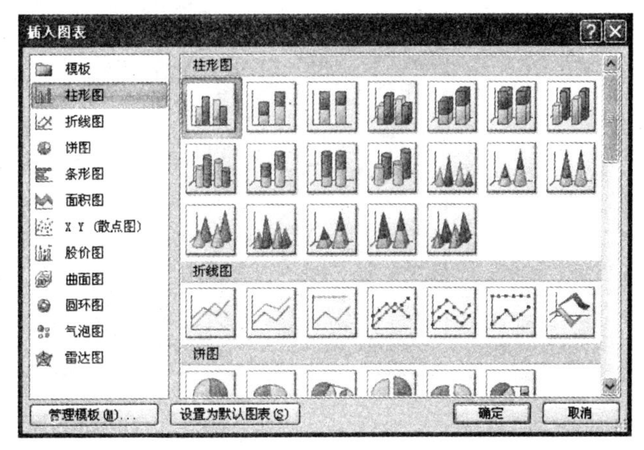

图 5.5.12　“插入图表”对话框

（3）在对话框中选择图表的类型，例如选择饼图中的分离型饼图，单击确定按钮，即可创建分离型饼图图表，效果如图 5.5.13 所示。

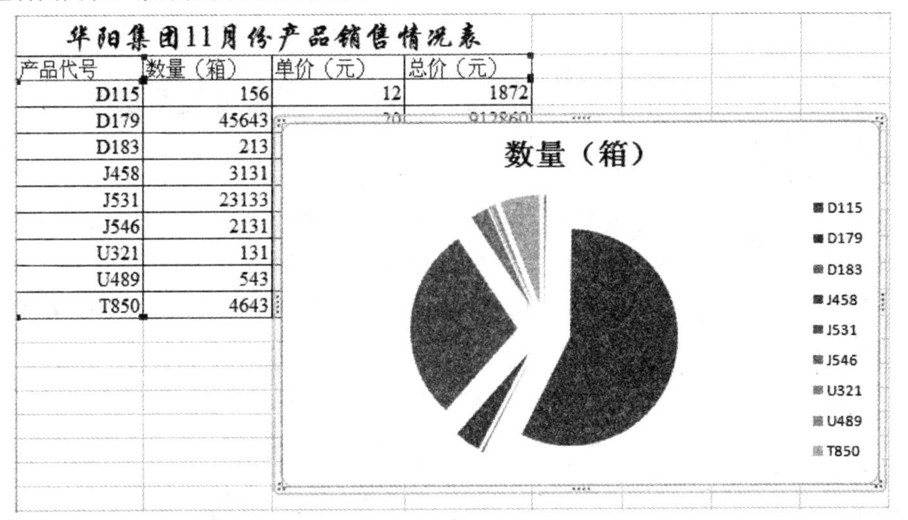

华阳集团11月份产品销售情况表			
产品代号	数量（箱）	单价（元）	总价（元）
D115	156	12	1872
D179	45643		
D183	213		
J458	3131		
J531	23133		
J546	2131		
U321	131		
U489	543		
T850	4643		

图 5.5.13　创建图表效果

2．更改图表类型

对于大多数二维图表，可以更改整个图表的图表类型，以赋予其完全不同的外观，也可以为任意单个数据系列选择另一种图表类型，使图表转换为组合图表。对于气泡图和大多数三维图表，只能更改整个图表的图表类型。如果要更改单个数据系列的图表类型，具体操作步骤如下：

（1）如果要更改整个图表的图表类型，单击图表的图表区以显示图表工具。如果要更改单个数据系列的图表类型，单击该数据系列。

（2）打开设计选项卡，在“类型”组中单击更改图表类型按钮，弹出更改图表类型对话框，如图 5.5.14 所示。

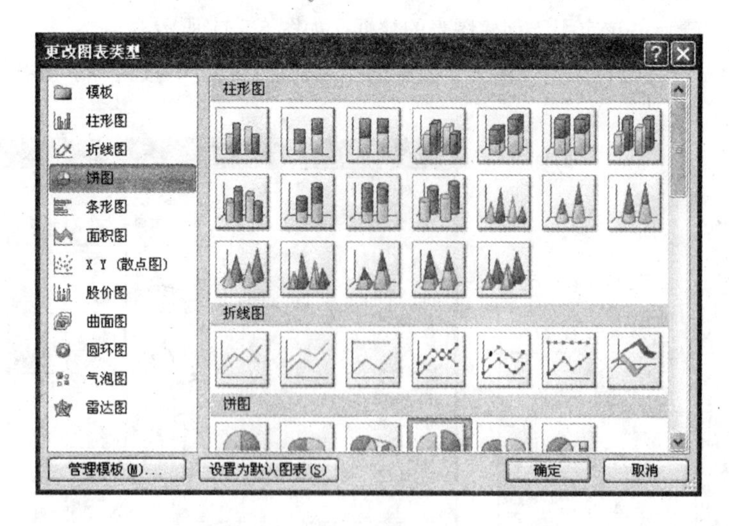

图 5.5.14 “更改图表类型”对话框

（3）在对话框左侧选择图表的类型，在右侧单击要使用的图表子类型；如果用户已经将图表类型另存为模板，单击 模板 按钮，在右侧单击要使用的图表模板。

注意 一次只能更改一个数据系列的图表类型。如果要更改图表中多个数据系列的图表类型，必须针对每个数据系列重复该过程中的所有步骤。

3. 更改图表的布局或样式

创建图表后，用户可以立即更改它的外观。可以快速将一个预定义布局和样式应用到图表，而无须手动添加或更改图表元素，或设置图表格式。Excel 2007 提供了多种有用的预定义布局和样式，用户可以从中选择，也可以通过手动更改单个图表元素的布局和样式来进一步自定义布局或样式。选择预定义图表布局的具体操作步骤如下：

（1）单击选中要设置格式的图表。

提示 选中图表后会显示“图表工具”，并添加“设计”“布局”和“格式”选项卡。

（2）打开 设计 选项卡，在“图表布局”组中单击要使用的图表布局即可。

5.5.4　数据的分类汇总

Excel 2007 提供了强大的数据分析工具，除了可以对数据排序和筛选以外，还可以对数据进行分类汇总。分类汇总是对数据清单中指定的字段进行分类，然后统计同一类记录的相关信息。

使用分类汇总不但可以统计同一类记录的记录条数，还可以对一系列数据进行求和、求平均值、求标准偏差等运算。

对数据进行分类汇总的具体操作步骤如下：

（1）先选定要汇总的列，对数据清单进行排序，再选中数据清单中汇总列中的任意单元格，如

图 5.5.15 所示。

（2）打开数据选项卡，在“分级显示”组中单击分类汇总按钮，弹出分类汇总对话框，如图 5.5.16 所示。

A	B	C	D
华阳集团11月份产品销售情况表			
产品代号	数量（箱）	单价（元）	总价（元）
D115	156	12	1872
D179	45643	20	912860
D183	213	46	9798
J458	3131	5	15655
J531	23133	2	46266
J546	2131	4	8524
U321	131	455	59605
U489	543	1	543
T850	4643	54	250722

图 5.5.15　选定汇总列中的单元格

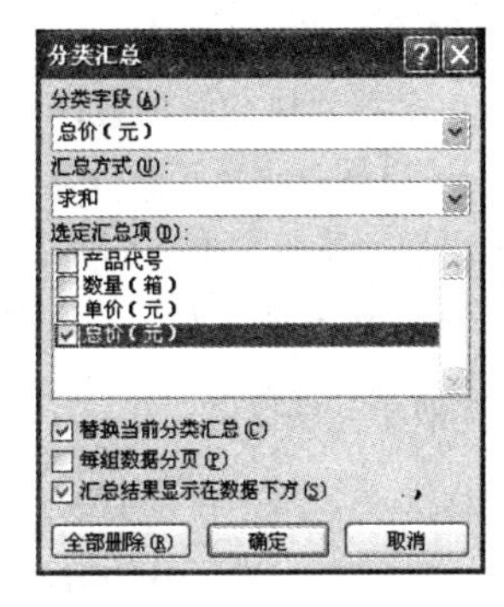

图 5.5.16　“分类汇总”对话框

（3）在“分类字段”下拉列表中选择用来分类汇总的数据列，例如选择“总价”选项；在“汇总方式”下拉列表中选择用于计算分类汇总的函数，例如选择“求和”选项；在“选定汇总项”列表框中选中与其汇总计算的数值列对应的复选框，例如选中“总价”复选框。

（4）设置完成后，单击确定按钮，分类汇总结果如图 5.5.17 所示。

	A	B	C	D
1	华阳集团11月份产品销售情况表			
2	产品代号	数量（箱）	单价（元）	总价（元）
3	D115	156	12	1872
4			**1872 汇总**	1872
5	D179	45643	20	912860
6			**912860 汇总**	912860
7	D183	213	46	9798
8			**9798 汇总**	9798
9	J458	3131	5	15655
10			**15655 汇总**	15655
11	J531	23133	2	46266
12			**46266 汇总**	46266
13	J546	2131	4	8524
14			**8524 汇总**	8524
15	U321	131	455	59605
16			**59605 汇总**	59605
17	U489	543	1	543
18			**543 汇总**	543
19	T850	4643	54	250722
20			**250722 汇总**	250722
21			**总计**	1305845

图 5.5.17　分类汇总结果

如果要显示分类汇总和总计的汇总，单击行编号旁边的分级显示符号1 2 3。单击+或-按钮可以显示或隐藏单个分类汇总的明细行。

5.6　设置单元格

输入与处理数据都是在单元格中进行的，因此必须掌握单元格的基本操作，包括选择、插入、删除、合并、拆分、移动和复制单元格等。

5.6.1 选择单元格

在对某个单元格或多个单元格进行操作前，须先选择单元格，根据实际情况可进行不同的选择。

1．选取单个单元格

选取单个单元格的常用方法有以下两种：

（1）用鼠标直接单击单元格。其方法是当鼠标指针变为✥形状时，单击某单元格，此时该单元格的外侧出现一黑色边框，同时在名称框内显示该单元格的名称，这时即为选定该单元格。

（2）在工作表左上方的名称框内直接输入需要选定的单元格名称，按回车键即可选定该单元格。

2．选取单元格区域

单元格区域是指工作表中的两个或多个单元格。单元格区域中的单元格可以是相邻的，也可以是不相邻的。选取单元格区域的方法有以下 4 种：

（1）单击并选定工作表中矩形区域左上角的一个单元格，然后按住鼠标左键并拖动至工作表右下角的一个单元格中，释放鼠标即可选取一矩形区域。

（2）在按住“Shift”键的同时移动键盘上的方向键，选取开始单元格和最终单元格之间的矩形区域。

（3）在按住“Shift”键的同时用鼠标单击单元格，选取活动单元格和最终单击的单元格之间的矩形区域。

（4）选取一个单元格，在按住“Ctrl”键的同时单击其他单元格，可选取多个不连续的单元格区域。

3．选取行和列

在工作表中选取行和列的方法如下：

（1）将鼠标移至要选定行的行号上，当鼠标指针变为➡形状时，单击鼠标即可选定该行。

（2）将鼠标移至要选定多行的某个行号上，然后按住“Ctrl”键，单击其他需要选定行的行号，即可选取多个不连续的行。

（3）将鼠标移至要选定多行的开始行号上，然后按住鼠标左键并拖动，至适当的位置释放鼠标即可选定多个连续的行。

（4）将鼠标移至要选定列的列标上，当鼠标指针变为⬇形状时，单击鼠标即可选定该列。

（5）将鼠标移至要选定多列的某个列标上，然后按住“Ctrl”键，单击其他需要选定列的列标，即可选取多个不连续的列。

（6）将鼠标移至要选定多列的开始列标上，然后按住鼠标左键并拖动，至适当的位置释放鼠标即可选定多个连续的列。

4．选取整个工作表

如果要选取整个工作表，可以采用以下两种方法：

（1）单击工作表左上角的“全选”按钮。将鼠标移至该按钮时，鼠标指针变为✥形状，此时单击鼠标即可选取整个工作表。

（2）按快捷键“Ctrl+A”可以选取整个工作表。

5.6.2　插入单元格

在对工作表进行输入或编辑的过程中，常常需要在工作表中插入单元格，从而制作完整的工作表。

在 Excel 2007 中，用户可以在选中单元格的上方或左侧插入与选中单元格数量相同的空白单元格，具体操作如下：

（1）在要插入单元格的位置选中一个或多个单元格。

（2）在“开始”选项卡中的 单元格 选项组中单击 插入 按钮，在弹出的下拉菜单中选择 插入单元格(I)... 命令，弹出“插入”对话框，如图 5.6.1 所示，用户可在该对话框中选择一种合适的插入方式。

1）选中 ⊙活动单元格右移(I) 单选按钮，可在选中区域插入空白单元格，原来选中的单元格及其右侧的单元格自动右移。

2）选中 ⊙活动单元格下移(D) 单选按钮，可在选中区域插入空白单元格，原来选中的单元格及其下方的单元格自动下移。

3）选中 ⊙整行(R) 单选按钮，可在选中的单元格区域上方插入与选中区域的行数相等的若干行。

4）选中 ⊙整列(C) 单选按钮，可在选中的单元格区域左侧插入与选中区域的列数相等的若干列。

（3）选择好插入方式后，单击 确定 按钮即可。

5.6.3　删除单元格

删除单元格与插入单元格刚好相反，删除某个单元格后，该单元格会消失，并由其下方或右侧的单元格填补原单元格所在位置，具体操作如下：

（1）选中要删除的单元格或单元格区域。

（2）在“开始”选项卡中的 单元格 选项组中单击 删除 按钮，在弹出的下拉菜单中选择 删除单元格(D)... 命令，弹出“删除”对话框，如图 5.6.2 所示，用户可在该对话框中选择一种合适的删除方式。

图 5.6.1　“插入”对话框

图 5.6.2　“删除”对话框

1）选中 ⊙右侧单元格左移(L) 单选按钮，将选中的单元格删除，并将其右侧的单元格向左移动填补空白。

2）选中 ⊙下方单元格上移(U) 单选按钮，将选中的单元格删除，并将其下边的单元格向上移动填补空白。

3）选中 ⊙整行(R) 单选按钮，将选中单元格所在行删除，并将其下边的行向上移动填补空白。

4）选中 ⊙整列(C) 单选按钮，将选中单元格所在列删除，并将其右侧的列向左移动填补空白。

（3）选择一种合适的删除方式，单击 确定 按钮即可。

5.6.4 编辑单元格

在编辑工作表时，有时要调整行、列的高度或宽度，下面进行介绍。

设置行高和列宽可以使工作表变得多样化，从而适合各种需要。设置行高的具体操作步骤如下：

（1）单击要调整行高的行号，在开始选项卡的“单元格”组中单击格式按钮，弹出如图 5.6.3 所示的下拉菜单。

（2）选择行高(H)...命令，弹出行高对话框，如图 5.6.4 所示。

（3）在“行高”文本框中输入行高值，单击确定按钮，即可看到设置行高的效果。

设置行高的简便方法就是将鼠标指针移到行号显示栏的分界线上，当指针改变形状后，将其拖动到所需位置即可，如图 5.6.5 所示。

设置列宽的具体操作与设置行高类似，可以通过菜单或鼠标来进行调整。

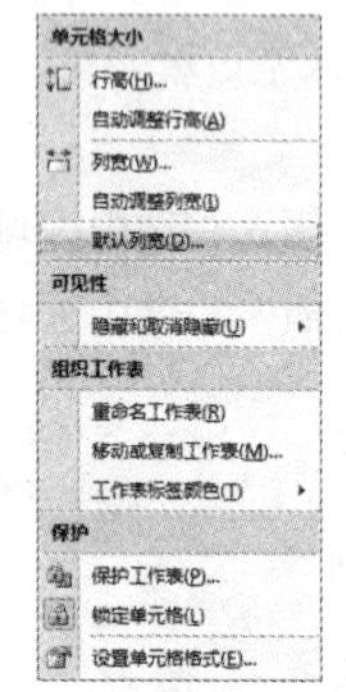

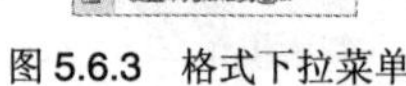
图 5.6.3 格式下拉菜单

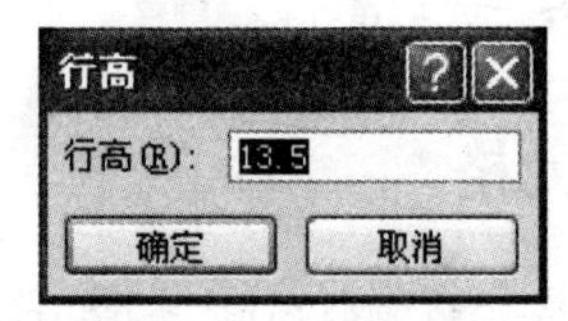

图 5.6.4 “行高”对话框

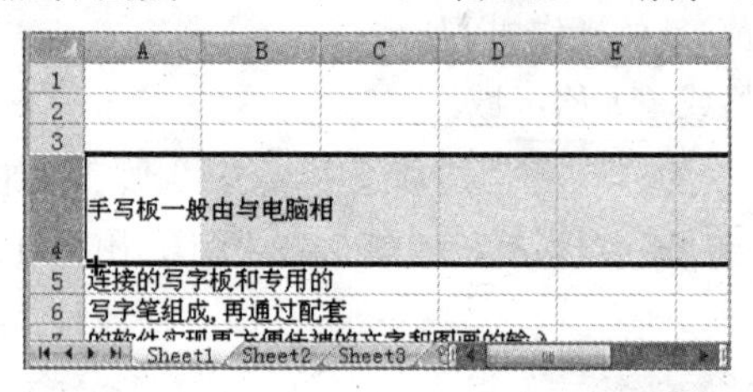

图 5.6.5 设置行高效果

5.6.5 合并居中单元格

合并及居中单元格是将相邻的单元格合并为一个单元格。合并后只保留所选区域左上角单元格中的数据内容，且该内容会在选定的整个区域内居中排列。例如将“D3”与“E3”单元格区域合并为一个单元格并居中显示，具体操作步骤如下：

（1）选定要进行合并的单元格区域。

（2）打开开始选项卡，单击“对齐方式”组中的“合并后居中”按钮，结果如图 5.6.6 所示。

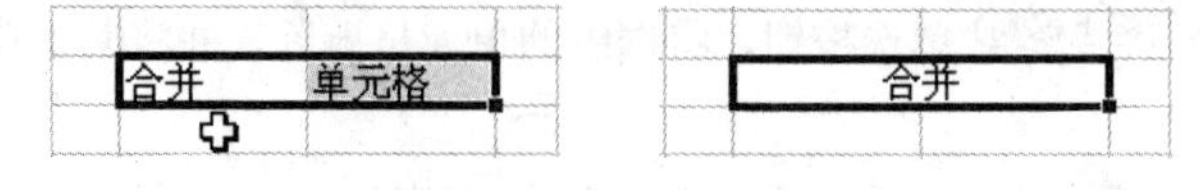

图 5.6.6 合并及居中单元格

在合并单元格时，如果选定区域包含多重数值，系统将弹出如图 5.6.7 所示的提示框。

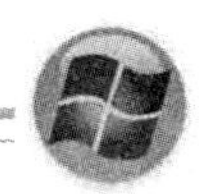

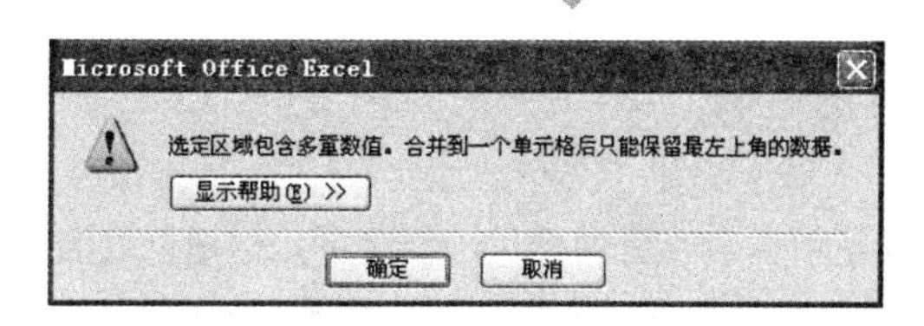

图 5.6.7　“Microsoft Office Excel”提示框

5.6.6　移动/复制单元格

移动、复制单元格实际上是移动和复制单元格中的数据。移动数据是指将某个单元格中的内容从当前的位置删除并放到另外一个单元格中；而复制数据是指原单元格中的内容不变，只是把该内容复制到另外一个单元格中。如果原来的单元格中含有公式，移动或复制到新位置后，该公式会因为单元格区域的引用变化生成新的计算结果。移动和复制单元格中数据的方法有以下几种。

1. 使用菜单命令

使用菜单命令移动和复制单元格中数据的具体操作步骤如下：

（1）选中要进行移动和复制的单元格或单元格区域。

（2）在“开始”选项卡中的剪贴板选项组中单击“剪切”按钮或“复制”按钮。

（3）选中要进行粘贴的目标单元格，在“开始”选项卡中的剪贴板选项组中单击按钮，在弹出的下拉菜单中选择 粘贴(P) 命令即可。

2. 使用鼠标拖动

使用鼠标拖动移动和复制单元格中数据的具体操作步骤如下：

（1）选中要进行移动和复制的单元格或单元格区域。

（2）单击并拖动鼠标或在按住“Ctrl”键的同时单击并拖动鼠标。

（3）到达目标单元格后释放鼠标左键，即可完成数据的移动或复制。

3. 使用选择性粘贴

如果要复制比较复杂的数据，用户可以使用选择性粘贴来有选择地进行数据的复制，具体操作步骤如下：

（1）选中要进行移动和复制的单元格或单元格区域。

（2）在“开始”选项卡中的剪贴板选项组中单击“复制”按钮。

（3）选中要进行粘贴的目标单元格，在“开始”选项卡中的剪贴板选项组中单击按钮，在弹出的下拉菜单中选择 选择性粘贴(V)... 命令，弹出“选择性粘贴”对话框，如图 5.6.8 所示。

（4）在该对话框中设置要粘贴的方式，单击 确定 按钮即可。

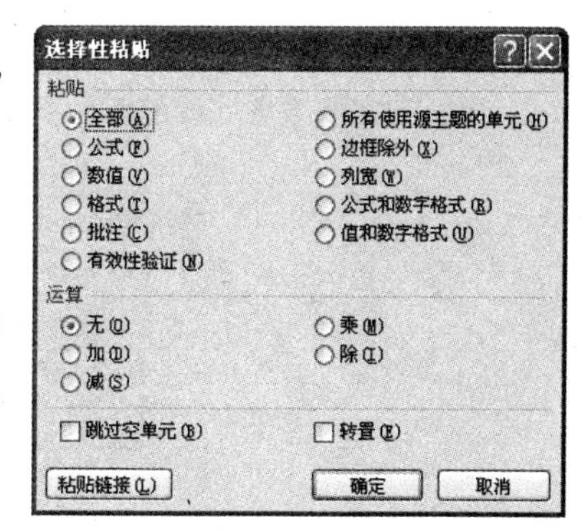

图 5.6.8　“选择性粘贴”对话框

5.6.7 设置单元格边框线

为单元格添加边框可以使数据内容更加醒目，设置单元格边框线的具体操作步骤如下：

（1）选定要设置边框线的单元格或单元格区域，如图 5.6.9 所示。

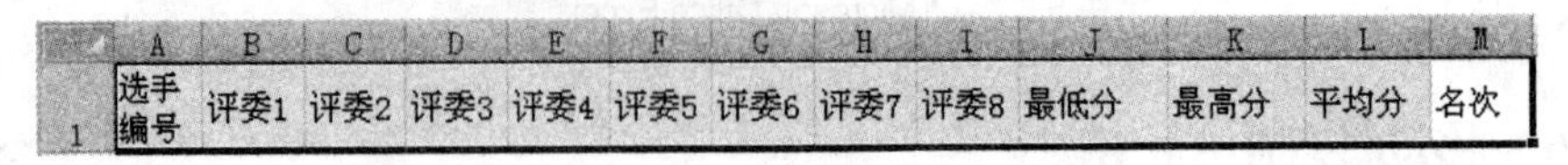

A	B	C	D	E	F	G	H	I	J	K	L	M
选手编号	评委1	评委2	评委3	评委4	评委5	评委6	评委7	评委8	最低分	最高分	平均分	名次

图 5.6.9 选定单元格区域

（2）打开 开始 选项卡，单击“单元格”组中的 格式 按钮，在弹出的下拉菜单中选择 设置单元格格式(E)... 命令，弹出 设置单元格格式 对话框。

（3）打开 边框 选项卡，选择边框的线条样式和颜色，如图 5.6.10 所示。

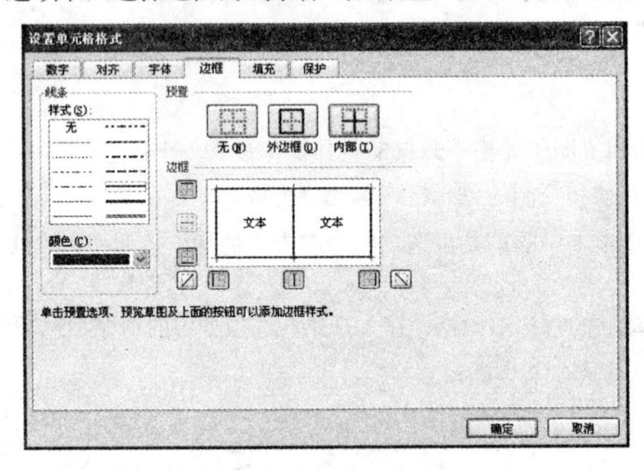

图 5.6.10 “边框”选项卡

（4）单击 确定 按钮，设置单元格边框后的效果如图 5.6.11 所示。

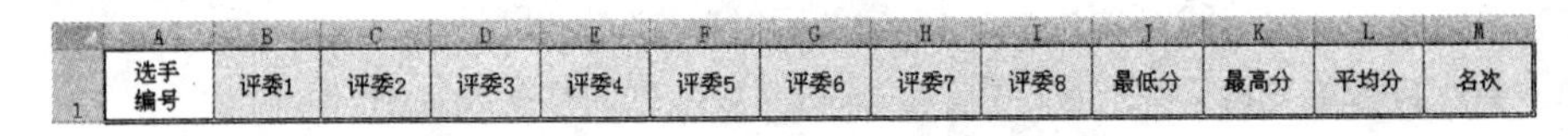

A	B	C	D	E	F	G	H	I	J	K	L	M
选手编号	评委1	评委2	评委3	评委4	评委5	评委6	评委7	评委8	最低分	最高分	平均分	名次

图 5.6.11 设置边框后的效果

5.6.8 设置单元格底纹

为单元格设置底纹可以衬托出表格中数据的内容，具体操作步骤如下：

（1）选定要设置底纹的单元格或单元格区域，如图 5.6.12 所示。

A	B	C	D	E	F	G	H	I	J	K
选手编号	评委1	评委2	评委3	评委4	评委5	评委6	评委7	评委8	最低分	最高分
2	45	78	98	87	68	58	98	98	45	98
3	98	78	96	95	94	91	92	93	78	98
4	89	89	25	68	78	65	46	95	25	95
5	52	95	55	66	56	85	89	63	52	95
6	98	55	89	56	56	58	56	23	23	98
7	78	96	98	91	92	94	93	94	78	98
8	85	65	89	76	69	83	65	75	65	89
9	55	68	67	76	64	75	63	55	55	76
10	95	87	82	94	82	85	79	96	80	96

图 5.6.12 选定单元格区域

（2）打开 开始 选项卡，单击“单元格”组中的 格式 按钮，在弹出的下拉菜单中选择 设置单元格格式(E)... 命令，弹出**设置单元格格式**对话框。

（3）打开 填充 选项卡，如图 5.6.13 所示，选择单元格的填充颜色。

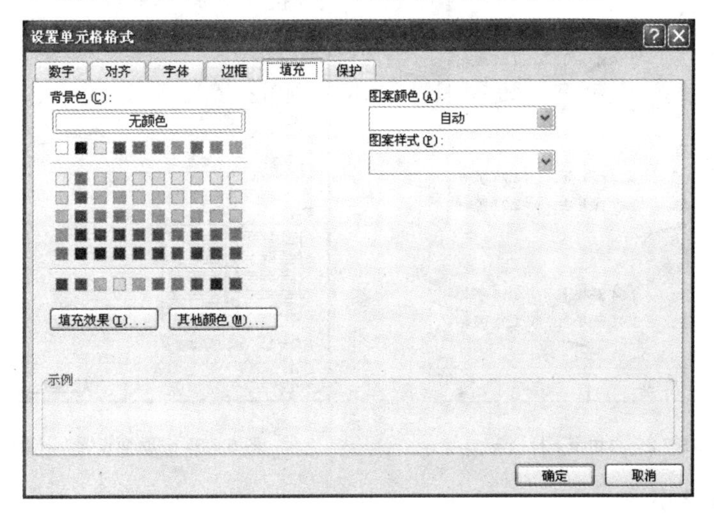

图 5.6.13　“填充”选项卡

（4）单击 确定 按钮，即可设置单元格底纹。

5.7　工作表打印

在打印工作表之前须对工作表页面进行设置，合理的页面设置可以使打印效果更为美观。页面设置主要包括设置页边距、纸张大小、打印区域等。

5.7.1　页面设置

打开 页面布局 选项卡，在“页面设置”组中单击相应的按钮对页面进行设置，如图 5.7.1 所示。

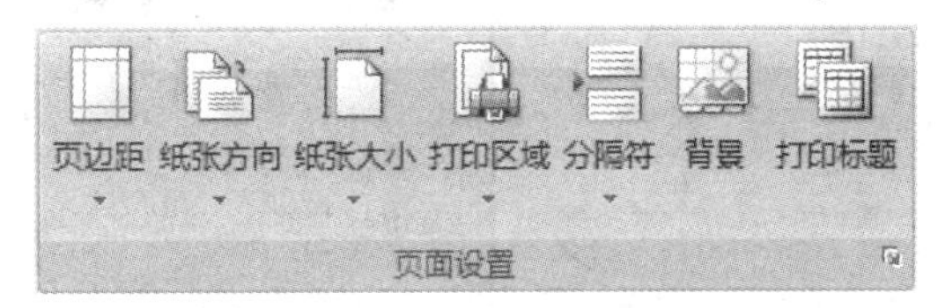

图 5.7.1　“页面设置”组

1．设置页边距

在“页面设置”组中单击 页边距 按钮，弹出其下拉列表，如图 5.7.2 所示。该列表提供了普通、宽、窄 3 种页边距供用户选择。用户也可以选择 自定义边距(A)... 命令，弹出**页面设置**对话框，如图 5.7.3 所示，在 页边距 选项卡中的“上”“下”“左”“右”“页眉”和“页脚”微调框中设置文件与打印纸边缘之间的距离。

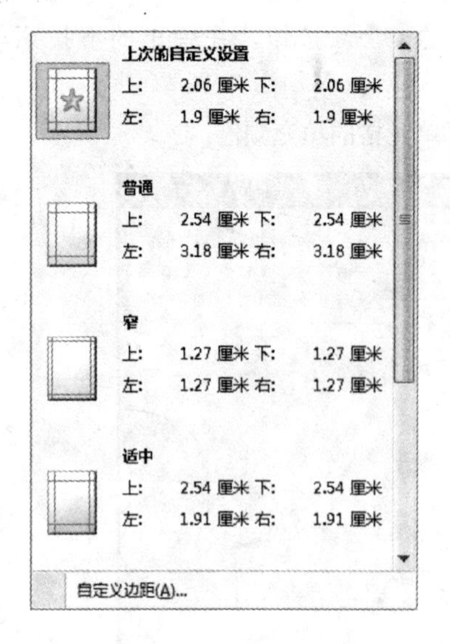

图 5.7.2 页边距下拉列表

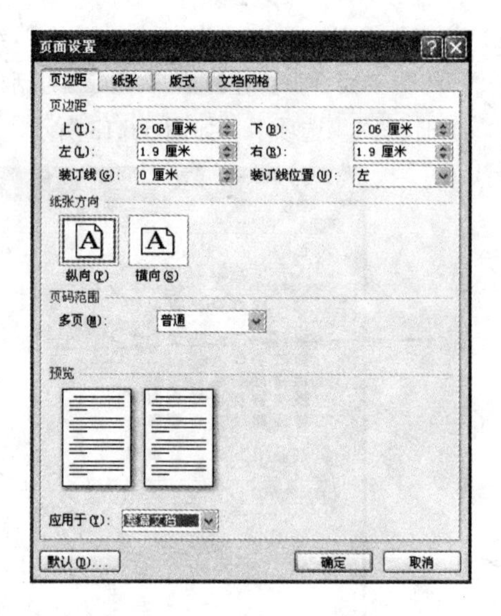

图 5.7.3 “页面设置”对话框

2. 设置纸张大小

在“页面设置”组中单击纸张大小按钮，弹出其下拉列表，如图 5.7.4 所示。用户在该列表中可以选择自己所需要的纸张大小，或者选择其他纸张大小(M)...命令，弹出页面设置对话框，如图 5.7.5 所示。在页面选项卡的“纸张大小”列表中选择用户所需的纸张大小。

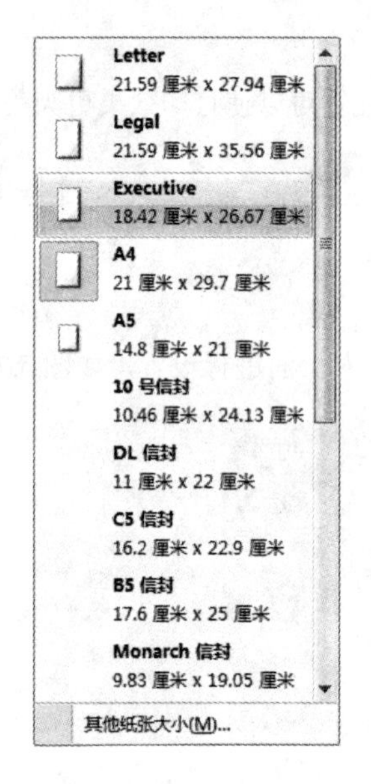

图 5.7.4 纸张大小下拉列表

图 5.7.5 “页面设置”对话框

3. 设置打印区域

如果只打印部分工作表，须单击该工作表，选择要打印的数据区域，然后单击打印区域按钮，在弹出的下拉列表中选择设置打印区域(S)命令，设置打印区域后的效果如图 5.7.6 所示。

学号	姓名	性别	物理	化学	生物	生物化学	生物化工	化工原理
501080101	李虎	男	78	76	75	80	88	60
501080102	梁敏	男	79	77	76	81	89	61
501080103	杜丽莎	女	80	78	77	82	90	62
501080104	郭涛	男	81	79	78	83	91	63
501080105	马腾龙	男	82	80	79	84	92	64
501080106	司威林	男	83	81	80	85	93	65

图 5.7.6　设置打印区域

5.7.2　打印预览

通过打印预览可显示工作表打印出来的真正效果，使用打印预览可以清楚地看出页面设置是否合理。

1. 打开打印预览窗口

打开打印预览窗口有以下 3 种方法：

（1）单击“Office”按钮，在弹出的菜单中选择 → 命令。

（2）按快捷键“Ctrl+F2”。

（3）单击快速访问工具栏中的“打印预览”按钮，在“打印预览”窗口中显示的是打印内容的缩略图，它和打印出来的效果相同，如图 5.7.7 所示。

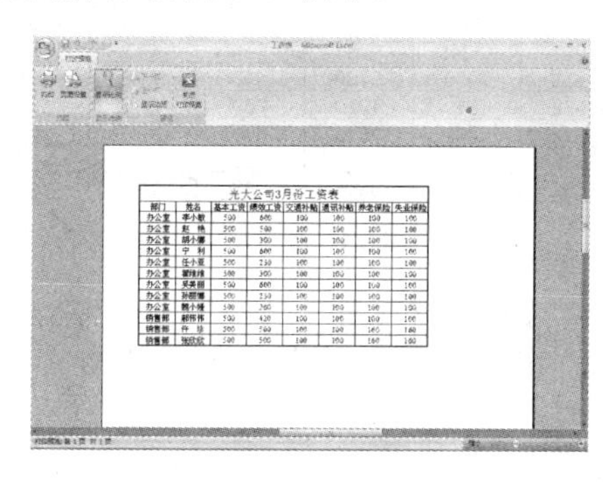

图 5.7.7　打印预览效果

2. 打印预览窗口中按钮的功能

打印预览窗口中提供了以下功能按钮：

“打印”按钮：打印当前所选的文件。

“页面设置”按钮：可以对页面进行设置。

“显示比例”按钮：使用该按钮可以调整文件的显示比例。

“关闭打印预览”按钮：关闭“打印预览”窗口，返回到原来的视图。

5.7.3　打印工作表

对预览效果满意后，就可对工作表进行打印，其具体操作步骤如下：

（1）单击“Office”按钮，在弹出的菜单中选择命令，弹出**打印内容**对话框，如图 5.7.8 所示。

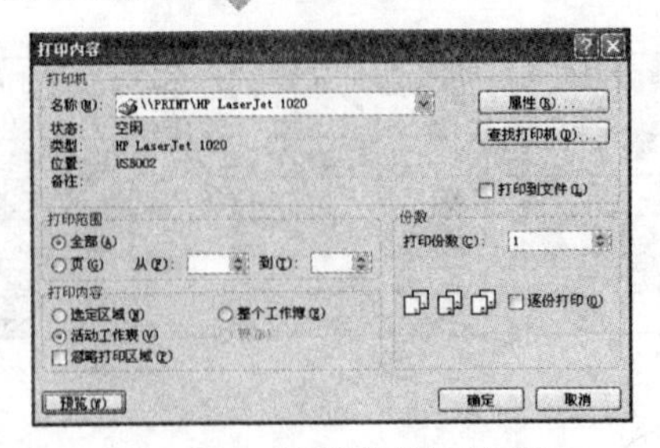

图 5.7.8 “打印内容”对话框

（2）在打印内容对话框中选择打印机的名称、打印范围、打印内容、打印份数等选项。

（3）设置完毕，单击 确定 按钮，打印机按要求自动完成打印任务。

5.8 典型实例——制作销量统计表

本例将制作一张销量统计表，在制作过程中主要用到创建表格、自动求和等命令，最终效果如图 5.8.1 所示。

A	B	C	D	E	F	G	H
2007上半年国美销售统计表							
	销售类别						
	电脑	打印机	显示器	键盘	传真机	U盘	月总销售量
一月	2000	15430	14657	4500	1000	500	38087
二月	1000	13246	9852	546	487	650	25781
三月	1412	7956	5789	400	794	421	16772
四月	4578	4679	4210	789	564	651	15471
五月	2312	8201	9875	654	102	135	21279
六月	4456	4513	8763	124	564	498	18918
总计	1032	2154	6546	963	791	746	12232

图 5.8.1 最终效果图

（1）启动 Excel 2007，新建一个工作簿。

（2）选中 A1～H2 单元格，在“开始”选项卡中的“对齐方式”选项区中单击“合并居中”按钮，合并单元格。

（3）在合并后的单元格中输入文字“2007 上半年国美销量统计表”，将字体设置为“华文新魏”，字号设置为“18”，如图 5.8.2 所示。

图 5.8.2 输入文本

（4）在工作表的其他单元格中输入数据，如图 5.8.3 所示。

A	B	C	D	E	F	G	H
2007上半年国美销售统计表							
	销售类别						
	电脑	打印机	显示器	键盘	传真机	U盘	月总销售量
一月	2000	15430	14657	4500	1000	500	
二月	1000	13246	9852	546	487	650	
三月	1412	7956	5789	400	794	421	
四月	4578	4679	4210	789	564	651	
五月	2312	8201	9875	654	102	135	
六月	4456	4513	8763	124	564	498	
总计	1032	2154	6546	963	791	746	

图 5.8.3 输入数据

（5）选中 H5 单元格，在“开始”选项卡中的“编辑”选项区中单击“自动求和”按钮 Σ，然后在工作表中选择求和区域，如图 5.8.4 所示。

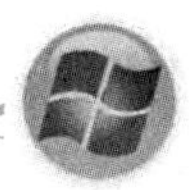

A	B	C	D	E	F	G	H	I	J
	电脑	打印机	显示器	键盘	传真机	U盘	月总销售量		
一月	2000	15430	14657	4500	1000		=sum(B5:G5)		
二月	1000	13246	9852	546	487	650	SUM(number1, [number2], ...)		
三月	1412	7956	5789	400	794	421			
四月	4578	4679	4210	789	564	651			
五月	2312	8201	9875	654	102	135			
六月	4456	4513	8763	124	564	498			
总计	1032	2154	6546	963	791	746			

图 5.8.4 选择求和区域

（6）按回车键，即可计算出求和结果。选中 H5 单元格，当鼠标指针变为＋形状时，拖动鼠标至 H11 单元格，计算其他月的总销售额，如图 5.8.5 所示。

2007上半年国美销售统计表

A	B	C	D	E	F	G	H
	销售类别						
	电脑	打印机	显示器	键盘	传真机	U盘	月总销售量
一月	2000	15430	14657	4500	1000	500	38087
二月	1000	13246	9852	546	487	650	25781
三月	1412	7956	5789	400	794	421	16772
四月	4578	4679	4210	789	564	651	15471
五月	2312	8201	9875	654	102	135	21279
六月	4456	4513	8763	124	564	498	18918
总计	1032	2154	6546	963	791	746	12232

图 5.8.5 计算其他月的总销售额

（7）选中单元格 A1～H11，在“开始”选项卡中的“字体”选项区中单击按钮，在弹出的下拉列表中选择 其他边框(M)... 选项，弹出“设置单元格格式”对话框，如图 5.8.6 所示。

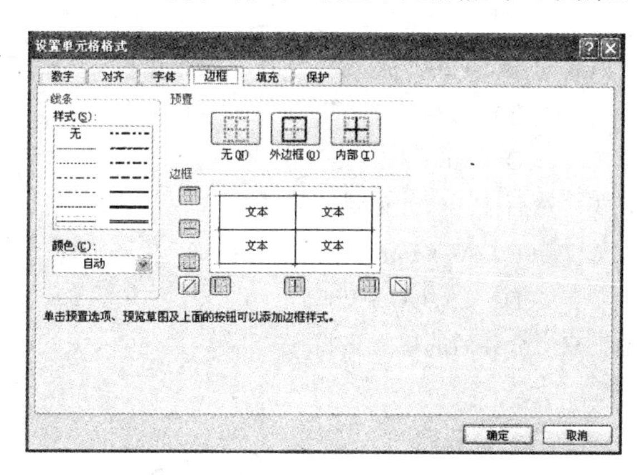

图 5.8.6 “设置单元格格式”对话框

（8）单击“外边框”按钮和“内部”按钮，为表格添加边框线，单击 确定 按钮即可。

（9）选中 A1～H2 单元格，在“开始”选项卡中的“对齐方式”选项区中单击按钮，使单元格中的数据居中对齐。

（10）选中 A1～H2 单元格，在“开始”选项卡中的“字体”选项区中单击按钮，在弹出的下拉列表中选择 其他边框(M)... 选项，弹出“设置单元格格式”对话框。

（11）单击 填充 标签，打开“填充”选项卡，单击 填充效果(I)... 按钮，在弹出的 填充效果 对话框中选择双色单选按钮，颜色 1 设置为“白色”，颜色 2 设置为“草绿色”，如图 5.8.7 所示，单击 确定 按钮。

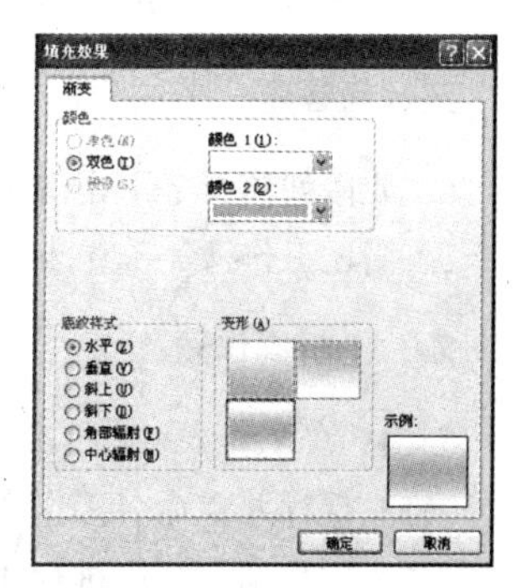

图 5.8.7 “填充效果”对话框

至此，该表格已制作完成，效果如图 5.8.1 所示。

小　结

本章主要讲解了在 Excel 2007 中工作簿、工作表和单元格的操作，数据的输入与编辑，设置单元格格式，计算和管理数据，图表的应用以及打印输出工作表等内容。通过本章的学习，使读者在以后的工作和学习中可以利用 Excel 2007 制作出各种复杂的、漂亮的数据统计图表，并且能对数据进行运算、分析以及排序等。

过关练习五

一、填空题

1．Excel 2007 应用程序的主要新增功能为__________、__________、__________、__________、__________、__________和新的文件格式。

2．在 Excel 2007 中，Excel 工作簿的默认格式是__________。

3．移动工作表与复制工作表的区别是_________。

二、选择题

1．通过“运行”对话框启动 Excel 2007 应用程序时，在打开的文本框中输入（　）命令。

（A）Excel.exe　　（B）Setup

（C）Excel　　（D）exe

2．在编辑栏中输入公式，然后按（　）键进行确认。

（A）Enter　　（B）Alt+ Enter

（C）Ctrl+ Enter　　（D）Ctrl+Alt+ Enter

3．合并单元格区域 B4:D8，合并后的单元格将（　）。

（A）没有数据显示

（B）显示单元格区域中的所有数据

（C）显示 B4 单元格中的数据

（D）显示 D8 单元格中的数据

三、简答题

1．如何创建一个工作簿？

2．简述工作簿、工作表与单元格的关系。

四、上机操作题

创建一个工作表，此工作表为某个班级的成绩单，并对其进行如下操作：

（1）保存并重命名工作表。

（2）将成绩按降序进行排序。

（3）设置工作表的边框、背景图案和页面。

第 6 章　演示文稿软件 PowerPoint 2007

PowerPoint 是一个容易操作、功能强大的多媒体制作与演示软件，它可以将图像、声音以及动画等多媒体信息有机地结合在一起，表达创作者的观点。本章主要介绍 PowerPoint 的基本操作，包括 PowerPoint 2007 基础知识、视图方式，以及创建和编辑幻灯片的方法。

本章重点

（1）PowerPoint 2007 的基础知识。
（2）PowerPoint 2007 的视图方式。
（3）创建和编辑幻灯片。
（4）放映演示文稿。
（5）演示文稿的打印和打包。
（6）典型实例——制作诗人简介。

6.1　PowerPoint 2007 的基础知识

PowerPoint 是 Office 2007 的组件之一，利用它可以使文本、图片和图表等变得内容生动起来，制作出带有动画效果的文档。主要用于会议或课堂演示。

6.1.1　启动 PowerPoint 2007

启动 Office PowerPoint 2007 的方法有很多种，下面介绍常用的 3 种。

1．常规启动

常规启动是启动 PowerPoint 2007 最常用的方式，其方法是选择 开始 → 所有程序(P) → Microsoft Office → Microsoft Office PowerPoint 2007 命令，如图 6.1.1 所示。

2．使用快捷菜单启动

使用快捷菜单启动 PowerPoint 2007 是最快捷的方式，其方法是在桌面上单击鼠标右键，弹出其快捷菜单，从中选择 新建(W) 命令，打开其级联菜单，如图 6.1.2 所示。在级联菜单中选择 Microsoft Office PowerPoint 演示文稿 命令，可以在桌面上创建一个演示文稿图标，双击该图标就可以直接启动 PowerPoint 2007 应用程序了。

3．使用桌面图标启动

在安装软件时如果已经将 PowerPoint 2007 的快捷图标复制到桌面上，则可以用鼠标直接双击该图标启动 PowerPoint 2007 应用程序，打开的工作界面如图 6.1.3 所示。

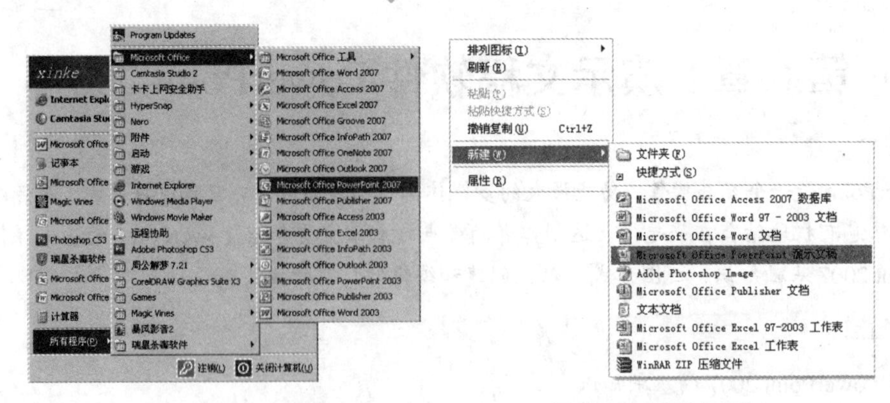

图 6.1.1 常规启动 PowerPoint 2007

图 6.1.2 桌面快捷菜单

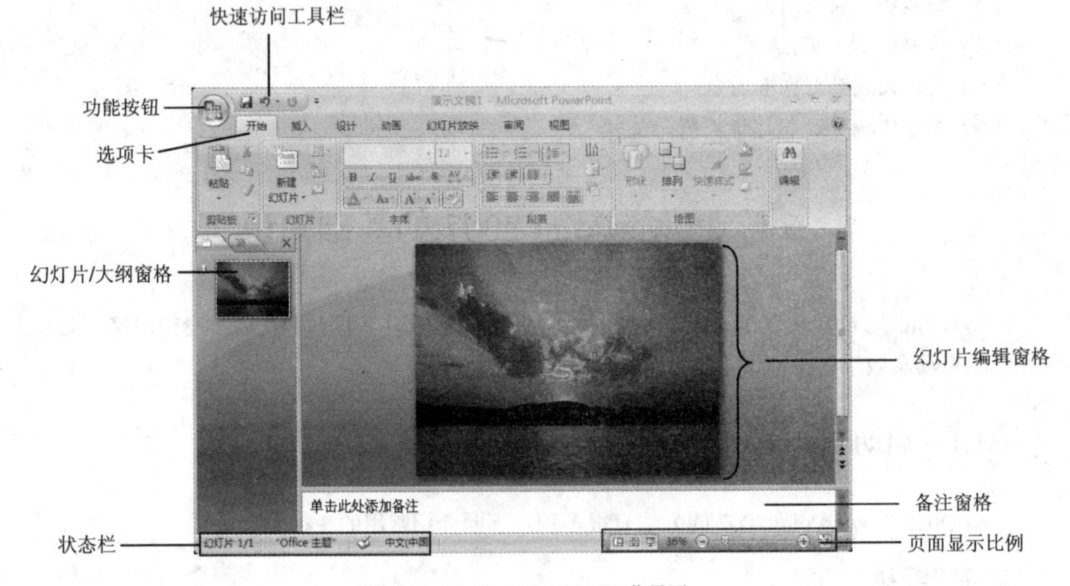

图 6.1.3 PowerPoint 2007 工作界面

PowerPoint 2007 工作界面主要介绍如下。

1. 幻灯片编辑窗格

幻灯片编辑窗格用于显示和编辑幻灯片，并可以直观地看到幻灯片的外观效果，是整个演示文稿的核心。在幻灯片编辑窗格中可以编辑文本，添加图形、动画或声音文件等。

2. 幻灯片/大纲窗格

幻灯片/大纲窗格用于显示演示文稿的幻灯片数量、位置及结构，单击不同的选项卡标签，即可在幻灯片和大纲窗格之间切换。

3. 备注窗格

备注窗格用于添加幻灯片的说明信息，如提供幻灯片展示内容的背景、细节等，使放映者能够更好地掌握和了解幻灯片展示的内容。

6.1.2　PowerPoint 2007 的新增功能

1. 经过更新的播放器

经过改进的 Microsoft Office PowerPoint Viewer 可进行高保真输出，以及可支持 PowerPoint 2003 图形、动画和媒体。新的播放器无须安装。默认情况下，新的“打包成 CD”功能将演示文稿文件与播放器打包在一起，用户也可从网站下载新的播放器。此外，播放器支持查看和打印。经过更新的播放器可在 Microsoft Windows 98 或更高版本上运行。

2. 打包成 CD

“打包成 CD”功能用于制作演示文稿 CD，以便在运行 Microsoft Windows 操作系统的计算机上查看。直接从 PowerPoint 中刻录 CD 需要 Microsoft Windows XP 或更高版本，但如果使用 Windows 2000，则可将一个或多个演示文稿打包到文件夹中，然后使用第三方 CD 刻录软件将演示文稿复制到 CD 上。

“打包成 CD”可打包演示文稿和所有支持文件，包括链接文件，并从 CD 自动运行演示文稿。在打包演示文稿时，经过更新的 Microsoft Office PowerPoint Viewer 也包含在 CD 上。因此，没有安装 PowerPoint 的计算机不需要安装播放器。“打包成 CD”允许将演示文稿打包到文件夹而不是 CD 中，以便存档或发布到网络共享位置。

3. 对媒体播放的改进

使用 Microsoft Office PowerPoint 2007 在全屏演示文稿中查看和播放影片。用鼠标右键单击影片，从弹出的快捷菜单中选择 编辑影片对象(O) 命令，在弹出的对话框中选中 ☑缩放至全屏(Z) 复选框。当安装了 Microsoft Windows Media Player 8 版本或更高版本时，PowerPoint 2007 中对媒体播放的改进可支持其他媒体格式，包括 ASX，WMX，M3U，WVX，WAX 和 WMA。如果未显示所需的媒体编码解码器，PowerPoint 2007 将通过使用 Windows Media Player 技术尝试下载它。

4. 新幻灯片放映导航工具

新的精巧而典雅的“幻灯片放映”工具栏令用户可在播放演示文稿时方便地进行幻灯片放映导航。此外，常用幻灯片放映任务也被简化。在播放演示文稿期间，“幻灯片放映”工具栏令用户可方便地使用墨迹注释工具、笔和荧光笔选项以及“幻灯片放映”菜单，但是工具栏决不会引起观众的注意。

5. 经过改进的幻灯片放映墨迹注释

在播放演示文稿时使用墨迹在幻灯片上进行标记，或者使用 Microsoft Office PowerPoint 2007 中的墨迹功能审阅幻灯片。用户不仅可在播放演示文稿时保存所使用的墨迹，也可在将墨迹标记保存在演示文稿中之后打开或关闭幻灯片放映标记。墨迹功能的某些方面需要在 Tablet PC 上才能实现。

6. 新的智能标记支持

Mcrosoft Office PowerPoint 2007 已经增加常见智能标记支持。只需在菜单栏上选择 自动更正选项(A)... 命令，在弹出的对话框中单击 智能标记 标签，打开 智能标记 选项卡，便可选择在演示文稿中为文字加上智能标记。PowerPoint 2007 所包含的智能标记识别器列表中包括日期、金融符号和人名。

7．经过改进的位图导出

在导出时，Microsoft Office PowerPoint 2007 中的位图更大且分辨率更高。

8．文档工作区

使用“文档工作区”可方便通过 Microsoft Office Word 2007，Microsoft Office Excel 2007，Microsoft Office PowerPoint 2007 或 Microsoft Office Visio 2007 与其他人实时进行协同创作、编辑和审阅文档。“文档工作区”网站是以一个或多个文档为中心的 Microsoft Windows SharePoint Services 网站。用户可以方便地协同处理文档，或者直接在“文档工作区”副本上进行操作，或者在其各自的副本上进行操作，从而可定期更新已经保存到“文档工作区”网站上副本中的更改。

通常，用户可在使用电子邮件功能将文档作为附件发送时创建“文档工作区”。这时，作为共享附件的发件人，用户便成为“文档工作区”的管理员，而所有接收人便成为该“文档工作区”的成员，并获得向该网站添加内容的权限。创建“文档工作区”的另一种方式是在 Microsoft Office 2007 中使用“共享工作区”任务窗格。

当使用 Word，Excel，PowerPoint 或 Visio 打开“文档工作区”所基于的文档的本地副本时，Office 程序会定期从“文档工作区”获得更新。如果对工作区副本的更改与对自己的副本所做的更改相冲突，可选择要保存的副本。当完成编辑副本时，可将更改保存到“文档工作区”中，这样其他成员便可将更改合并到他们的文档的副本中。

9．信息权限管理

现在，敏感性信息只能通过限制对存储这些信息的网络或计算机的访问来进行控制。但是，一旦用户获得访问权限，就无法限制他们对内容所进行的操作或将这些信息发给谁。这种信息分发方式很容易使敏感性信息到达那些不再希望接收它的人那里。Microsoft Office 2007 提供一种名为信息权限管理（IRM）的新功能，可帮助防止因为意外或粗心将敏感性信息发给不该收到它的人。

注意 可以使用仅在 Microsoft Office Professional Edition 2007，Microsoft Office Word 2007，Microsoft Office Excel 2007 和 Microsoft Office PowerPoint 2007 中具有的“信息权限管理”来创建带限制权限的内容。

6.2 PowerPoint 2007 的视图方式

在 PowerPoint 2007 中根据不同的需要提供了不同的视图模式，包括普通视图、幻灯片浏览视图、备注页视图和幻灯片放映视图。不同的视图模式有特定的作用，用户在学习和使用时必须深入了解和灵活应用各种视图模式。

6.2.1 普通视图

普通视图用来编辑幻灯片的视图版式，实际上包含了大纲视图、幻灯片视图和备注页视图 3 种最常用的视图模式。单击“普通视图”按钮，即可切换到普通视图显示方式，如图 6.2.1 所示，其中大纲视图模式是按照演示文稿中的幻灯片编号将所有幻灯片显示在大纲编辑窗口中。

在普通视图中单击大纲标签，可切换到大纲视图中，如图 6.2.2 所示。在大纲视图模式中，PowerPoint 窗口左边的大纲选项卡中列出了所有幻灯片的文字内容，而幻灯片编辑窗口中则呈现出选中的一张幻灯片。使用普通视图的大纲模式，可以在大纲选项卡内直接编辑文字内容，从而使查找和编辑更加方便。

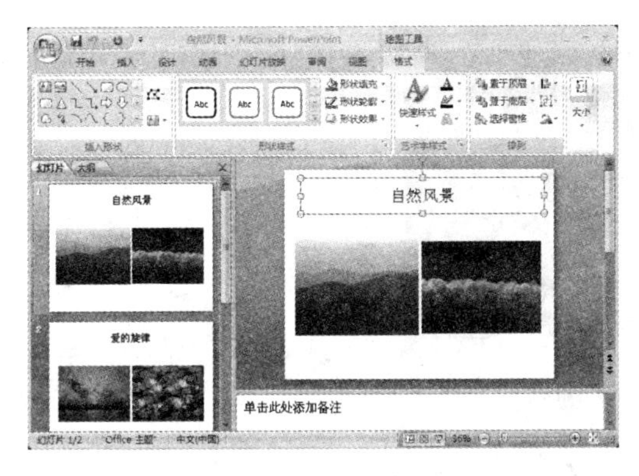

图 6.2.1　普通视图

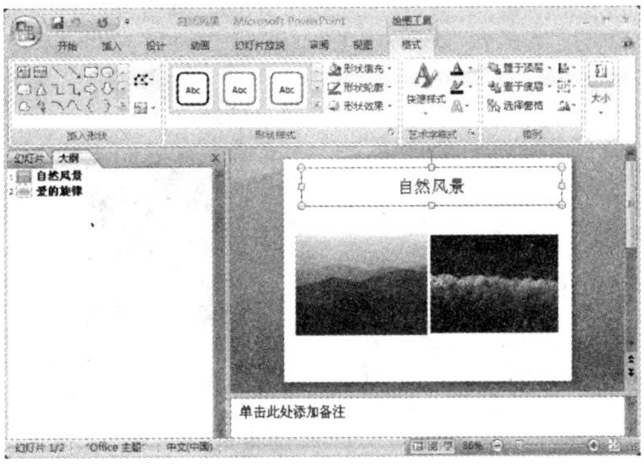

图 6.2.2　大纲视图

6.2.2　幻灯片浏览视图

幻灯片浏览视图是缩略图形式的演示文稿幻灯片。单击“幻灯片浏览视图”按钮，即可切换到幻灯片浏览视图。在该种视图模式下，所有幻灯片依次排列在 PowerPoint 窗口中，如图 6.2.3 所示。

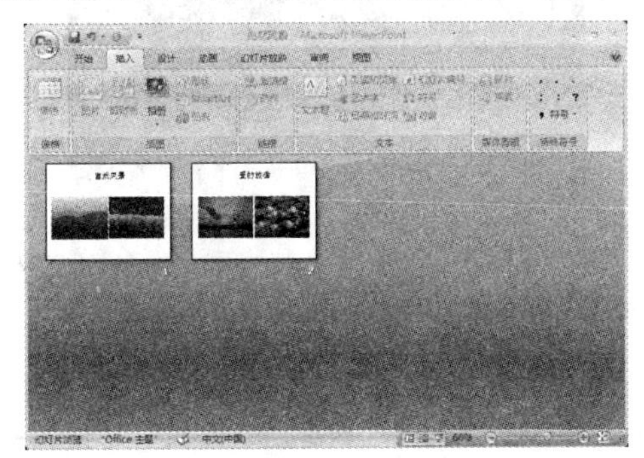

图 6.2.3　幻灯片浏览视图

在幻灯片浏览视图中，可以从整体上浏览整套演示文稿的效果，浏览各幻灯片及其相对位置，并可以方便地进行幻灯片的复制和移动等操作。另外，对演示文稿进行整体编辑，还包括改变幻灯片的背景设计和配色方案、调整顺序、添加或删除幻灯片等，但不能编辑幻灯片中的具体内容，只能切换到普通视图中进行编辑。幻灯片浏览视图适用于从整体上浏览和修改幻灯片效果。

6.2.3　备注页视图

在备注页视图中可以为幻灯片创建备注。演讲者在演讲时常常需要一份演讲稿，一边放映幻灯片，一边讲解，而用户也可以把演讲稿或与幻灯片相关的资料写在备注中，以免另外打印演讲稿。创建备注有两种方法，即在普通视图下的“备注区”中进行创建和在备注页视图模式中进行创建。

在“视图”选项卡中的“演示文稿视图”选项区中单击备注页按钮，即可切换到备注页视图，如图 6.2.4 所示。

切换到备注页视图后，可能会发现输入的文字非常小，这是由于显示比例过小的原因，用户可以适当地放大显示比例。

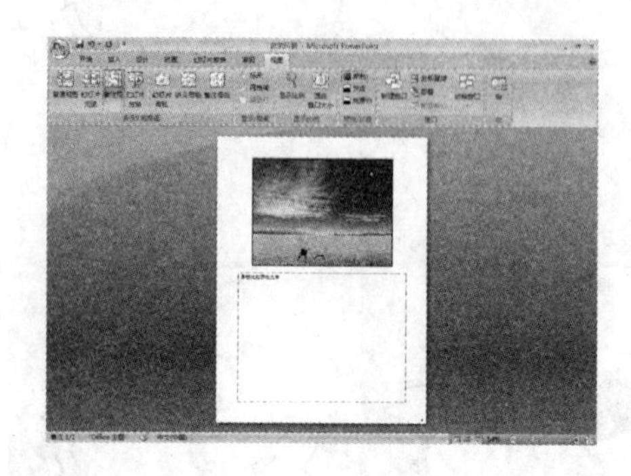

图 6.2.4　备注页视图

6.2.4　幻灯片放映视图

单击窗口右下方的“幻灯片放映”按钮，即可打开幻灯片放映视图，这时就开始放映幻灯片。此时幻灯片占据整个屏幕，就像使用一个实际的幻灯片放映演示文稿一样，如图 6.2.5 所示。

图 6.2.5　幻灯片放映视图

提示　（1）开启幻灯片放映视图之后，幻灯片占据了整个屏幕，无法进行 Windows 窗口操作，按“Esc”键即可回到幻灯片普通视图状态。

（2）如果想从头到尾观看整个演示文稿，或者想要使用普通计时，可在“视图”选项卡中的“演示文稿视图”选项区中单击 幻灯片放映 按钮或按“F5”键。如果单击窗口右下角的“幻灯片放映”按钮，演示会从当前幻灯片开始且不计时。

6.3　创建和编辑幻灯片

使用 PowerPoint 创建演示文稿是非常方便的。它本身提供了创建演示文稿的向导，用户可以根据向导提示逐步完成创建工作。如果用户有其他特别的需要，还可以创建空白文档，或者使用设计模板创建演示文稿。

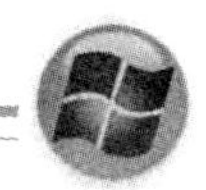

1．创建空白演示文稿

创建空白演示文稿的具体操作步骤如下：

（1）单击“Office”按钮，在弹出的菜单中选择新建(N)命令，弹出新建演示文稿对话框，如图 6.3.1 所示。

（2）在该对话框中选择“空白演示文稿”选项，单击创建按钮，即可创建一个空白演示文稿。

2．根据设计模板创建演示文稿

设计模板是指已经设计好的幻灯片样式和风格，包括幻灯片的背景图案、文字结构、色彩配置等内容。PowerPoint 2007 为用户提供了许多美观的设计模板，使用户能够创建出风格各异的演示文稿。

根据设计模板创建演示文稿的具体操作步骤如下：

（1）单击“Office”按钮，在弹出的菜单中选择新建(N)命令，弹出新建演示文稿对话框，如图 6.3.2 所示。

（2）在该对话框中的“模板”列表框中单击已安装的模板按钮，在“已安装的模板”预览框中显示模板的外观。

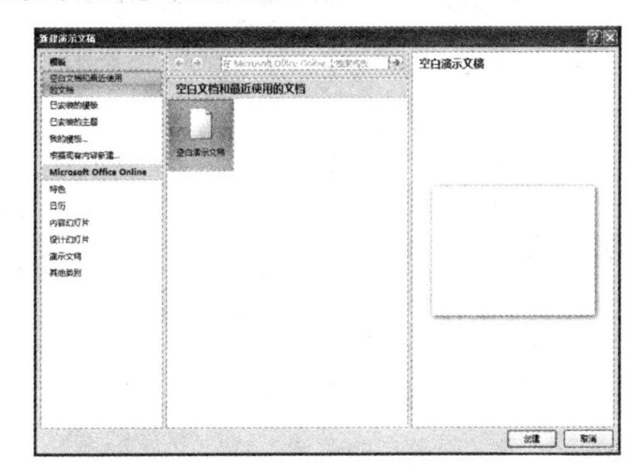

图 6.3.1　“新建演示文稿”对话框

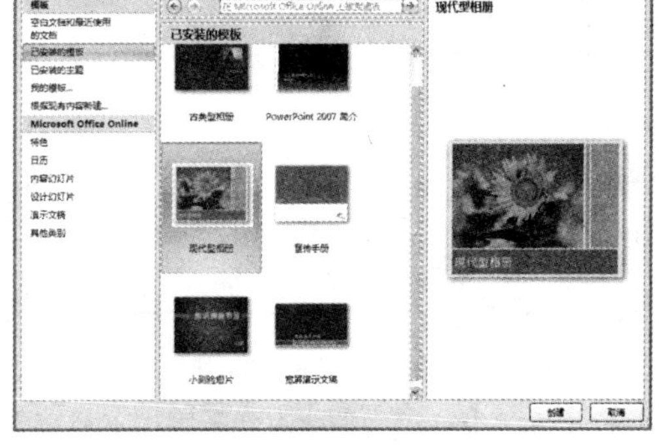

图 6.3.2　“新建演示文稿”对话框

（3）在该对话框中选择用户所需的模板，例如选择“现代型相册”模板，单击创建按钮，即可根据模板新建小测验短片演示文稿，如图 6.3.3 所示。

图 6.3.3　现代型相册演示文稿

3．根据现有内容创建演示文稿

根据现有内容创建演示文稿的具体操作步骤如下：

（1）单击“Office”按钮，在弹出的菜单中选择新建(N)命令，弹出新建演示文稿对话框。

（2）在该对话框中的“模板”列表框中单击根据现有内容新建...按钮，弹出根据现有演示文稿新建对话框，如图 6.3.4 所示。

（3）在该对话框中选择现有的演示文稿文件，单击新建(C)按钮，即可根据现有内容创建新的演示文稿。

4．打开演示文稿

在演示文稿的编辑过程中，有时要打开以前的演示文稿，然后进行编辑。打开演示文稿的具体操作步骤如下：

（1）单击“Office”按钮，在弹出的菜单中选择打开(O)命令，弹出“打开”对话框，如图 6.3.5 所示。

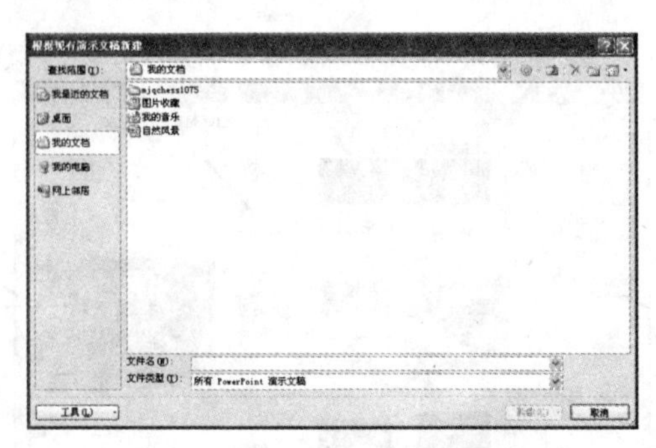

图 6.3.4 “根据现有演示文稿新建”对话框

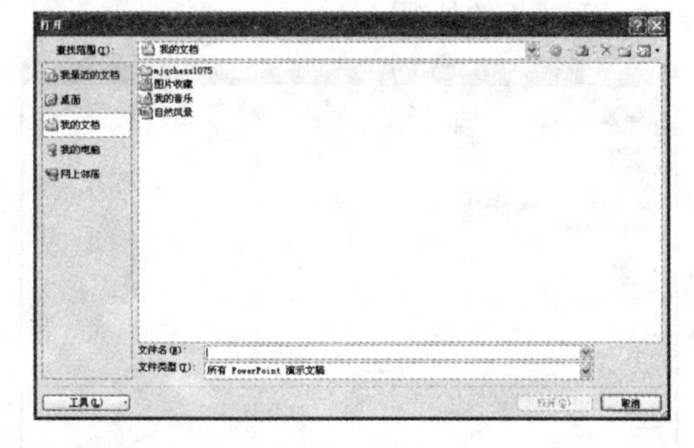

图 6.3.5 “打开”对话框

（2）在该对话框中的“查找范围”下拉列表中选择演示文稿所在的位置；在“文件类型”下拉列表中选择打开文件的类型；在文件列表中选择要打开的演示文稿。

（3）单击打开(O)按钮，即可打开需要的演示文稿。

6.3.1 保存和退出演示文稿

演示文稿编辑完成后，用户可以对其进行保存，然后关闭演示文稿，具体操作步骤如下：

（1）单击“Office”按钮，在弹出的菜单中选择保存(S)命令，弹出另存为对话框，如图 6.3.6 所示。

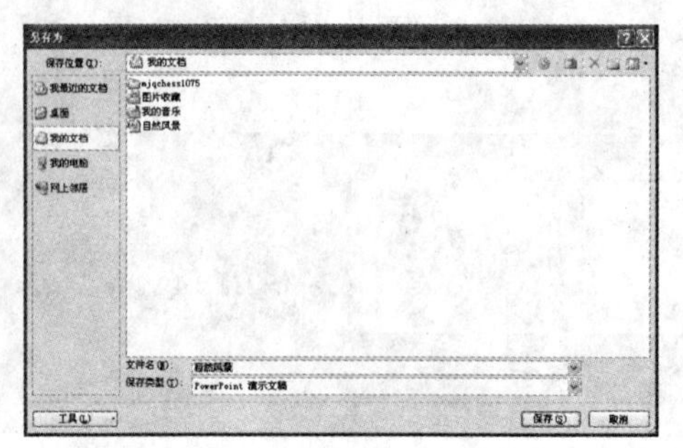

图 6.3.6 “另存为”对话框

（2）在该对话框中的“保存位置”下拉列表中选择保存的位置；在“文件名”下拉列表中输入演示文稿的名称；在“保存类型”下拉列表中选择文件的保存类型。

（3）单击 保存(S) 按钮，即可保存演示文稿。

6.3.2　输入文本

文本是幻灯片的重要组成部分，在幻灯片中合理地使用文本，可以使幻灯片更具实用性。幻灯片中的文本可以是来自其他应用程序的，也可以是利用 PowerPoint 自带的文本编辑功能输入的。

1. 在占位符中输入文本

当用户打开一个演示文稿的时候，系统会自动插入一张标题幻灯片。在该标题幻灯片中，有两个虚线框，这两个虚线框被称为占位符。在输入文本之前，占位符中有一些提示性的文字。当用鼠标单击该占位符之后，这些提示信息就会自动消失，而且光标的形状就会变成一条短竖线，这时就可以在占位符中输入文本了。在占位符中输入标题文本的具体操作步骤如下：

（1）启动 PowerPoint 2007，系统会自动新建一张幻灯片。

（2）在该启动界面中有两个占位符，如图 6.3.7 所示。单击要输入标题文本的占位符，使光标定位在其中。

（3）输入标题的内容。在输入文本的过程中，PowerPoint 2007 会自动将超出占位符的部分转到下一行。

2. 在大纲视图中输入文本

在幻灯片普通视图的“大纲”选项卡中编辑文本时，该视图将只显示文档中的文本，并保留除色彩以外的其他所有文本属性。在“大纲”选项卡的图标右侧单击鼠标，就可以定位光标并输入文本了。此时输入的文本为标题文本，如果要输入其他级别的文本，其具体操作步骤如下：

（1）在幻灯片的图标右侧单击鼠标，输入标题文本，如“牵手”。然后按回车键创建一个新的幻灯片，如图 6.3.8 所示。

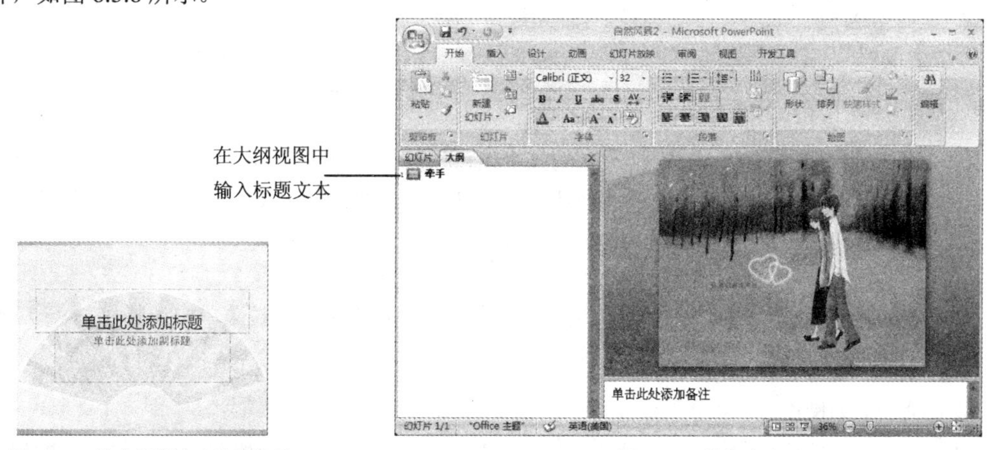

图 6.3.7　输入标题文本的占位符　　图 6.3.8　输入文本

（2）在“大纲”区域中单击鼠标右键，在弹出的快捷菜单中选择 降级(D) 命令，并定位在下一级文本的起始位置，接着输入“〈第一次亲密接触〉”，如图 6.3.9 所示。

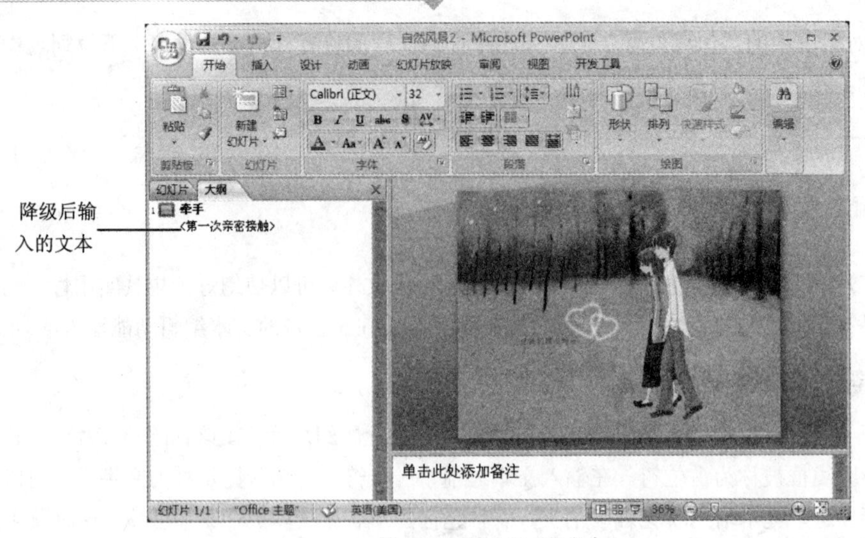

图 6.3.9 输入下一级文本

（3）输入完毕，按回车键换行。在“大纲”区域中单击鼠标右键，在弹出的快捷菜单中选择 升级(P) 命令，将新的一行升级为下一张幻灯片。在新的幻灯片中输入标题文本，如“相恋”，如图 6..3.10 所示。

（4）重复以上操作，即可创建如图 6.3.11 所示的效果。

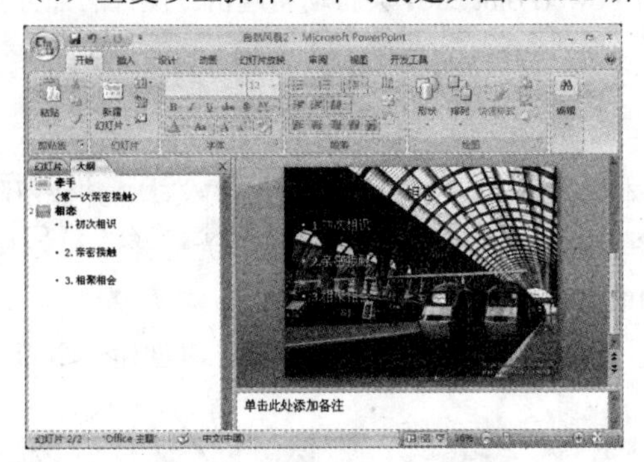

图 6.3.10 大纲视图中的文本效果

图 6.3.11 大纲视图中的文本效果

3. 在文本框中输入文本

为了便于控制幻灯片的版面，幻灯片上的文字也可以放置在一个矩形框中，这个矩形框被称为文本框。对文本框中的文本可以进行字体、字号等多种风格的设置，也可以将其移向任意位置并调整它的大小。在文本框中输入文本的具体操作步骤如下：

(1)在“插入”选项卡中的“文本”选项区中单击 文本框 按钮，从弹出的下拉菜单中选择 横排文本框(H) 或 垂直文本框(V) 命令。

（2）执行下列操作之一：

1）若要添加单行文本，将鼠标指针定位在幻灯片中要添加文本的位置，单击鼠标，即生成一个文本框，并且处于编辑状态。向文本框中输入文本，按回车键可换行。

2）若要添加可自动换行的文本框，将鼠标指针定位在要添加文本的位置，按住鼠标左键不放，拖至需要大小，释放鼠标即生成一个文本框。在文本框中输入文本时，将根据文本框的宽度自动换行。

如图 6.3.12 所示即为创建的横排文本框和垂直文本框。

（3）对文本框的输入操作完成之后，单击文本框以外的任意位置即结束文本的输入，并将鼠标指针指向文本框的边框，待指针变为形状，按住左键拖动可以移动文本框。

利用模板或者向导新创建的演示文稿中已经提供了文本框，直接按照提示选中文本框就可以输入文本。PowerPoint 2007 中的文本框默认的格式均是无边框，无填充色的。

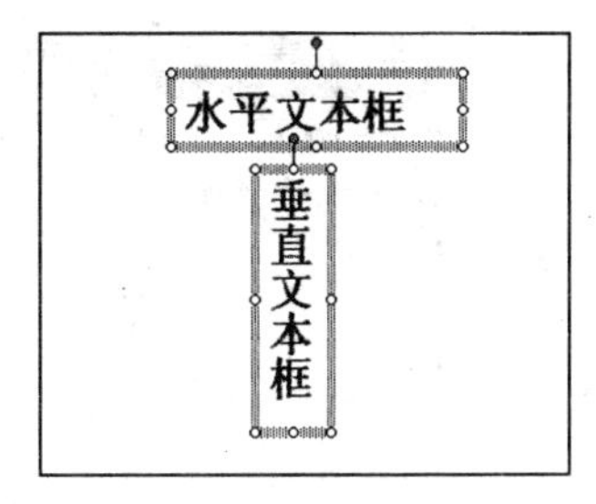

图 6.3.12　使用文本框输入文本

将鼠标移至文本框，当鼠标指针变成“十”字箭头（✥）时，便可移动文本框；将鼠标置于文本框的控制点上时，指针变为双箭头（↔或↗等），拖动该控制点即可改变文本框的大小。

6.3.3　添加项目符号和编号

项目符号和编号一般用在设置层次小标题的开始位置，它的作用是突出显示这些层次小标题，可以使幻灯片更加有条理，易于阅读。

添加项目符号和编号，其具体操作步骤如下：

（1）选取要添加项目符号或编号的段落，使其反白显示。

（2）在“开始”选项卡中的“段落”选项区中单击“项目符号”按钮，弹出其下拉列表框，如图 6.3.13 所示。

（3）在该列表框中选择所需的项目符号，即可在选定的段落区域添加上项目符号。

（4）在该下拉列表框中选择 项目符号和编号(N)... 选项，弹出“项目符号和编号”对话框，如图 6.3.14 所示。

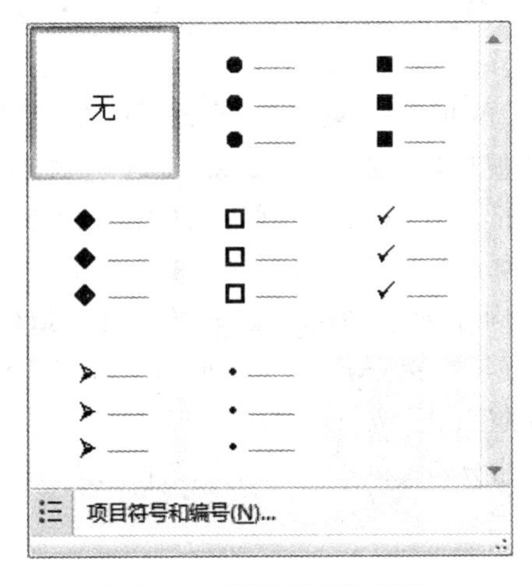

图 6.3.13　项目符号下拉列表框

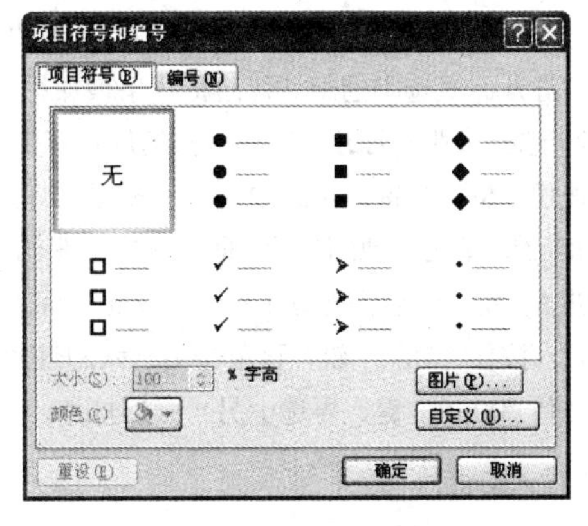

图 6.3.14　“项目符号和编号”对话框

（5）单击 编号(N) 标签，打开“编号”选项卡，用户可在该选项卡中选择要使用的编号，如图 6.3.15 所示。

（6）在“项目符号”选项卡中单击 图片(P)... 按钮，弹出“图片项目符号”对话框，用户可以从中选择所需的图片作为项目符号，如图 6.3.16 所示。

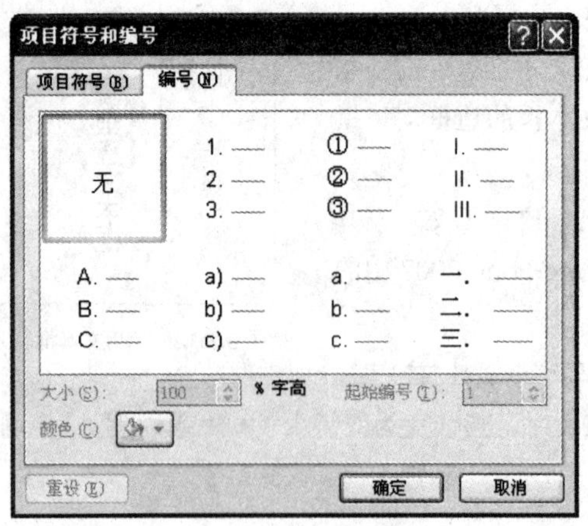

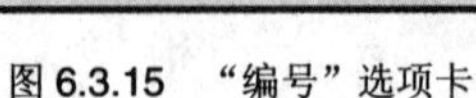
图 6.3.15 “编号”选项卡

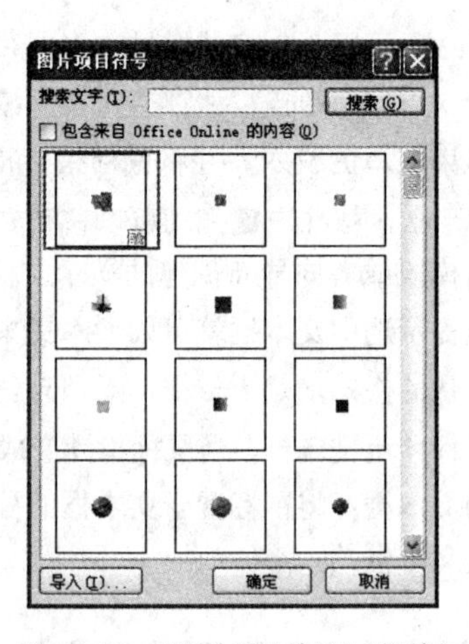

图 6.3.16 “图片项目符号”对话框

(7) 在该对话框中选择所需的选项，单击 确定 按钮，即可将选中的图片作为项目符号。

6.3.4 编辑幻灯片

一个完整的演示文稿一般都由多张幻灯片组成，每张幻灯片又拥有不同的主题，下面介绍编辑演示文稿的方法，即在一个演示文稿中选择幻灯片、插入幻灯片、复制/移动幻灯片和删除幻灯片等操作，从而组成一个严密的演示文稿系统。

1. 选择幻灯片

在普通视图的幻灯片模式或幻灯片浏览视图中选择和管理幻灯片比较方便。下面就以普通视图的幻灯片模式为例，介绍选择幻灯片的方法。首先切换到普通视图的幻灯片模式，选择幻灯片分为以下两种情况：

(1) 选择一张幻灯片。选择一张幻灯片最为简单，单击视图中的任意一张幻灯片的缩略图即可选中该幻灯片。被选中的幻灯片边框线条被加粗，表示被选中，用户此时可以对其进行编辑操作。

(2) 选择多张幻灯片。选择多张幻灯片有多种方法：按住“Ctrl”键可以选择不连续的多张幻灯片，而按住“Shift”键即可选中连续的多张幻灯片。例如选择一张幻灯片，然后按住“Ctrl”键或按住“Shift”键，单击其他幻灯片，即可选中多张幻灯片。同时也可以在缩略图窗口中选中一张幻灯片，按住“Shift”键，然后按键盘上的↑、↓键，即可选中连续的多张幻灯片。也可以在缩略图中选中一张幻灯片，按住“Shift”键，再单击另一张幻灯片之间的空白区域，该区域的中央出现一条闪烁的分隔线，按住“Shift”键，再选中另一张幻灯片，即可选中分隔线和另一张幻灯片之间的所有幻灯片。

2. 插入幻灯片

在普通视图或者幻灯片浏览视图中均可以插入空白幻灯片。在普通视图中的某张幻灯片后面插入空白幻灯片的具体操作步骤如下：

(1) 在幻灯片/大纲编辑窗格中，单击 幻灯片 标签，打开其选项卡。

(2) 在选项卡中，选中需要在其后面插入空白幻灯片的幻灯片缩略图。

(3) 单击鼠标右键，从弹出的快捷菜单中选择 新建幻灯片(N) 命令，即可在选中幻灯片之后插入一张新的幻灯片，并且演示文稿中幻灯片的编号会自动改变。

如果要在“幻灯片浏览”视图中插入空白幻灯片，可以单击任意两张幻灯片之间的空白区域，此时在该区域中将出现一条竖条分隔线，此时单击鼠标右键，从弹出的快捷菜单中选择 新建幻灯片(N) 命令即可。

3. 复制和移动幻灯片

在最后的编辑过程中，如果想对幻灯片的排列次序进行更换，可以选择移动幻灯片，如果要制作一张与当前幻灯片相同的幻灯片，可以选择复制幻灯片。

（1）复制幻灯片。在幻灯片/大纲编辑窗格中，复制幻灯片的具体操作步骤如下：

1）在幻灯片/大纲编辑窗格中，选中一张或多张需要复制的幻灯片。

2）单击鼠标右键，从弹出的快捷菜单中选择 复制幻灯片(A) 命令，即可在当前选中的幻灯片之后复制该幻灯片，如图 6.3.17 所示。

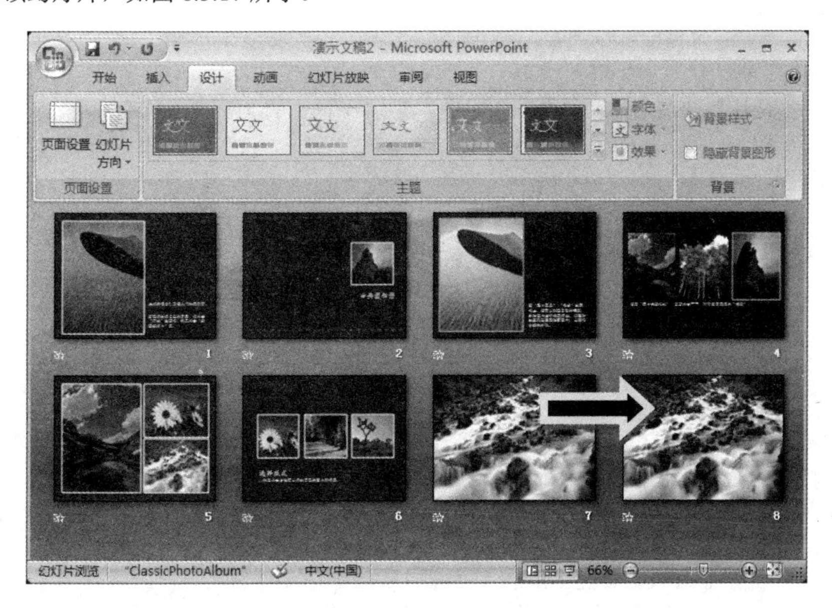

图 6.3.17　复制幻灯片

（2）移动幻灯片。在演示文稿中，若要移动幻灯片，可以使用鼠标拖动的方法，也可以使用菜单命令来操作。

1）鼠标拖动法：使用鼠标拖动法移动幻灯片，首先要在幻灯片/大纲编辑窗格中选择一个或多个需要移动的幻灯片，然后按住鼠标左键拖至合适的位置，释放鼠标即可。

2）菜单命令法：使用菜单命令法移动幻灯片的位置，同样需要在幻灯片/大纲编辑窗格中，选择一个或多个需要移动的幻灯片，单击鼠标右键，从弹出的快捷菜单中选择 剪切(T) 命令，将幻灯片复制到剪贴板中。将光标置于要放置幻灯片的位置，单击鼠标右键，从弹出的快捷菜单中选择 粘贴(P) 命令来粘贴幻灯片，即可完成幻灯片的移动。

4. 删除幻灯片

如果用户在编辑过程中，发现有些幻灯片不需要，这时可以删除幻灯片，其具体操作步骤如下：

（1）首先选择一张或多张幻灯片。用鼠标右键单击幻灯片缩略图，从弹出的快捷菜单中选择 删除幻灯片(D) 命令。

（2）这时可以发现选中的幻灯片被删除，PowerPoint 2007 将会重新对其余的幻灯片进行编号。

6.4 放映演示文稿

为了制作出一个精美的演示文稿，在演示文稿制作完成后，还必须对演示文稿的外观进行美化和编辑，也就是修改演示文稿的主题样式、背景样式等。

6.4.1 设置演示文稿的主题

主题是一组统一的设计元素，使用颜色、字体和图形设置文档的外观。通过应用主题样式可以快速而轻松地设置整个文档的格式，并赋予它专业和时尚的外观。

1. 应用文档主题

应用文档主题的具体操作步骤如下：

（1）打开“设计”选项卡，在“主题”组中单击用户想要的文档主题，或者单击“更多”按钮查看所有可用的文档主题，如图 6.4.1 所示。

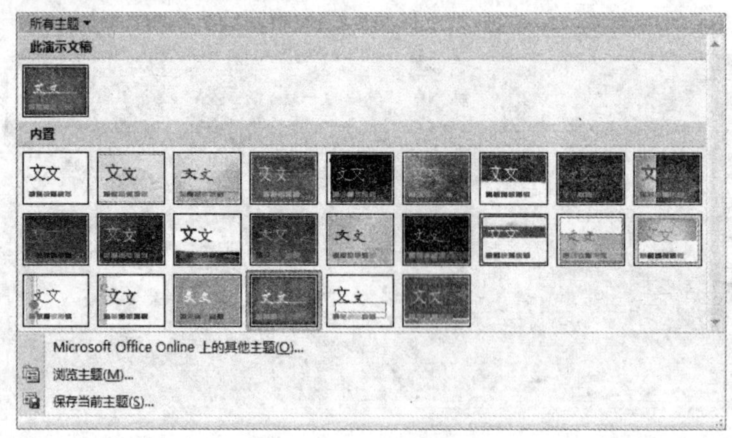

图 6.4.1 演示文稿的主题

（2）在“内置”选区中选择用户要使用的文档主题。

（3）如果用户要使用的文档主题未列出，单击 浏览主题(M)... 按钮，在弹出的 选择主题或主题文档 对话框中选择所需的主题样式。

2. 自定义文档主题

自定义文档主题可以从更改已使用的颜色、字体、线条和填充效果开始。对一个或多个主题组件所做的更改将立即影响活动文档中已经应用的样式。如果要将这些更改应用到新文档，用户可以将它们另存为自定义文档主题。

自定义主题颜色的具体操作步骤如下：

（1）打开“设计”选项卡，单击“主题”组中的 颜色 按钮，弹出“颜色”下拉列表，如图 6.4.2 所示。

（2）选择 新建主题颜色(C)... 命令，弹出 新建主题颜色 对话框，如图 6.4.3 所示。

（3）在“主题颜色”选区中单击要更改的主题颜色元素对应的按钮。

（4）如果要更改所有的主题颜色元素，可重复步骤（3）的操作。

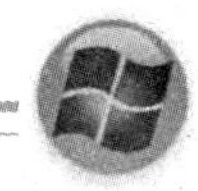

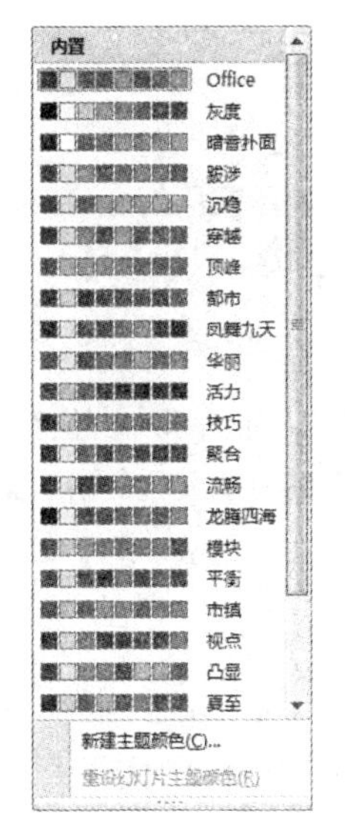

图 6.4.2　“颜色”下拉列表

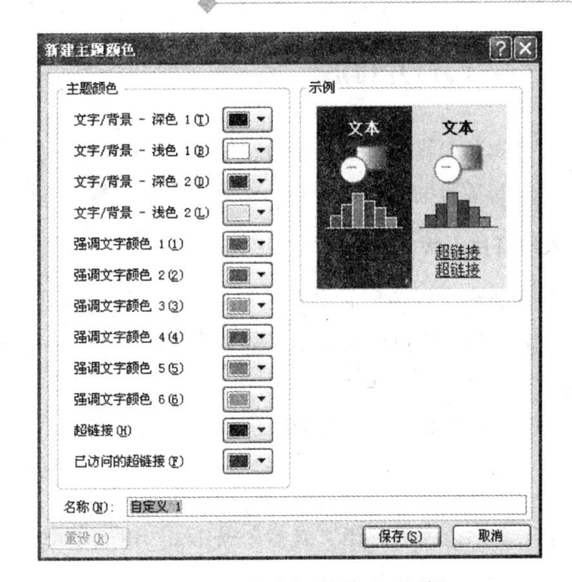

图 6.4.3　“新建主题颜色”对话框

（5）在“名称”文本框中为新的主题颜色输入一个适当的名称。

（6）单击 保存(S) 按钮，保存自定义的主题颜色。

6.4.2　设置幻灯片背景

要使幻灯片的效果更加精美，可以更改幻灯片、备注及讲义的背景颜色。PowerPoint 应用程序默认幻灯片背景为白色，可利用“背景”对话框设置背景颜色，其具体操作步骤如下：

（1）打开要设置背景的幻灯片。

（2）打开“设计”选项卡，单击“主题”组中的 背景样式 按钮，在弹出的如图 6.4.4 所示的“背景样式”下拉列表中选择幻灯片背景的样式。

（3）在该下拉列表中选择 设置背景格式(B)... 命令，弹出 设置背景格式 对话框，如图 6.4.5 所示。

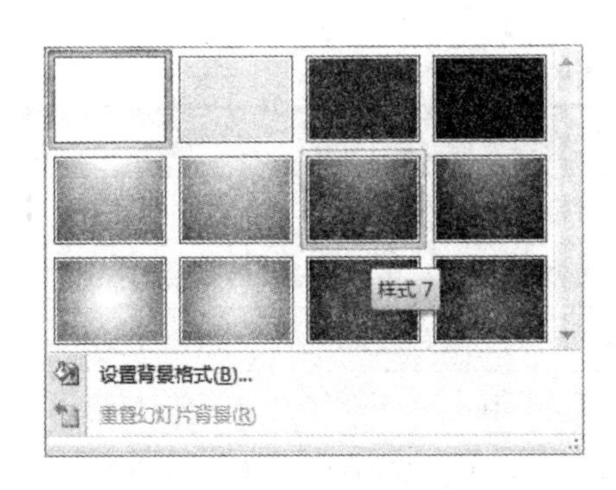

图 6.4.4　“背景样式”下拉列表

图 6.4.5　“设置背景格式”对话框

（4）在该对话框中设置幻灯片背景格式，单击 全部应用(L) 按钮，可将设置的背景格式应用于演示文稿的所有幻灯片中，设置完成后，单击 关闭 按钮关闭该对话框。

6.4.3 设置幻灯片母版

所谓幻灯片母版，就是一张特殊的幻灯片，在其中可以定义整个演示文稿幻灯片的格式，设置演示文稿的外观。母版分为 3 种，分别为幻灯片母版、讲义母版和备注母版。

1. 插入幻灯片母版

幻灯片母版是最常用的母版，其中存储了模板信息，这些模板信息包括字形、占位符大小和位置、背景设计和配色方案。它可以对演示文稿进行全面更改，并将其应用到演示文稿的所有幻灯片中。插入幻灯片母版的具体操作步骤如下：

（1）打开一个要插入幻灯片母版的演示文稿。

（2）打开视图选项卡，在“演示文稿视图”组中单击幻灯片母版按钮，打开“幻灯片母版”视图，如图 6.4.6 所示。

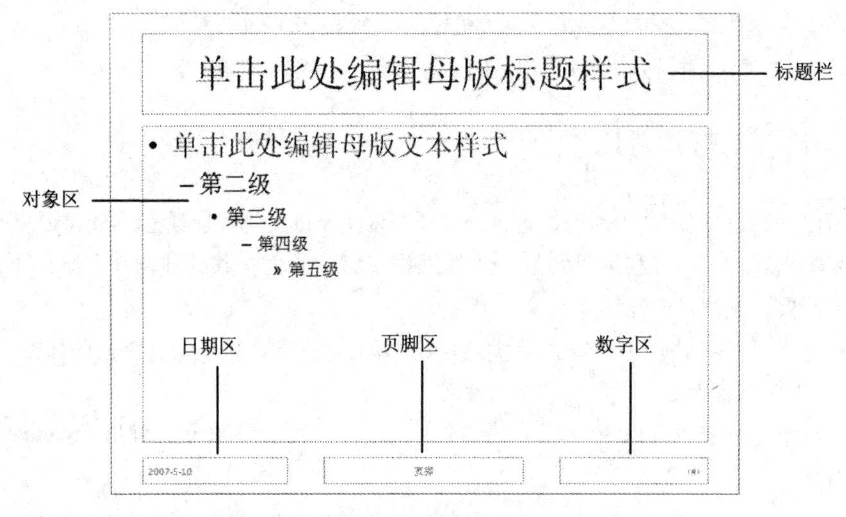

图 6.4.6　幻灯片母版

幻灯片母版中各部分的功能如表 6.1 所示。

表 6.1　幻灯片母版中各部分的功能

区　域	功　能
标题区	设置演示文稿中所有幻灯片标题文字的格式、位置和大小
对象区	设置幻灯片所有对象的文字格式、位置和大小，以及项目符号的风格
日期区	为演示文稿中的每一张幻灯片自动添加日期，并决定日期的位置、文字的大小和字体
页脚区	给演示文稿中的每一张幻灯片添加页脚，并决定页脚文字的位置、大小和字体
数字区	给演示文稿中的每一张幻灯片自动添加序号，并决定序号的位置、文字的大小和字体

（3）在插入幻灯片母版后，系统会自动打开幻灯片母版选项卡，如图 6.4.7 所示。

图 6.4.7　“幻灯片母版”选项卡

2. 编辑幻灯片母版

除了可在幻灯片母版视图中编辑文本的大小、字体，设置项目符号号外，还可利用“幻灯片母版视图”工具栏实现幻灯片母版的插入、重命名和删除等操作。

（1）插入新幻灯片母版：如果要插入一个新幻灯片母版，可在 幻灯片母版 选项卡中的“编辑母版”组中单击 插入幻灯片母版 按钮，这时自动插入一个新的幻灯片母版。

（2）插入版式：如果要在幻灯片母版中添加自定义版式，可在 幻灯片母版 选项卡中的“编辑母版”组中单击 插入版式 按钮，则自动插入幻灯片母版版式。

（3）重命名母版：如果要更改幻灯片母版的名称，可在 幻灯片母版 选项卡中的“编辑母版”组中单击 重命名 按钮，弹出 重命名母版 对话框，如图 6.4.8 所示。在该对话框中的“母版名称”文本框中输入要命名的名称，单击 重命名(R) 按钮即可。

图 6.4.8　“重命名母版”对话框

6.4.4　放映演示文稿

在计算机上播放的演示文稿称为电子演示文稿，它将幻灯片直接显示在计算机的屏幕上。与实际幻灯片相比，电子演示文稿的显著特点是可以在幻灯片之间增加换页效果，还可设置幻灯片放映时的动画效果。

6.4.5　幻灯片间的切换效果

增加切换效果的最好场所是幻灯片浏览视图，在幻灯片浏览视图中，可一次查看多个幻灯片，并且可以预览幻灯片的切换效果。要为幻灯片添加切换效果，可按以下操作步骤进行：

（1）在演示文稿窗口中打开 动画 选项卡，如图 6.4.9 所示。

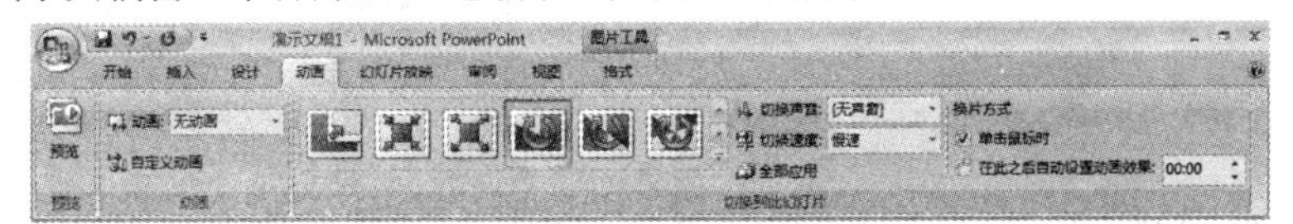

图 6.4.9　“动画”选项卡

（2）在该选项卡中的“切换到此幻灯片”组中单击按钮，弹出“切换效果”下拉列表，如图 6.4.10 所示，在该下拉列表中选择幻灯片的切换效果。

（3）在“切换声音”下拉列表[无声音]中为所选择的幻灯片设置切换时播放的声音；在“切换速度”下拉列表快速中为所选择的幻灯片设置切换时的速度。

（4）在“换片方式”选区中，指定 PowerPoint 2007 在幻灯片放映时切换到下一张幻灯片的方式。如果希望单击鼠标时或经过指定时间后都能出现下一张幻灯片，就要选中☑ 单击鼠标时和☑ 在此之后自动设置动画效果:两个复选框，并在☑ 在此之后自动设置动画效果:之后的微调框中输入所需的间隔时间值。

（5）单击全部应用按钮，可将切换效果的设置应用于演示文稿的所有幻灯片中。否则，将只应用于当前选择的幻灯片中。

给幻灯片添加了切换效果之后，即可观看幻灯片切换效果。如图 6.4.11 所示的为幻灯片放映过程中的切换效果。

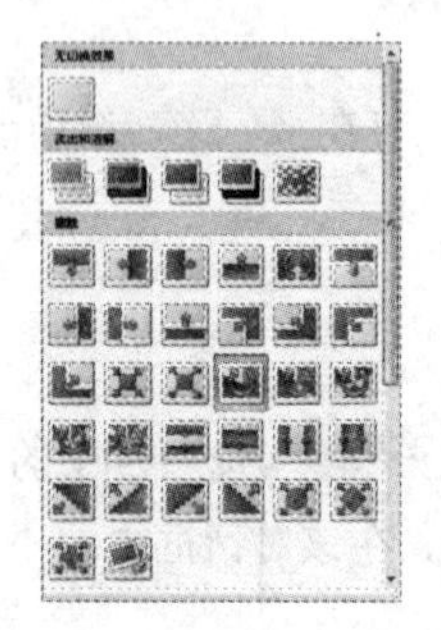

图 6.4.10　“切换效果”下拉列表

图 6.4.11　幻灯片切换效果

6.4.6　设置动画效果

切换效果应用于幻灯片之间，而动画效果则是应用于幻灯片。使用 PowerPoint 2007 自带的动画方案设置动画的操作步骤如下：

（1）在“大纲视图”或“幻灯片视图”模式下，选择要添加动画效果的幻灯片。

（2）打开动画选项卡，在“动画”组中的“动画”下拉列表无动画中选择需要的动画效果；单击自定义动画按钮，打开“自定义动画”任务窗格，如图 6.4.12 所示。

（3）在该任务窗格中单击添加效果按钮，在弹出的下拉列表中选择需要的动画效果，例如选择进入(E) → 其他效果(M)...命令，弹出添加进入效果对话框，如图 6.4.13 所示。

图 6.4.12　“自定义动画”任务窗格

图 6.4.13　“添加进入效果”对话框

（4）在该对话框中选择其他动画效果后，选中☑自动预览复选框，在幻灯片编辑区会立刻显示出该动画效果，也可以在选择了动画类型后单击▶ 播放按钮启动当前幻灯片中的动画，效果与系统自动播放一样。如图 6.4.14 所示即为设置动画效果后的播放效果。

图 6.4.14　动画效果

6.4.7　设置放映方式

在 PowerPoint 中，依据工作性质的不同，允许用户使用 3 种不同的方式放映幻灯片。要为演示文稿选择一种放映方式，可以按以下操作步骤进行：

（1）打开幻灯片放映选项卡，在“设置”组中单击设置幻灯片放映按钮，弹出设置放映方式对话框，如图 6.4.15 所示。

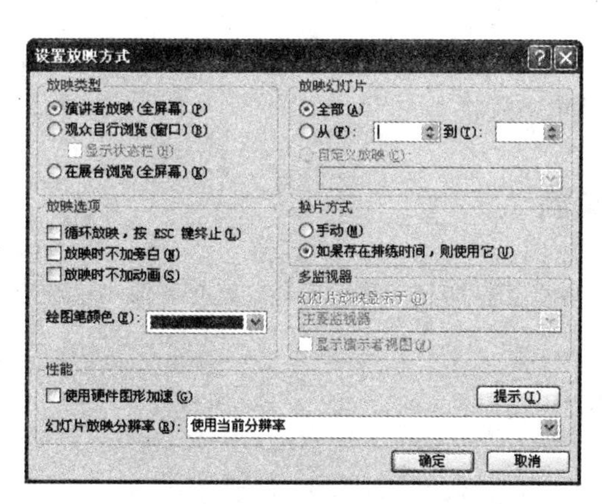

图 6.4.15　“设置放映方式”对话框

（2）在该对话框的“放映类型”选区中显示了放映幻灯片的 3 种不同方式。

1）⊙演讲者放映(全屏幕)(P)：这是一种最常用的放映方式，可以将演示文稿全屏幕显示。在这种放映方式下，既可以用人工方式放映，也可以用自动方式放映。

2）⊙观众自行浏览（窗口）(B)：这是一种小规模的放映方式。在这种放映方式下，演示文稿出现在小型窗口内，并提供了在放映时移动、编辑、复制和打印幻灯片的命令。在此方式中，可以使用滚动条从一张幻灯片移到另一张幻灯片，同时打开其他程序。

3）⊙在展台浏览（全屏幕）(K)：这是一种简单的放映方式。选择该方式，可以在无人管理的情况下自动运行演示文稿。在这种方式下除了可以使用超链接和动作按钮外，大多数控制按钮都为不可用状态（包括右键快捷菜单选项和放映导航工具）。

（3）在对话框的"放映选项"选区中，若选中☑循环放映，按 ESC 键终止(L)复选框，则在放映过程中，当最后一张幻灯片放映结束后，会自动转到第一张幻灯片进行播放；若选中☑放映时不加旁白(N)复选框，则在播放幻灯片的过程中不播放任何旁白；若选中☑放映时不加动画(S)复选框，则在播放幻灯片的过程中，原来设定的动画效果将不起作用。

（4）当所有设置完成之后，单击 确定 按钮即可将所有的设置应用到演示文稿中。

6.4.8 观看放映

放映演示文稿是 PowerPoint 幻灯片制作的一个重要环节，它将用户制作的内容串联在一起，形成最终的效果，全部表现出来。随着与演示文稿的电子使用方式有极大关联的投影设备的广泛使用，PowerPoint 强大的演示与展示功能将会被更多的人了解和使用。

在 PowerPoint 中打开演示文稿后，即可启动幻灯片放映，其操作方法有以下几种：

（1）单击 PowerPoint 窗口左下角的"幻灯片放映"按钮。

（2）在 幻灯片放映 选项卡中单击 从头开始 或 从当前幻灯片开始 按钮。

（3）按快捷键"F5"。

6.5 演示文稿的打印和打包

演示文稿制作完成后，不仅可以在屏幕上演示，还可以把它打印出来以便查阅，也可以将幻灯片制作成 35 mm 胶片，在放映机上放映。

6.5.1 打印演示文稿

演示文稿制作完成后，可将其打印出来作为备份，在打印演示文稿之前必须先进行页面设置，其具体操作步骤如下。

1．设置打印页面的格式

打开要进行页面设置的演示文稿，在 设计 选项卡中的"页面设置"组中单击 页面设置 按钮，弹出 页面设置 对话框，如图 6.5.1 所示。

（1）设置幻灯片的大小。在该对话框的"幻灯片大小"下拉列表中选择幻灯片的大小，包括"在屏幕上显示""投影机""横幅"等选项，也可以在"宽度"和"高度"微调框中根据需要自定义幻灯

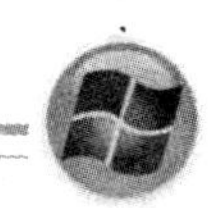

片的大小。

（2）设置幻灯片编号的起始值。用户可以在“幻灯片编号起始值”微调框中设置幻灯片编号的起始值，它决定了幻灯片的起始编号，该编号出现在幻灯片上和 PowerPoint 2007 窗口底部的幻灯片编号器上，幻灯片编号起始值可以是任意数值。

（3）设置幻灯片方向。在“页面设置”对话框右边的“方向”设置区域有两种幻灯片的方向设置，一种用于幻灯片；另一种用于备注、讲义和演示文稿大纲。用户可以根据需要分别设置它们的方向，默认情况下，幻灯片的方向为◎纵向(P)；备注、讲义和大纲的方向为◎横向(L)。

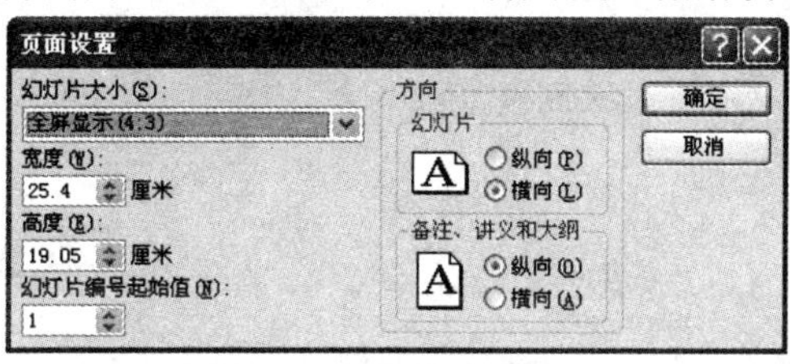

图 6.5.1　“页面设置”对话框

2. 打印预览

如果要预览打印效果，可单击“Office”按钮，在弹出的菜单中选择打印(P) → 打印预览(V) 命令即可，效果如图 6.5.2 所示。同时会打开打印预览选项卡，如图 6.5.3 所示。

图 6.5.2　打印预览效果

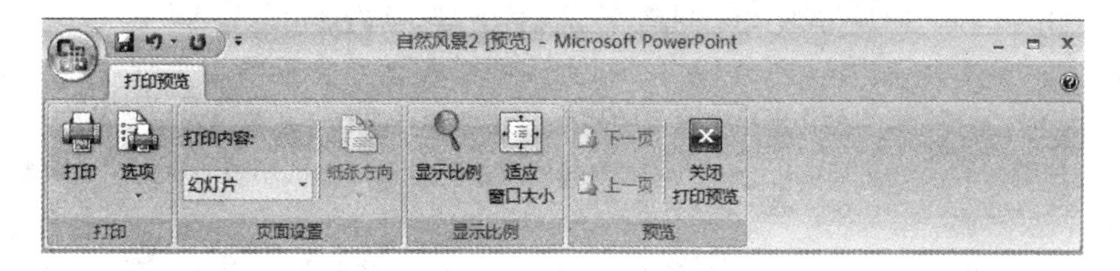

图 6.5.3　“打印预览”选项卡

（1）在该选项卡中的“打印”组中单击打印按钮，即可在弹出的对话框中对要打印的幻灯片进行打印设置。

（2）在该选项卡中“页面设置”组中的“打印内容”下拉列表幻灯片中可指定演示文稿中要打印的部分，可以打印幻灯片、讲义、演讲者备注，或者仅打印大纲。

（3）在该选项卡中的“显示比例”组中单击按钮，弹出显示比例对话框，如图6.5.4所示。在该对话框中可以设置幻灯片的显示比例。

（4）在该选项卡中的“预览”组中单击上一页按钮或下一页按钮，可以逐个预览演示文稿中所有幻灯片的打印效果。

（5）预览完成后单击按钮，关闭预览窗口。

3．打印演示文稿

对演示文稿进行页面设置以后，即可打印演示文稿。选中要打印的演示文稿，然后单击“Office”按钮，在弹出的菜单中选择打印→打印(P)命令，即可弹出打印对话框，如图6.5.5所示。

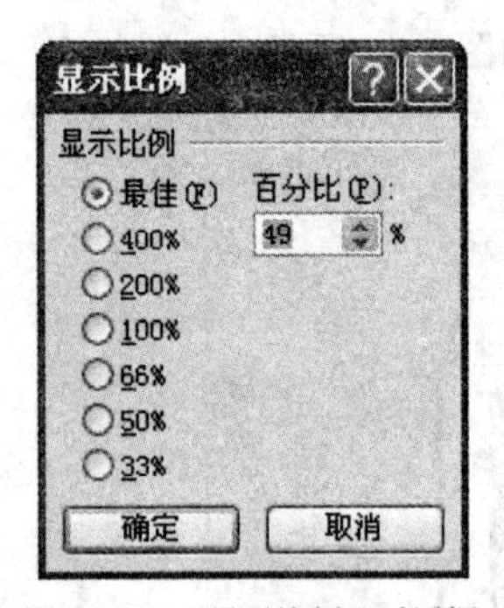

图6.5.4　“显示比例”对话框

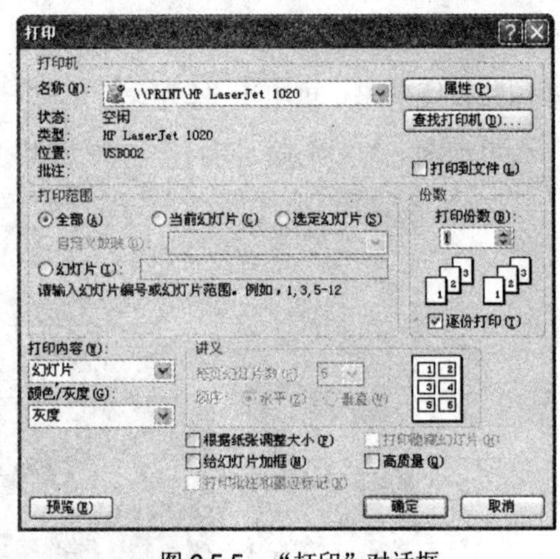

图6.5.5　“打印”对话框

在打印对话框中进行以下设置：

（1）在“名称”下拉列表中选择打印机名称。

（2）在“打印范围”设置区域设置幻灯片的打印范围。

1）选中全部(A)单选按钮可打印当前演示文稿中的全部幻灯片。

2）选中当前幻灯片(C)单选按钮可打印演示文稿中的当前幻灯片。

3）选中选定幻灯片(S)单选按钮可根据需要打印演示文稿的选定幻灯片；或者选中幻灯片(I):单选按钮，然后在其后的文本框中输入幻灯片编号或幻灯片范围的起始数值和终止数值。在输入幻灯片编号时，如果编号是连续的，则中间用连字符连接，否则用逗号隔开，如在幻灯片文本框中输入1，3，5-12。

（3）在“打印内容”下拉列表中设置打印内容，如选择“幻灯片”“讲义”等。

（4）在“颜色/灰度”下拉列表中设置打印颜色，该下拉列表包括了3个选项，分别为“颜色”“灰度”和“纯黑白”，用户可以根据需要设置不同的打印颜色。

（5）在“打印份数”微调框中输入要打印的份数，如果选中逐份打印(T)复选框，则幻灯片会

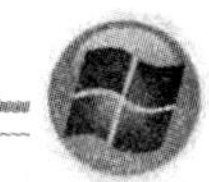

逐份打印出来。

6.5.2　打包演示文稿

当用户制作完演示文稿，要在其他的计算机上演示，而这台计算机又没有安装 PowerPoint 应用程序时，可以事先将演示文稿和 PowerPoint 播放器一起打包到文件夹或打包成 CD，拷贝到要进行演示的计算机上后，再将其解包、还原，并运行该演示文稿。

打包演示文稿的优点在于它可以压缩打包文件，方便用户以 CD 或文件夹的形式存放文件，而且不用考虑计算机上是否安装了 PowerPoint 软件，打包后的演示文稿可以在没有 PowerPoint 的 Windows 2000 或更高版本的计算机上播放。

打包演示文稿的具体操作步骤如下：

（1）打开要打包的演示文稿。

（2）单击“Office”按钮，在弹出的菜单中选择 发布(U) → CD 数据包(K) 将演示文稿和媒体链接复制到可以刻录到 CD 上的文件夹。命令，弹出 打包成 CD 对话框，如图 6.5.6 所示。

图 6.5.6　“打包成 CD”对话框

（3）在该对话框中的“将 CD 命名为”文本框中输入 CD 名称。

（4）如果用户还想添加其他文件，可单击 添加文件(A)... 按钮，弹出 添加文件 对话框，如图 6.5.7 所示。

（5）在该对话框中的“查找范围”下拉列表中选择要添加的幻灯片所在的位置，选中幻灯片后，单击 添加(A) 按钮，即可将文件添加到 打包成 CD 对话框中。

（6）如果想复制文件的设置，可单击 选项(O)... 按钮，弹出 选项 对话框，如图 6.5.8 所示。

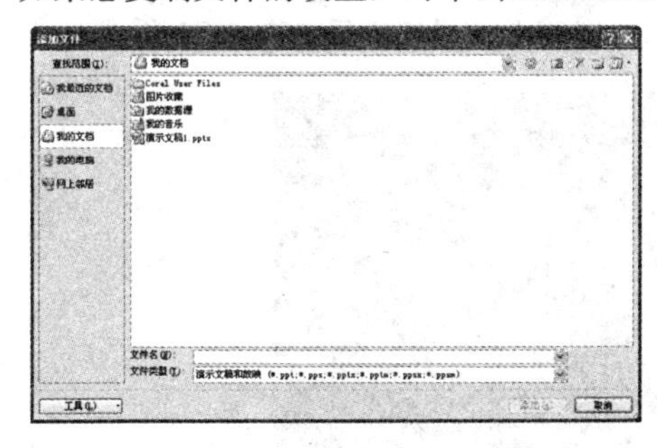

图 6.5.7　“添加文件”对话框

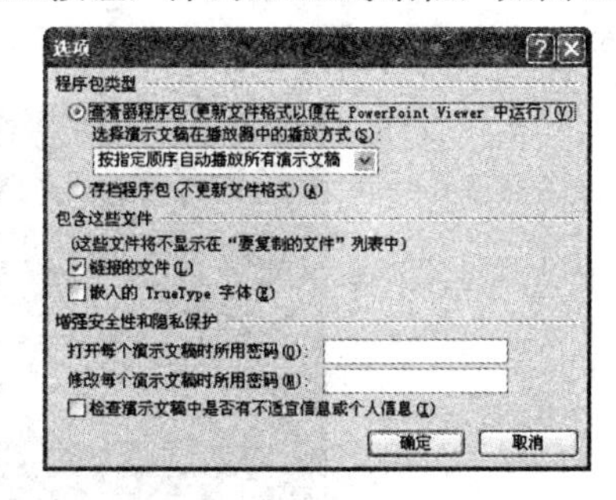

图 6.5.8　“选项”对话框

（7）在该对话框中选中 嵌入的 TrueType 字体(E) 复选框，可以确保打包的演示文稿在其他计算机上保持正确的字体。

（8）在“帮助保护 PowerPoint 文件”设置区域对打包文件进行保护设置。

（9）设置完毕后，单击 确定 按钮，关闭 选项 对话框，返回到 打包成 CD 对话框中。

（10）在打包成 CD对话框中单击复制到文件夹(F)...按钮，弹出复制到文件夹对话框，如图 6.5.9 所示。

（11）在该对话框中输入文件夹名称，单击浏览(B)...按钮，弹出选择位置对话框，如图 6.5.10 所示。

图 6.5.9 “复制到文件夹”对话框

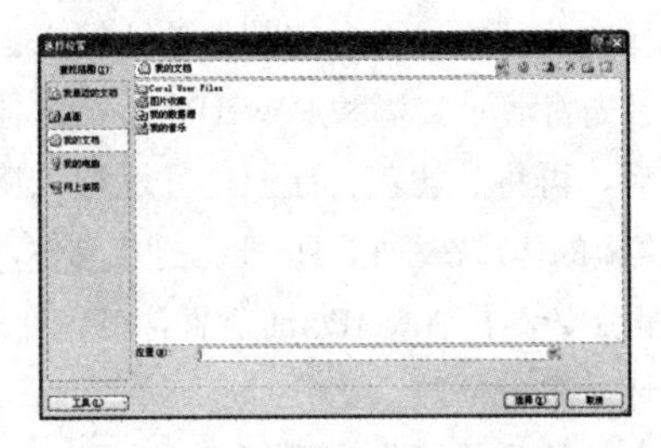

图 6.5.10 “选择位置”对话框

（12）在该对话框中选择要打包的路径，单击选择(E)按钮，返回复制到文件夹对话框中，单击确定按钮，返回到打包成 CD对话框中，然后单击关闭按钮即可。打开打包后的文件夹，所有打包后的文件如图 6.5.11 所示。双击打包文件中的“PPTVIEW.EXE”文件可以播放演示文稿。

图 6.5.11 打包的文件

6.6 典型实例——制作诗人简介

通过本章的学习，利用 PowerPoint 2007 制作作者简介，最终效果如图 6.6.1 所示。

图 6.6.1 最终效果图

（1）启动 PowerPoint 2007 应用程序。

（2）选择 → 新建(N) 命令，弹出“新建演示文稿”对话框。

（3）单击 已安装的主题 标签，打开主题列表，选择要应用的主题，例如“纸张”主题，如图 6.6.2 所示。

（4）单击 创建 按钮，即可创建一个具有该主题的幻灯片，如图 6.6.3 所示。

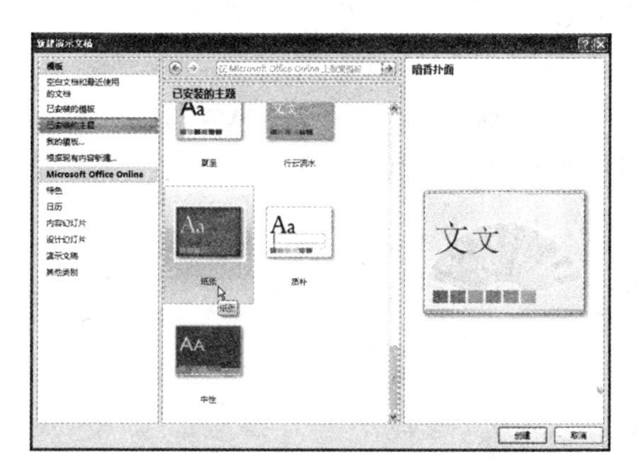

图 6.6.2　主题列表

图 6.6.3　创建的幻灯片

（5）在“单击此处添加标题”文本占位符中单击鼠标左键，然后输入文字“锦瑟和重过圣女祠”诗。；在“单击此处添加副标题”文本占位符中输入文字“李商隐”，并为其设置合适的字体和大小，如图 6.6.4 所示。

（6）按下“Ctrl+M”键，插入一张新的幻灯片，并输入文字。

（7）分别在两个文本框中输入文字，并为其设置合适的字体和大小，效果如图 6.6.5 所示。

图 6.6.4　输入文本

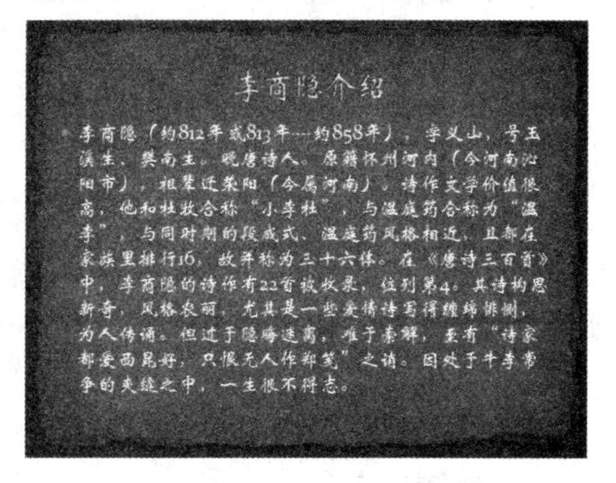

图 6.6.5　设置字体及大小

至此，幻灯片制作完成，最终效果如图 6.6.1 所示。

小　　结

本章主要讲述了制作与设置幻灯片、丰富幻灯片的内容、美化幻灯片以及幻灯片放映等内容，通过本章的学习，读者能够制作出具有专业水准的幻灯片，使幻灯片的放映更具有观赏性。

过关练习六

一、填空题

1．幻灯片的视图方式主要有__________、__________和__________。

2．创建新演示文稿的快捷键是__________。

3．在 PowerPoint 2007 中，用户可以按__________快捷键和__________快捷键关闭演示文稿。

4．在幻灯片放映方式中，选择_________选项可放映全屏显示的演示文稿。

二、选择题

1．按（　）组合键可以退出 PowerPoint 2007。

（A）Alt+F4　　　　（B）Ctrl+F4

（C）Ctrl+N　　　　（D）Ctrl+O

2．用户只有在（　）中才可以编辑或查看备注页文本及其他对象。

（A）幻灯片浏览视图　　　　（B）普通视图

（C）幻灯片放映视图　　　　（D）备注页视图

3．在磁盘上保存的演示文稿的文件扩展名是（　）。

（A）POT　　　　（B）PPTX

（C）DOT　　　　（D）PPA

4．不属于幻灯片视图的是（　）。

（A）幻灯片浏览视图　　　　（B）备注页视图

（C）大纲视图　　　　（D）页面视图

5．在幻灯片浏览视图中，可在选择了第一张幻灯片后，按住（　）键的同时，单击最后一张幻灯片以选择多张连续的幻灯片。

（A）Ctrl　　　　（B）Alt

（C）Tab　　　　（D）Shift

6．在幻灯片浏览视图中，可在选择了第一张幻灯片后，按住（　）键的同时，单击多张幻灯片以选择多张不连续的幻灯片。

（A）Ctrl　　　　（B）Alt

（C）Tab　　　　（D）Shift

三、简答题

1．在 PowerPoint 2007 中，如何创建和保存演示文稿？

2．如何在幻灯片中插入特殊符号、字符和项目符号？

3．放映幻灯片的操作方法都有哪些？

四、上机操作题

新建一张幻灯片，应用名为“古瓶荷花”的模板。并为该幻灯片的标题文本添加动画效果，设置动画效果为“强调”选项中的“彩色波纹”效果。

第 7 章　常用工具软件

Windows XP 虽然提供了一些常用的工具软件，如图片浏览软件、媒体播放软件等，但不一定能满足用户需求，用户可以选择一些更方便、更专业的应用软件进行使用。本章将会介绍这些常用工具软件的使用方法。

本章重点

（1）压缩软件 WinRAR。

（2）图像浏览软件。

（3）音频播放软件。

（4）视频播放软件。

（5）汉化翻译软件。

（6）瑞星杀毒软件 2008。

7.1　压缩软件 WinRAR

WinRAR 是 Windows 2000/XP 下使用最广泛的压缩软件，它把计算机中的文件数据转换成紧凑的格式保存起来，在需要时重新解压出来再编辑使用。WinRAR 的优点是功能强大、使用简单，压缩比高，速度快，支持 Zip 文件。文本文件压缩后可以节省很多空间，一般能减少 50%，而图像文件可以减少 10%左右。

7.1.1　WinRAR 功能简介

WinRAR v3.4 与以前版本的软件相比，具有以下特点。

1. 强大的压缩与解压缩功能

WinRAR 提供了对 RAR 和 ZIP 文件的完整支持，能解压 ARJ，CAB，LZH，ACE，TAR，GZ，UUE，BZ2，JAR，ISO 等格式的文件。

2. “最快” RAR 压缩方式比以前更快

“最快”（-m1）RAR 压缩方式可提供更高的压缩速度和压缩率。

3. 可以解压缩.Z 文件

WinRAR 可以解压缩由 UNIX “compress” 工具创建的压缩文件（.Z 文件），如 GZIP 和 BZIP2 压缩文件。WinRAR 还可以直接打开.tarZ、.taz 和.tar 文件，所以用户无须解压这类文件。

4. 可以解压缩 Zip 压缩文件

WinRAR 可以对使用“增强压缩”模式创建的 ZIP 压缩文件进行解压缩。

5．有效的防病毒保护功能

WinRAR 软件提供的防病毒保护功能，可以有效地防止解压有潜在危险的文件，如.exe，.scr 和.pif 等；选择病毒扫描软件可快速扫描压缩文件内的病毒。

7.1.2 WinRAR 的窗口

安装了 WinRAR 之后，选择 开始 → 所有程序(P) → WinRAR → WinRAR 命令，可打开 NHLjc - WinRAR 窗口，它由标题栏、菜单栏、工具栏、后退键、目录栏、列表栏、文件区和状态栏组成，如图 7.1.1 所示。

图 7.1.1 “WinRAR”窗口

7.1.3 压缩文件

使用 WinRAR 压缩文件与压缩文件夹的方法相同，下面以压缩文件夹为例进行介绍。其具体操作步骤如下：

（1）在 WinRAR 界面的文件列表中选择要压缩的文件夹。

（2）单击工具栏中的 按钮，弹出“压缩文件名和参数”对话框，如图 7.1.2 所示。

（3）在“压缩文件名”下拉列表框中输入压缩文件的名称，也可单击 浏览(B)... 按钮，在弹出的“查找压缩文件”对话框中选择要压缩的文件夹，如图 7.1.3 所示。

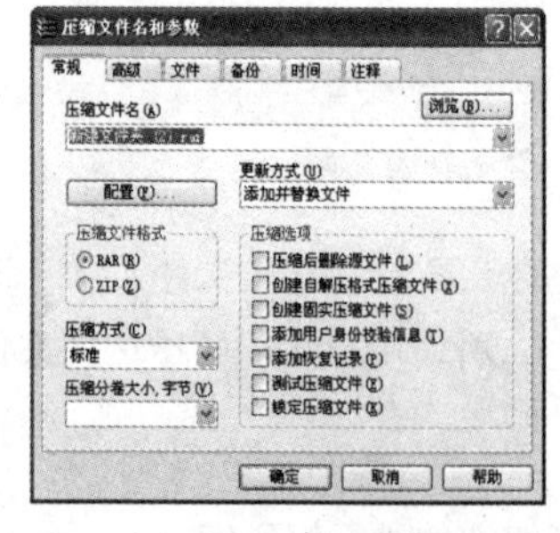

图 7.1.2 “压缩文件名和参数”对话框

图 7.1.3 “查找压缩文件”对话框

（4）在“压缩文件名和参数”对话框中的“更新方式”下拉列表中选择更新方式；在“压缩选项”选项组中选中☑添加恢复记录(P)和☑测试压缩文件(E)复选框；在“压缩文件格式”选项区中选中◉RAR(R)单选按钮；在“压缩方式”下拉列表中选择压缩文件的方式。

（5）设置完成后，单击 确定 按钮，打开压缩文件夹界面，在该界面中显示了文件夹压缩的进度，如图7.1.4所示。

（6）文件压缩完成后，将在WinRAR界面的文件列表中显示创建的压缩文件，如图7.1.5所示。

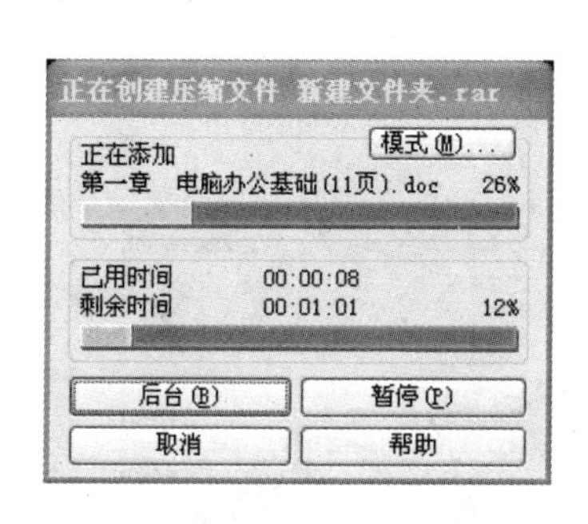

图7.1.4 压缩文件夹界面

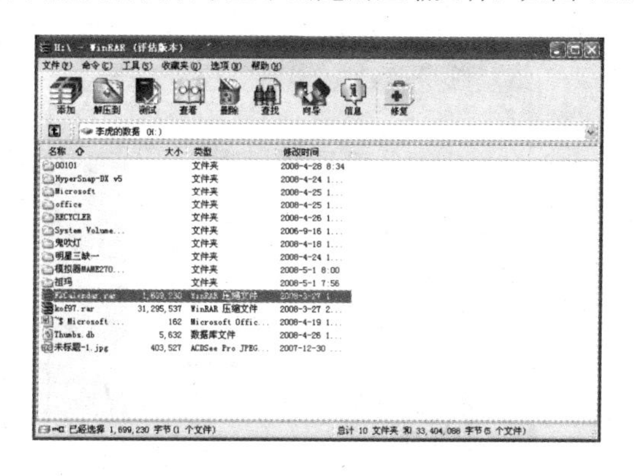

图7.1.5 创建的压缩文件

7.1.4 创建分卷压缩文件

当用户将压缩文件通过网络传递给其他用户时，如果压缩文件太大，有可能会受到限制，用户在创建压缩文件时，可以将其创建为几个小的分卷压缩文件，然后再逐一发送。使用WinRAR创建分卷压缩文件的具体操作步骤如下：

（1）在磁盘中找到要进行压缩的文件，并将其全部存放于某个文件夹中。

（2）用鼠标右键单击该文件夹，在弹出的快捷菜单中选择 添加到压缩文件(A)... 命令，弹出“压缩文件名和参数”对话框。

（3）在 压缩分卷大小，字节(V) 下拉列表框中输入分卷的大小（如4 300 000），表示大约以4.3 MB大小进行分卷压缩。

（4）设置完成后，单击 确定 按钮，即可开始压缩，并以4.3 MB大小生成文件，WinRAR自动以XX.part01，XX.part02，XX.part03……等为生成的压缩文件命名。

7.1.5 解压缩文件

根据需要，有时要对压缩文件进行解压缩，以查看其中的内容。解压缩文件有以下两种方法。

1. 快速解压缩

在要解压缩的文件上单击鼠标右键，从弹出的快捷菜单中选择 解压到当前文件夹(X) 命令，即可开始解压缩文件。解压缩完成后，将创建一个与压缩文件目录和文件名相同的文件夹来存放解压缩的文件。

2. 指定存放位置解压缩

指定存放位置解压缩文件的具体操作步骤如下：

（1）打开“WinRAR”窗口，在文件列表中选择要解压缩的文件。

（2）在工具栏中单击按钮，弹出“解压路径和选项”对话框，如图 7.1.6 所示。

（3）在该对话框中的“目标路径”下拉列表中选择存放解压文件的路径；在“更新方式”选区中选中解压并替换文件(R)单选按钮；在“覆盖方式”选区中选中跳过已经存在的文件(S)单选按钮；在“杂项”选区中选中在资源管理器中显示文件(X)复选框。

（4）设置完成后，单击确定按钮，开始解压缩文件，并弹出“解压缩进度条”对话框，如图 7.1.7 所示。

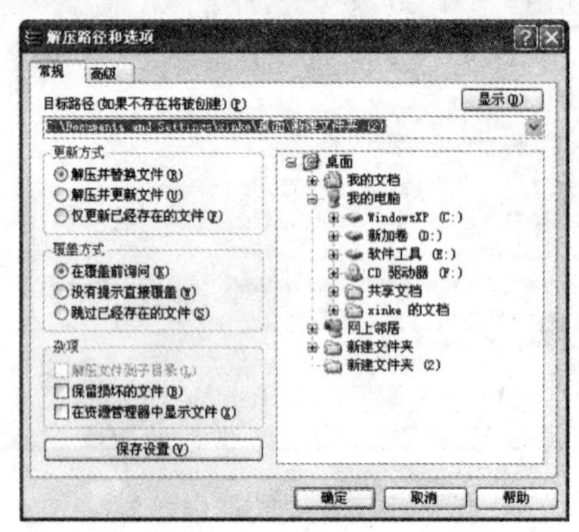

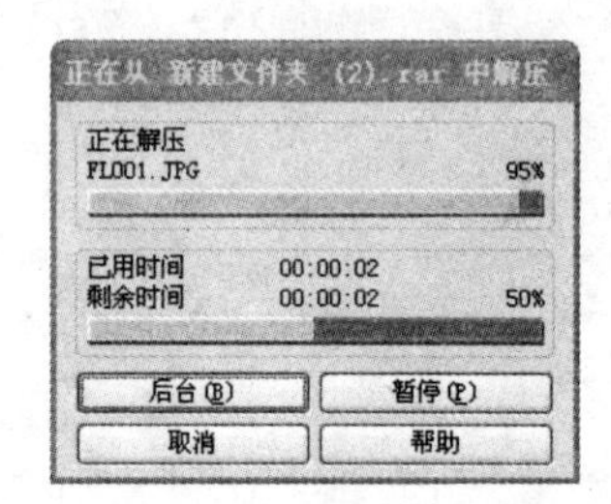

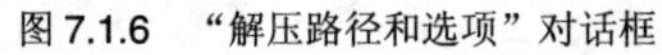

图 7.1.6　“解压路径和选项”对话框　　图 7.1.7　解压缩进度条对话框

（5）解压缩完成后，打开存放解压缩文件的文件夹，在该文件夹中即可看到解压缩的文件。

7.2　图像浏览软件

网络中存放着大量的图像资料，当用户将图片保存到计算机的硬盘之后，就可以浏览或使用这些资源。用户既可以使用 Windows XP 自带的图片浏览器浏览图片，也可以从网络上下载或购买专业的图片浏览软件浏览图片。ACDSee 就是一款集图片的快速浏览、分类、管理以及简单修正的专业图片管理软件，本节将作详细讲解。

7.2.1　ACDSee 10 功能简介

ACDSee 10 的新增功能主要表现在以下几方面。

1. 快速查看

通过虚拟日历查看图片，让图片填满屏幕并通过指尖轻点快速浏览。另外 ACDSee 的快速查看模式可以以最快的方式打开邮件附件或者桌面的文件。

新特性：将鼠标放在图片上可以进行快速预览。

2. 使用 ACDSee 管理文件

使用 ACDSee，创建最适合你的方式。管理你的 Windows 文件夹，增加关键字和等级，编辑元数据和创建你自己的分类。将图片按照你的喜好任意分类而无须复制文件。

新特性：使用多个关键字搜索使搜索图片更加容易，例如“黄浦江之夜”。

3. 保持图片的秩序性

当你的相机，iPod，照相手机或者其他设备与电脑连接时自动对新图片进行输入、重命名和分类。管理 CD，DVD 和外部驱动的图片而无须将其复制到你的电脑中，节省大量时间。

新特性：无须离开 ACDSee 即可迅速解压缩文件、查看和管理存档项目。

4. 修正和改善照片

点击按钮修正普通的问题——消除红眼、清除杂点和改变颜色。

新特性：通过 ACDSee 先进的工具可以消除红眼并使眼睛的颜色更加自然。

通过 ACDSee 阴影/高光工具可以修正相片过明或者过暗等细节问题。它可以快速修正照片的曝光不足，在指定的区域内而不影响其他区域，并且可以对照片所选范围实现模糊、饱和度和色彩效果的调整。

5. 浏览格式增加

支持大量的音频，视频和图片格式包括 BMP，GIF，IFF，JPG，PCX，PNG，PSD，RAS，RSB，SGI，TGA and TIFF。您可以通过完整列表查看所有支持的文件格式。

7.2.2　ACDSee 10 窗口界面

安装 ACDSee 10 之后，选择 开始 → 所有程序(P) → ACD Systems → ACDSee 10 命令，即可打开 ACDSee 10 工作窗口，如图 7.2.1 所示。

图 7.2.1　ACDSee 10 工作界面

ACDSee 10 的工作窗口与 Windows 其他应用软件的工作窗口基本相同，下面只介绍该软件工作窗口中新增部分的功能。

（1）文件夹列表：用户可在文件夹窗口中找到要打开的图片。

（2）图片浏览窗格：图片浏览窗格中显示用户当前打开的文件夹中的图片。

（3）预览窗格：当用户在图片浏览窗格中选择一幅图片后，将在预览窗格中显示该图片的缩略图。

7.2.3 ACDSee 浏览器

ACDSee 浏览器的操作非常方便，用户可在资源管理器窗口中用鼠标右键单击要浏览的图片，从弹出的快捷菜单中选择用 ACDSee 打开命令，即可打开 ACDSee 浏览该图片。

1. 转换文件格式

ACDSee 不仅可以识别多种格式的图片，还可以将一幅图片在不同的格式之间互相转换。下面将一幅 JPEG 格式的图片转换为 GIF 格式，操作步骤如下：

（1）在 ACDSee 主窗口中选择要转换的图片。

（2）选择 工具(T) → 转换文件格式(V)... Ctrl+F 命令，弹出“转换文件格式-选择一个格式”对话框，如图 7.2.2 所示。

（3）在“格式”选项卡中选择“GIF”选项，单击 下一步(N) > 按钮，弹出“转换文件格式-设置输出选项”对话框，如图 7.2.3 所示。

图 7.2.2 “转换文件格式-选择一个格式”对话框

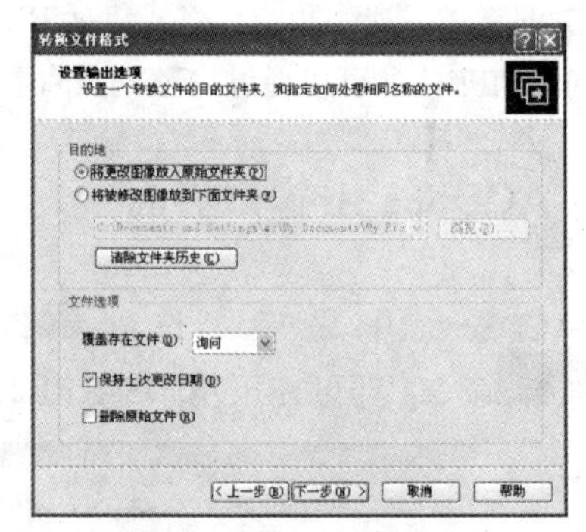

图 7.2.3 “转换文件格式-设置输出选项”对话框

（4）选中 将更改图像放入原始文件夹(P) 单选按钮，单击 下一步(N) > 按钮，弹出“转换文件格式-设置多页选项”对话框，如图 7.2.4 所示。

（5）保持默认设置，单击 开始转换... 按钮，系统开始转换选中的图像文件。转换完成后，单击 完成 按钮，即可看到转换后生成的文件，如图 7.2.5 所示。

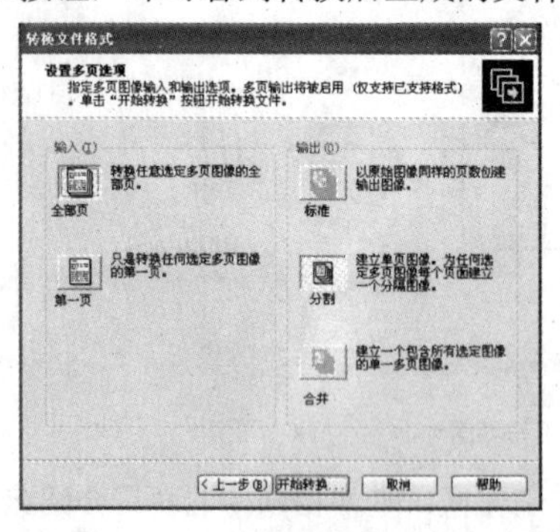

图 7.2.4 “转换文件格式-设置多页选项”对话框

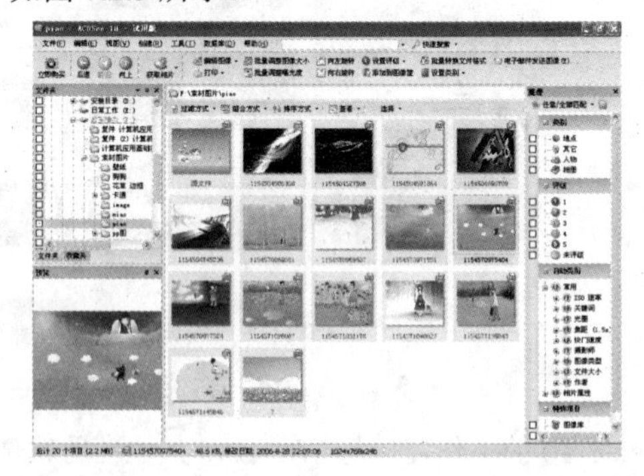

图 7.2.5 转换格式后的图片

2. 编辑图片

使用 ACDSee 可以进行一些常规的编辑操作，如缩放、剪切、旋转等，还可以对图片的清晰度、颜色及亮度等进行调整，具体操作步骤如下：

（1）在 ACDSee 主窗口中选择要编辑的图片。

（2）单击编辑图像按钮右侧的下拉按钮，在弹出的下拉菜单中选择编辑模式命令，即可打开图片编辑器，如图 7.2.6 所示。

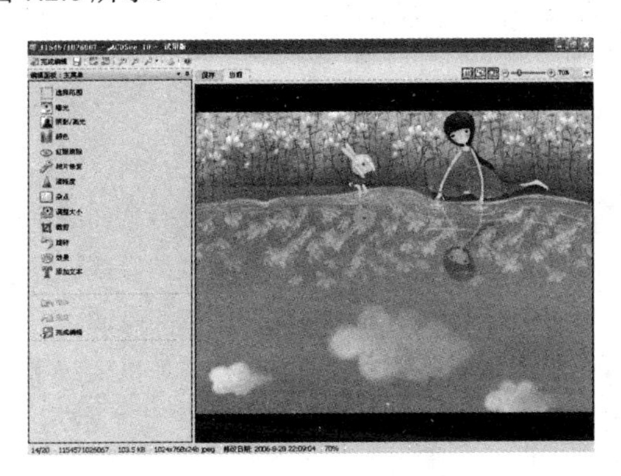

图 7.2.6　图片编辑器

（3）当用户单击不同的工具按钮，程序会弹出相应的编辑界面，其中给出了相关的参数设置和预览窗口，用户可通过设置合适的参数对图片进行编辑调整。

7.3　音频播放软件

目前，除了 Windows 提供的媒体播放器之外，还有很多专门用来播放各种媒体文件的软件，这些软件与 Windows 中内置的播放器相比，支持的音频格式更多，功能更强，播放效果更好。下面以千千静听为例，介绍使用音频播放器播放音频文件的方法。

7.3.1　千千静听功能简介

千千静听是一款相当精致的中文数字音频播放软件，采用高保真、高性能的 Direct Sound 音频回放技术，自主研发出全新的播放器核心，使其具有占用资源少、运行效率高、扩展能力强等优点。其功能主要包括以下几个方面：

（1）支持 MP3/MP3PRO，AAC/AAC+，M4A/MP4，WMA，APE，MPC，OGG，WAVE，CD，RM，TTA，AIFF，AU 等音频格式以及多种 MOD 和 MIDI 音乐，支持 CUE 音轨索引文件，支持 WAVE，MP3，APE，WMA 等格式的转换，通过基于 COM 接口的 Add In 插件可以支持更多格式的播放和转换。

（2）支持采样频率转换（SSRC）和多种比特输出方式，支持回放增益，支持 10 波段均衡器、多级杜比环绕、淡入淡出音效，兼容并可同时激活多个 Winamp2 的音效插件。

（3）支持 ID3v1/v2，WMA，RM，APE 和 Vorbis 标签，支持批量修改标签和以标签重命名文件。

（4）支持同步歌词滚动显示和拖动定位播放，并且支持在线歌词搜索和歌词编辑功能。

（5）支持多播放列表和音频文件搜索，支持多种视觉效果，采用 XML 格式的 ZIP 压缩皮肤，同时具有磁性窗口、半透明/淡入淡出窗口、窗口阴影、任务栏图标、自定义快捷键、信息滚动、菜单功能提示等功能。

（6）真正免费且无须注册，也不存在任何功能或时间限制。

7.3.2 千千静听窗口界面

选择“开始”→“所有程序(P)”→“TTPlayer”命令，即可启动千千静听，打开其工作窗口，如图7.3.1所示。由图可以看出，千千静听主要由上、下两个部分组成。上半部分是主窗口，下半部分是播放列表区。千千静听工作界面中各组成元素的功能如下：

(1) 声音调节杆：单击并拖动滑动条上的滑块可以调节音量大小。

(2) “上一首”按钮：单击该按钮可播放当前正在播放歌曲的上一首歌曲。

(3) “暂停”按钮：单击该按钮可暂停当前正在播放的歌曲。

(4) “停止”按钮：单击该按钮可停止当前正在播放的歌曲。

(5) “下一首”按钮：单击该按钮可播放当前正在播放歌曲的下一首歌曲。

(6) “播放文件”按钮：单击该按钮即可弹出“打开”对话框，用户可在该对话框中选择歌曲，并将其添加到当前播放列表中进行播放。

(7) “歌词秀”按钮 LRC：单击该按钮可打开“歌词秀”窗口，如图7.3.2所示，用户可通过该窗口查看当前正在播放的歌曲歌词。

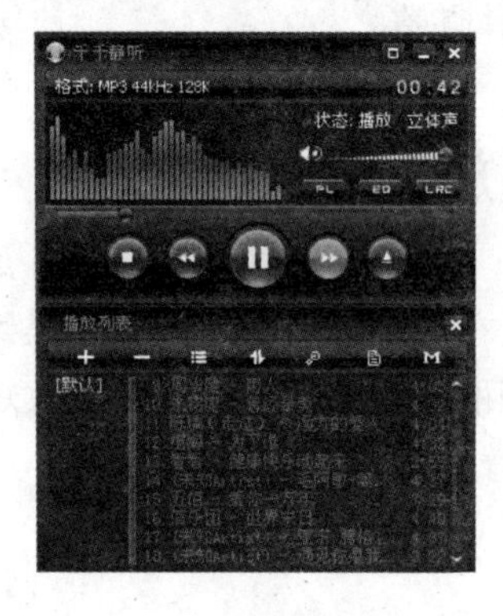

图7.3.1 千千静听工作窗口

图7.3.2 “歌词秀”窗口

(8) “均衡器”按钮 EQ：单击该按钮可打开“均衡器”窗口，如图7.3.3所示，用户可在均衡器中对千千静听播放时的音质及音调进行调节。

(9) “播放列表”按钮 PL：单击该按钮可隐藏或显示播放列表。

(10) ➕按钮：单击该按钮可弹出其下拉菜单，如图7.3.4所示，用户可在该菜单中选择合适的命令向当前播放列表中添加歌曲。

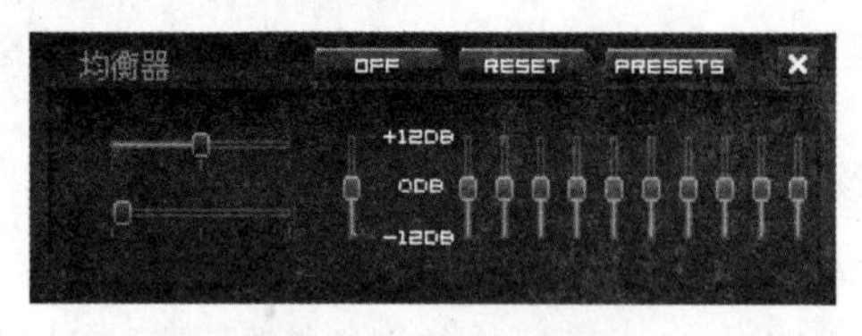

图7.3.3 “均衡器”窗口

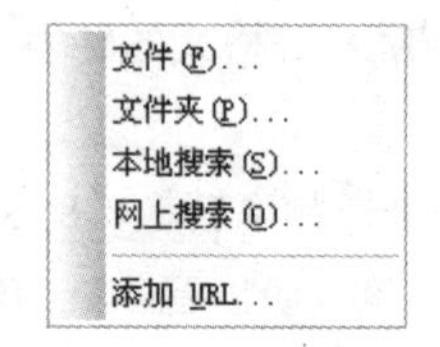

图7.3.4 “添加”下拉菜单

(11) —按钮：在播放列表中选取要删除的歌曲，单击该按钮即可删除。

(12) ☰按钮：单击该按钮可弹出其下拉菜单，如图7.3.5所示，用户可在该菜单中选择合适的命令进行创建列表、保存列表、删除列表等操作。

(13) ⇅按钮：单击该按钮可弹出其下拉菜单，如图7.3.6所示，用户可在该菜单中选择合适的

命令对播放列表中的歌曲进行排序。

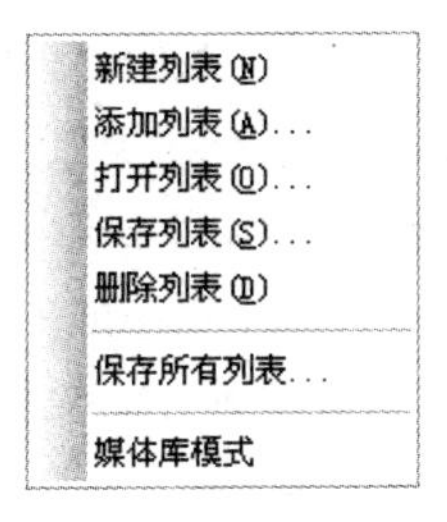

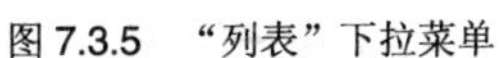
图 7.3.5　“列表”下拉菜单

图 7.3.6　“排序”下拉菜单

（14）按钮：单击该按钮可弹出其下拉菜单，用户可通过该菜单中的命令在播放列表中快速查找要播放的歌曲。

（15）按钮：单击该按钮可弹出其下拉菜单，如图 7.3.7 所示，用户可在该菜单中选择合适的命令对播放列表中的歌曲进行复制、剪切、移动等操作。

（16）按钮：单击该按钮可弹出其下拉菜单，如图 7.3.8 所示，用户可在该菜单中选择合适的命令设置歌曲的播放模式。

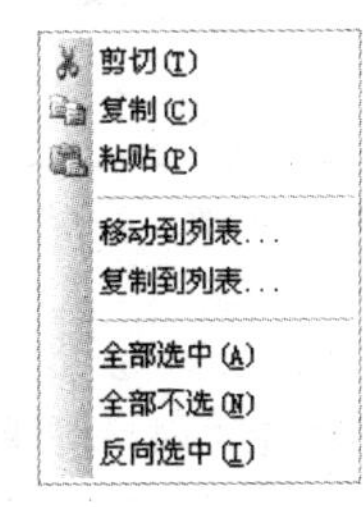

图 7.3.7　“编辑”下拉菜单

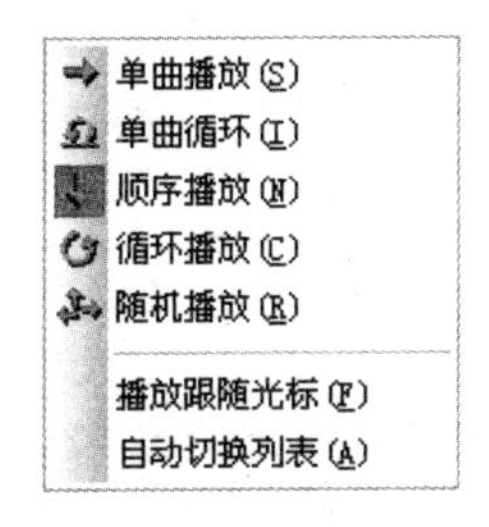

图 7.3.8　“模式”下拉菜单

7.3.3　基本操作

前两节介绍了千千静听工作窗口中各组成部分的名称及其功能，下面将介绍在使用千千静听的过中所涉及的基本操作。

1．播放音乐

千千静听最主要的功能是播放音乐，在播放列表中选择要播放的音频文件，单击“播放”按钮，即可播放选中的歌曲。在播放的过程中，用户可通过单击“上一首”按钮、“暂停”按钮、“停止”按钮、“下一首”按钮对播放过程进行控制。除此之外，用户还可根据自己的喜好调节均衡器，调节时只要单击均衡器窗口的 PRESETS 按钮，即可从弹出的下拉菜单中选择合适的均衡器效果，如图 7.3.9 所示。

2．编辑播放列表

千千静听的播放列表非常有特色，用户可通过单击播放列表窗口中的按钮来编辑播放列表，在编辑播放列表的过程中可以选择“文件”“文件夹”“本地搜索”“快速添加”选项。用户还可以将播放列表中重复的文件、不支持的文件删除；使用排序按钮，可以按标题、文件名、播放长度、音轨序号或是随机乱序播放的顺序进行排序。

3. 歌词秀

歌词秀是千千静听最大的特色，当用户开始播放音乐时，千千静听便会自动连网查找歌词并进行下载，在播放音乐的同时，歌词会随着歌曲的播放同步显示，实现了类似于卡拉 OK 的效果。

如果歌词不能和歌曲同步显示，用户可对歌词进行拖动定位，以实现歌曲与歌词的同步。如果某个歌曲的标签和格式信息不正确，有可能在网络上搜索不到歌词，用户可在播放列表中用鼠标右键单击该歌曲，在弹出的快捷菜单中选择 文件属性(I)... 命令，可在弹出的“文件属性”对话框中对歌曲的标签重新进行填写，如图 7.3.10 所示。

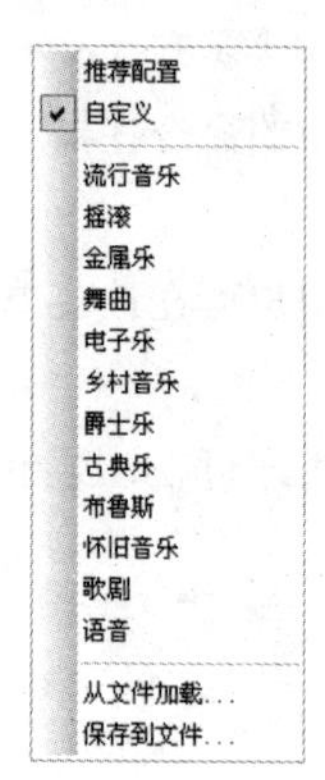

图 7.3.9 “均衡器”下拉菜单

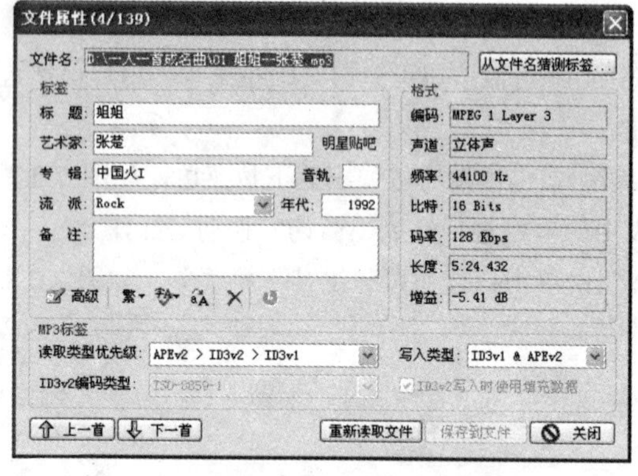

图 7.3.10 “文件属性”对话框

4. 格式转换

千千静听具有将 CD 格式转换为 MP3 或 WMA 格式的功能，用户可通过添加文件或目录将 CD 上的所有音频文件拖到播放列表里，在列表中选择要转换的文件，单击鼠标右键，从弹出的快捷菜单中选择 转换格式(C)... 命令，即可在弹出的“转换格式”对话框中的“编码格式”下拉列表框中选择合适的格式对选中的文件进行转换，如图 7.3.11 所示。

5. 更换皮肤

千千静听内置了多种不同的播放界面，即通常所说的皮肤，用户可根据个人的喜好选择需要的皮肤。用户只要在主窗口中单击鼠标右键，即可弹出其快捷菜单，如图 7.3.12 所示，用户可在该菜单中的 皮肤 命令子菜单中选择合适的选项。

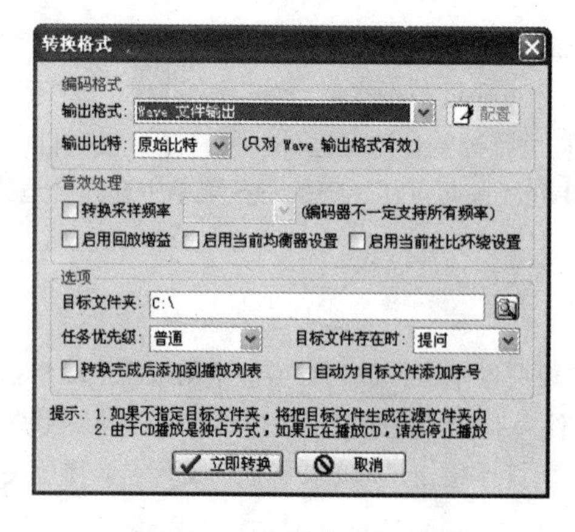

图 7.3.11 “转换格式”对话框

图 7.3.12 窗口快捷菜单

7.4　视频播放软件

豪杰超级解霸 10 Beta 版是豪杰公司聚焦于 IPTV 领域后再次全新推出的网络多媒体互动娱乐服务系统。它集以往各版本之长，凭借独创的网络即时下载播放技术，支持多种常用 BT 种子文件播放；通过对播放界面、音视频播放器合并，使超级解霸从此以一个整体形象出现于用户面前，结合资源平台搜索服务，整合本地播放、互动网络直播等多项服务，为用户提供全方位的互动娱乐服务。

7.4.1　豪杰超级解霸功能简介

（1）首创 BT 即时下载播放技术内建 P2P 传送技术，多点数据互传，最大限度利用带宽资源；多种常用视音频 BT 种子文件可边下边看，无须等待文件下载完毕；支持播放条的实时拖动，支持网络数据流控制。

（2）播放器合二为一，播放窗口与控制面板自由分离，音视频播放器合并为一体，分离时代从此结束；播放窗口与控制面板采用趣味性设计，可手动拆分和组合；全新操作界面，更时尚更方便。

（3）强大的在线支持与统计功能，播放列表窗口可自由缩放，网络列表文件实时显示；支持在线统计功能，实时了解在线用户使用情况。

（4）简化操作，满足不同用户的需求，更换安装界面，简化安装流程；播放菜单重新整合，满足不同级别用户的需求。

（5）实用的媒体工具：多种视音盘片内容抓取工具，帮助用户建立个人的数字媒体库。影音分离工具轻松提取影视主题曲，制作卡拉 OK 的 CD 或 MP3。

（6）经典的视频音频播放：强力支持多种文件格式和光盘模式，功能更强大，播放更稳定。配套完整的均衡/环绕/多声道音箱软连接方案，搭建完美的音响环境。别致的多语言字幕同屏显示能力，娱乐休闲、外语学习两不误！独特背景视频播放方式，天天工作变轻松！

（7）Web 2.0 互动娱乐新门户：丰富的平台内容资源和用户上传资源为解霸用户提供实时在线支持，以内容为主体，通过核心用户驱动线上互动娱乐环节的视频娱乐平台，以用户为中心，原创内容为基础，倡导用户主动展现自我角色扮演机制，加强用户的交互行为，培养粘性用户明星机制，打造草根娱乐明星，凝聚夸客用户群独特的明星经纪体系，创造草根娱乐明星发展新思路，共享明星商业价值。

（8）全面支持豪杰自有高质量音视频格式：DAC 和 DVS，全新 DAC 音频技术：采用自然声学模型，85%～99%的 CD 无损质量；8k～1MHz 的采样率以及 16～32 位编码方式，满足多种品质要求；32 个通道(包括 5.1 和 8.1)，每通道独立编码，无干扰、串扰问题；压缩解压 CPU 占用率低，系统资源消耗小，全新 DVS 视频技术：采用可变帧率技术，解决网速不稳定带来的视频不同步问题，高压缩率，512×384 像素的图像只使用 200～300 多 KB 的带宽即可流畅播放；支持动态图像大小的变动，支持动态图像清晰度的变动。

（9）支持播放的格式。

1）视频类:VOB / VBS / DAT / ASF / AVI / WMV / QT / MOV / RM / RMVB / RMM 等。

2）音频类:CDA / MP 3 / MIDI / RA / WAV / WMA / AU 等。

3）MPEG 系统视频音频文件:DIVX / M1V / M2V / MIV / MPV / MPEG / MP1 / MP2 等。

4）其他文件类型:SWF / SMIL / SMI / RT 等。

7.4.2 豪杰视频解霸

豪杰视频解霸是豪杰超级解霸的重要组成部分，选择 开始 → 所有程序(P) → 超级解霸10 → 超级解霸10 Beta 命令，即可启动豪杰视频解霸，打开其工作窗口，如图 7.4.1 所示。由图可以看出，豪杰视频解霸由两大部分组成，分别是主控界面和视频播放窗口。

图 7.4.1 豪杰视频解霸

主控界面：主控界面中间的按钮从左至右依次是：打开文件、播放 VCD/DVD、抓图、连续抓图、静音、循环、选择开始点、保存 MPG、全屏、使模糊变清晰。

主控界面下方的按钮从左至右依次是：播放/暂停、关闭一切、上一段、后退、前进、下一段和高级，使用这些按钮可以控制视频文件的播放。

主控界面右上角的按钮从左至右依次是：最小化、换肤和关闭。使用这些按钮可以控制主界面的大小，更换主控界面的皮肤，如图 7.4.2 所示即为单击“换肤”按钮后为主控界面更换的皮肤。

主控界面右侧从左至右依次是亮度调节和色彩调节（黄蓝、红绿）按钮。使用这些按钮可以调节视频文件的亮度和色彩。

图 7.4.2 更换主控界面的皮肤

7.5 汉化翻译软件

在浏览网页或阅读英语资料时，经常会碰到不认识的单词，此时，用户就可以使用金山词霸查阅该单词的汉语意思，以方便阅读。

金山词霸 2008 和以前版本的软件相比，具有以下几方面的新增功能：

（1）日语查词。金山词霸 2008 除了传统的中/英文翻译外，全新拓展了日语翻译，可实现准确高效的中/日文互译。

（2）在线升级。金山词霸 2008 新增了在线升级功能，只要用户在线，无须做任何操作，当有最新的功能发布时，金山词霸可将此更新自动下载安装，让用户使用的金山词霸版本不断更新，保证用

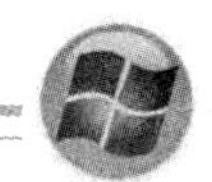

户在任何时刻都可以得到最好的服务。

（3）多语言界面。金山词霸 2008 具有简体中文、英文、繁体中文、日文 4 种语言的安装和显示界面，用户可以方便地切换使用。

（4）屏幕取词。金山词霸的屏幕取词功能可以翻译屏幕上任意位置的中文、英文、日文单词或词组。金山词霸 2008 全面支持简体中文、英文、日文 Windows 98/2000/XP，支持 MSN 7.0 和 RichEdit 界面取词，支持 Internet Explorer 5.0 及以上版本，Acrobat 6.0 以下版本（PDF 文档格式）取词。将鼠标指针移至要查询的中、英、日文单词上，其释义将即时显示在屏幕上的浮动窗口中，用户可通过热键随时暂停或恢复屏幕取词功能，安装金山词霸 2008 后默认为取词开启状态。

（5）词典查询。采用第三代 Smart 查词引擎，更加智能化。新增模糊听音查词，即根据相似发音或汉语拼音就可搜索到查询的单词；也能通过模糊的记忆查到单词，全面支持“*”“?”等通配符查词，若输入的单词不正确，词霸会提供拼写建议，列出不同词典中与输入词最相近的一些词，并提供链接，支持全面互联网搜索。

（6）用户词典。在用户词典中，用户可以自行添加金山词霸词库中没有收录的中/英文单词；添加并保存用户词典后，金山词霸将可以解释被添加的词，词意将在屏幕取词的浮动窗口中显示出来。用户也可通过设置禁用用户词典。

（7）词霸朗读。金山词霸 2008 支持中/英文单词及短语真人发音，并且使用了新的 TTS（Text to Speech）语音引擎，发音更标准。

（8）全文检索。在浩如烟海的词库中可以飞速查找要检索的单词及例句等所有相关内容，能够组合输入多个单词进行检索，支持《美国传统词典》的全文检索。

（9）更加人性化的界面。多种风格的界面可供用户选择，所有界面的色彩、功能板块位置等都按照人体工学严格设计，使用户工作得更加舒适。

7.6　瑞星杀毒软件 2008

7.6.1　扫描和查杀病毒

在使用计算机的过程中，即使是再好的防范措施仍然存在感染病毒的可能，因此需要经常对计算机进行病毒的扫描。当发现病毒时，需要对其进行清除。

下面使用瑞星杀毒软件 2008 进行扫描和查杀病毒，其具体操作如下：

（1）安装杀毒软件后，在桌面上双击该软件的快捷图标，启动瑞星杀毒软件 2008。

（2）在打开的瑞星杀毒软件界面中的“查杀目标”窗格中选中要查杀的目标选项前的复选框，然后单击开始查杀按钮，如图 7.6.1 所示。

（3）发现病毒后将打开“发现病毒”对话框，其中显示了感染病毒的文件的名称和病毒的名称，单击“清除病毒”按钮，如图 7.6.2 所示。

（4）杀毒软件对感染病毒的文件进行病毒的清除，并在瑞星杀毒的界面中显示感染病毒文件的相关信息。

（5）杀毒完成后，打开“杀毒结束”对话框，提示扫描病毒的结果，单击“清除病毒”按钮，返回到“瑞星杀毒软件”窗口中，单击标题栏右侧的 × 按钮，退出杀毒软件。

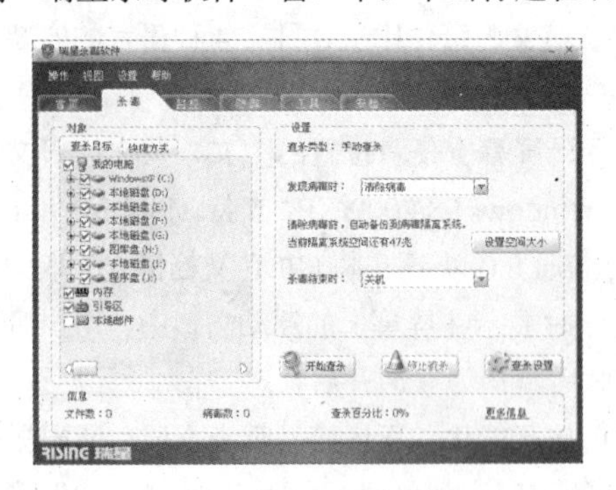
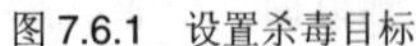

图 7.6.1　设置杀毒目标

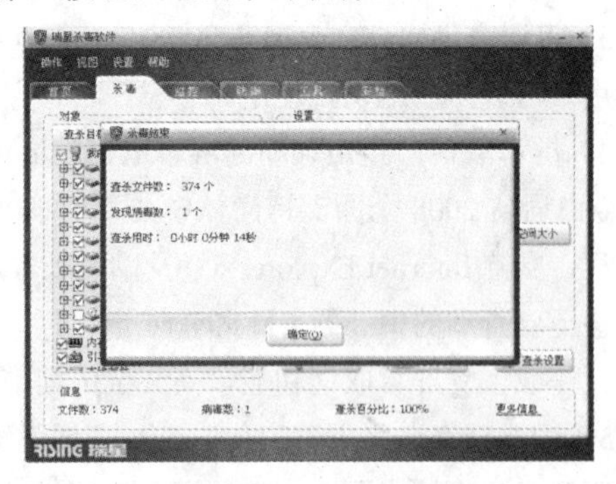

图 7.6.2　查找并清除病毒

提示 用户还可对瑞星杀毒软件进行设置和手动升级。只有在计算机连入 Internet 的时候，在打开的瑞星杀毒软件界面的右侧窗格中才能显示网页信息，并进行软件的升级。

7.6.2　使用防火墙

目前很多杀毒软件都有配套的防火墙，有的是杀毒软件自带的，有的则需要自行安装，如瑞星个人防火墙。

防火墙主要通过将可信任的访问网络的行为添加到访问规则中来控制计算机的上网安全，同时还能对木马病毒进行监控和查杀。同杀毒软件一样，瑞星个人防火墙也可以设置安全防护级别，其具体操作如下：

（1）选择 开始 → 所有程序(P) → 瑞星个人防火墙 → 瑞星个人防火墙 命令，系统运行“瑞星个人防火墙”，并在任务栏通知区域中出现图标。

（2）用鼠标右键单击图标，在弹出的快捷菜单中选择“启动主程序”命令，如图 7.6.3 所示。

（3）打开瑞星个人防火墙界面，拖动程序界面右下侧的安全级别滑块，这里拖动到中间位置，即将安全级别设置为中级，如图 7.6.4 所示，设置的内容会自动生效。

将防火墙的安全级别设置为高安全级别后将关闭网络共享资源和不常用的端口，可根据需求手动开放网络。在瑞星个人防火墙主程序界面的菜单栏中选择 操作(O) → 扫描木马病毒 命令，系统将对木马病毒进行扫描，完成后将在通知区域附近打开对话框显示扫描的结果。

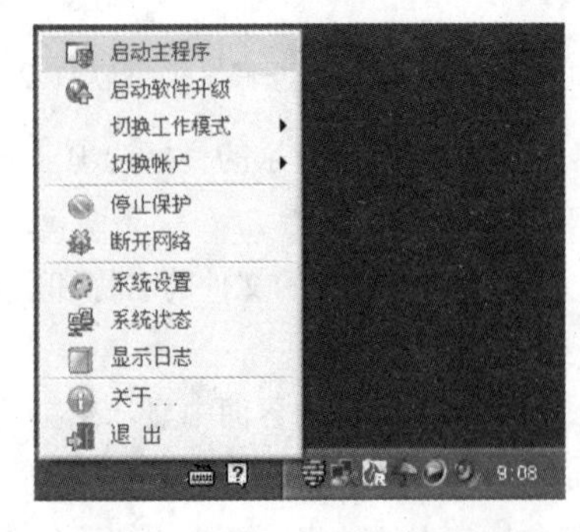

图 7.6.3　选择“启动主程序”命令

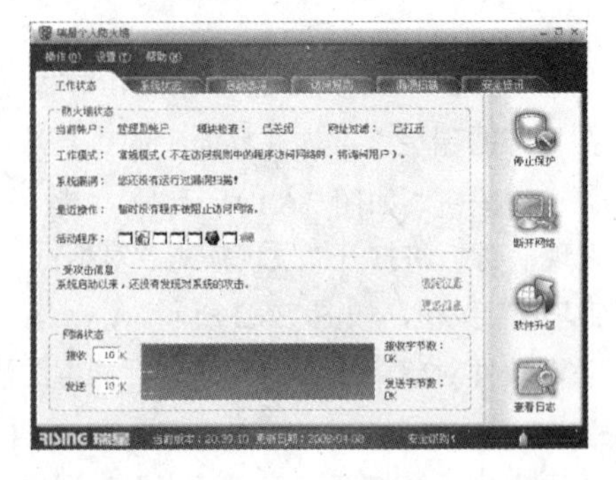

图 7.6.4　设置防火墙的安全级别

小　　结

本章主要介绍了 WinRAR、ACDSee、千千静听、豪杰超级解霸、金山词霸和瑞星杀毒软件的使用方法。通过本章的学习，读者应该熟练掌握这 6 种软件的基本操作，并将其应用到日常办公中。

过关练习七

一、填空题

1. 使用________软件可以转换图片的格式。
2. 豪杰超级解霸包括________和________两大功能组件。
3. ________可以将 CD 格式转换为 MP3 或 WMA 格式的软件。

二、选择题

1. 以下选项中，属于压缩软件的是（　）。

（A）WinRAR　　（B）WinZip

（C）WinAce　　（D）HyperSnap

2. 下列选项中，不可以使用 ACDSee 10 进行浏览的文件格式是（　）。

（A）JPEG　　（B）GIF

（C）BMP　　（D）EXE

三、简答题

1. 解压缩文件都有哪些方法？
2. 如何使用 ACDSee 10 转换文件格式？
3. 千千静听主要支持哪些功能？

四、上机操作题

1. 使用 WinRAR 创建压缩文件，并将其解压缩在另一个文件夹中。
2. 使用 ACDSee 10 浏览图片，并转换图片的格式。
3. 使用瑞星杀毒软件对自己的电脑进行全盘杀毒。

第 8 章　计算机网络和 Internet 基础操作

Internet 也称因特网，是目前最有影响力的互联网，它已经逐步地走进了人们的生活和工作中。用户可以通过它来查询信息、发送电子邮件，或进行网上购物、网上娱乐等。本章主要讲解 Internet 的基础知识及使用方法。

本章重点

（1）计算机网络和 Internet 的基本知识。

（2）使用 IE 浏览网页。

（3）信息的搜索与下载。

（4）电子邮件的发送和接收。

（5）下载软件迅雷 Thunder。

（6）典型实例——搜索主页。

8.1　计算机网络和 Internet 的基本知识

近年来，随着计算机网络技术的发展，Internet 的应用已经风靡全球，它是一个相当复杂的巨型广域网，是由世界范围内的成千上万台计算机组成的一个巨大的全球信息网络。

8.1.1　计算机网络的概念、分类及功能

计算机网络是一种实现计算机资源共享的系统，它在网络协议的控制下，将分布在不同地理位置上的具有独立功能的多台计算机终端及附属设备，通过通信设备和线路连接起来，从而实现不同计算机之间信息的交流与共享。

1．计算机网络的分类

计算机网络的分类标准不同，常用的分类方式有以下 3 种：

（1）按网络分布范围划分。

按网络的分布范围可将网络划分为局域网、城域网和广域网。

1）局域网。局域网是将近距离的计算机连接起来而形成的网络，它可以包含一个或多个子网，其规模比较小，一般在几千米的范围之内，由一个单位进行管理。

2）城域网。城域网是介于局域网和广域网之间的网络，范围在几十千米到上百千米，主要连接一个地区、一个城市的计算机。

3）广域网。广域网是在较大的地理范围内，将不同单位、不同城市甚至不同国家的计算机连接起来而形成的网络。Internet 是当今世界上最大的广域网。

（2）按网络应用范围划分。

按网络的应用范围可将网络划分为公用网和专用网。

1）公用网。公用网一般是由国家有关部门统一组建和管理的，是任何人都可以使用的通信网络，它能连接众多的计算机和终端。

2）专用网。专用网是由某个部门或单位自行组建的专门为自身业务服务的网络，仅供本部门或本单位使用，一般不允许其他部门或单位使用。

（3）按网络拓扑结构划分。

拓扑结构是网络的物理连接形式。按网络的拓扑结构可将网络划分为树型网、环型网、星型网和总线型网。

2．计算机网络的功能

计算机网络通常有以下 5 种功能：交换信息、资源共享、分布式处理、负载均衡、提高可靠性。

8.1.2　Internet 的概念和基本服务

1．Internet 的概念

Internet 是网际互连的意思，也称为“因特网”，它是由多个网络相互连接而成的网络。Internet 中的每个网络都是通过通信线路与 Internet 连接在一起，通信线路可以是电话线、数据专线、微波、通信卫星等。

Internet 采用 TCP/IP 协议进行数据传输。TCP/IP 协议由传输控制协议（TCP）和网际协议（IP）组成。传输控制协议的作用是表达信息，并确保该信息能够被另一台计算机所理解，网际协议的作用是将信息从一台计算机传送到另一台计算机。

2．Internet 的基本服务

通过因特网，用户可以与世界各地的计算机进行信息交流和资源共享。Internet 上的信息资源非常丰富，信息服务的种类也是多种多样，主要有万维网服务（WWW）、电子邮件服务（E-mail）、文件传输服务（FTP）、电子公告牌服务（BBS）、远程登录服务（Telnet）、网上新闻服务、电子商务等。

（1）万维网服务（WWW）：WWW 也称万维网，是目前因特网上最受欢迎、最为流行的信息检索服务系统。它采用多媒体和超链接技术，将世界范围内的 WWW 信息有机地联系起来，可为用户提供图、文、声并茂的信息。

（2）电子邮件服务（E-mail）：电子邮件是 Internet 上应用最为广泛的一种服务，与传统的邮件相比，电子邮件不仅传递速度快，而且价格低廉。用户可以通过它来传输各种文件。

电子邮件的收发过程与普通信件相似，主要区别在于，普通信件传送的是具体的实物，而电子邮件传送的是电子信号。

（3）文件传输服务（FTP）：FTP 是文件传输的主要工具。它允许用户在两台计算机之间传送文件和程序，也可以将远程计算机上的软件或资料下载到本地计算机上，例如下载需要的各种文本文件、图像文件、声音文件、数据压缩文件、程序、软件等。

Internet 提供了两类文件传输服务：一类是记名服务，它要求用户先输入自己的标识和口令，然后才能下载文件；另一类为匿名服务，可以向任何 Internet 用户提供特定的文件传输功能。

（4）电子公告牌服务（BBS）：电子公告牌又称网上论坛，用于发表公告、新闻、文章等。现在的 BBS 大都是围绕一个专题进行讨论的，如广播电台的 BBS 就是专门针对一个节目的内容进行讨论的论坛。

（5）远程登录服务（Telnet）：Telnet 协议是 TCP/IP 通信协议中的终端机协议。在 Telnet 协议的支持下，用户可以将自己的计算机模拟成一台异地主机的远程终端，用它来访问远程主机，并与远程主机实现交互。它的主要作用是将本地计算机直接连接到远程服务器上，进行信息资源的共享与使用。

使用远程登录服务可以为同行业间的异地合作提供方便，用户可通过该功能访问网内其他计算机，但远程访问必须知道对方计算机的账号及用户名。

（6）网上新闻服务：网上新闻服务就是通常所说的新闻中心，它是将当天或最近发生的社会新闻、体育新闻、娱乐新闻等通过服务器发送至网上，并且对各种新闻进行分类，以便于用户查阅。

（7）电子商务：电子商务最初发源于美国，其主要功能包括网上的广告、订货、付款、客户服务、销售服务等。基于电子商务而推出的商品交易系统方案、金融电子化方案和信息安全方案等已成为国际信息技术市场竞争的焦点。

8.1.3 Internet 的常用术语

网络中的各台计算机之间如果要进行正常的通信，必须要按照一定的规则来运行，这个规则被称为网络协议。目前 Internet 采用的网络协议是 TCP/IP 协议。

1. IP 地址

IP 地址又称为网络协议地址。连接在 Internet 上的每台主机都有一个全球范围内唯一的 IP 地址。它通常由 4 个字节组成，并分为两部分，第一个部分是网络地址，第二个部分是主机地址。

IP 地址通常以十进制数的形式出现，如 192.167.1.220。根据网络的规则，可以将 IP 地址分为 3 类，分别为 A 类、B 类和 C 类。

A 类 IP 地址的最高位为 0，前 8 位代表网络地址，后 24 位代表主机地址，其使用范围为 0.0.0.0.～126.255.255.255。

B 类 IP 地址的最高两位为 10，前 16 位代表网络地址，后 16 位代表主机地址，其使用范围为 128.0.0.0～191.255.255.255。

C 类 IP 地址的最高 3 位为 110，前 24 位代表网络地址，后 8 位代表主机地址，其使用范围为 192.0.0.0～223.255.255.255。

2. URL

URL 称为统一资源定位器，用来指示 Internet 上各种信息资源的位置及存取方法。通常以协议名开头，后面是负责管理该站点的组织名称，后缀则标识该组织的类型。URL 标准格式为协议类型：//主机名/文件名。例如：http://www.sohu.com 的网址提供如下信息：

http 表示 Web 服务器使用 HTTP 超文本传输协议，www 表示站点在 Word Wide Web 上，sohu 表示 Web 服务器位于搜狐，.com 表示商业组织。

3. 域名

由于 IP 地址由数字代表主机的地址，比较难记，因此，Internet 采用域名作为主机的地址，这样更便于用户记忆和理解域名。Internet 使用域名系统为 IP 地址指定名称，并且可以根据不同的命令在域名和 IP 地址之间进行转换和映射。

域名由小数点分隔的几组字符组成，每组字符被称为一个子域，一般常包括 4 个子域。域名中最右边的子域级别最高，被称为顶级域，最左边的子域级别最低，代表 Internet 上主机的名字。

在域名中，第一级域名通常表示主机所属的国家、地区的代码，如.cn 代表中国，.us 代表美国；第二、三级是子域；第四级是主机的名称。例如，搜狐的域名是 http://www.sohu.com。在这个域名中，顶级域名是.com，它代表商业组织，二级域名是 sohu，它代表搜狐，四级域名是 www，它代表某台主机的名称。

常见的一级域名的名称及含义如表 8.1 所示。

表 8.1　常见的一级域名

域　名	含　义	域　名	含　义
.com	商业组织	.net	网络资源组织
.int	国际性组织	.mil	军队组织
.edu	教育机构	.org	非盈利性组织
.gov	政府部门	.cn	中国
.fr	法国	.sg	新加坡
.hk	中国香港	.tw	中国台湾
.au	澳大利亚	.jt	意大利
.uk	英国	.de	德国

8.1.4　Internet 的接入方式

Internet 丰富的资源吸引着每个用户，要想利用这些资源，首先要将计算机连入 Internet。由于所在的环境不同，所以采用的接入方式也不同。近几年来，随着信息业务的快速增长，特别是 Internet 的迅猛发展，人们对传输速率提出了越来越高的要求，网络接入技术也因此得到了迅速的发展，并且呈现出多样化的特征。常用的接入方式如表 8.2 所示。

表 8.2　几种接入 Internet 的方式

接入方式	速率 /bit/s	特　点	成　本	适用对象
电话拨号	36.6 K 或 56 K	方便、速度慢	低	个人用户、临时用户上网访问
ISDN	128 K	较方便、速度慢	低	个人用户上网访问
ADSL	512 K～8 M	速度较快	较低	个人用户、小企业上网访问
Cable modem	8～48 M	利用有线电视的同轴电缆来传送数据信息、速度快	较低	个人用户、小企业上网访问
LAN 接入	10～100 M	附近有服务提供商、速度快	较低	个人用户、小企业上网访问
DDN	128 K～2 M	资源符合技术要求、速度快	较高	企业用户全功能应用
光纤	≥100 M	速度快、稳定	高	大、中型企业用户全功能应用

8.2　IE 浏览器的应用

浏览器是一种用来浏览服务器提供的 Web 文档的工具程序。IE（Internet Explorer）浏览器是微软公司开发的 Internet 应用软件，是目前最常用的浏览器之一。它内置于计算机操作系统中，所以使用它上网非常方便、快捷。

接入 Internet 后，选择 开始 → 程序(P) → Internet Explorer 命令，即可启动 IE 浏览器。IE 浏览器的窗口包括标题栏、菜单栏、工具栏、地址栏、链接栏、浏览窗口和状态栏，如图 8.2.1 所示。

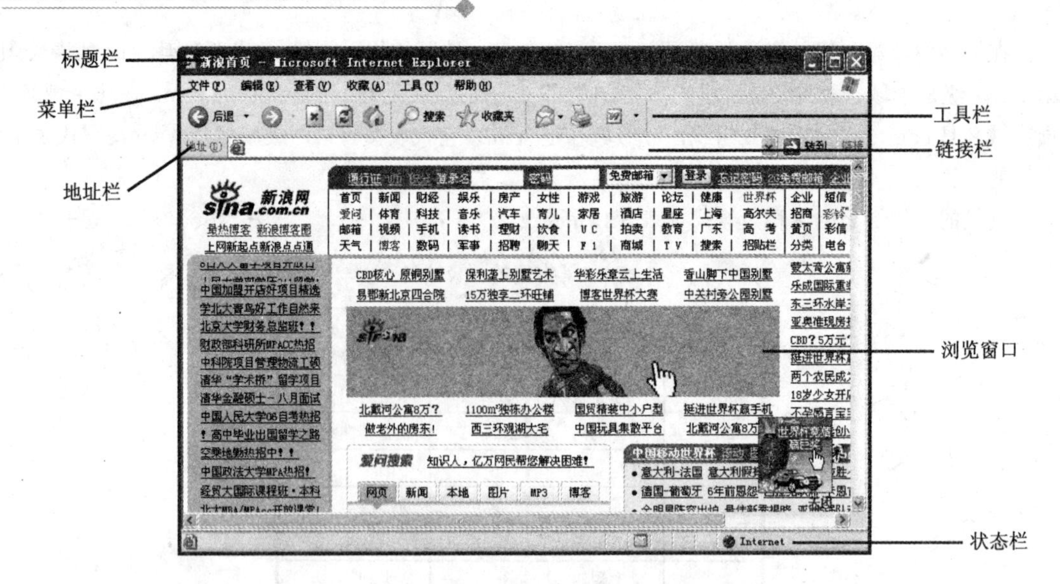

图 8.2.1　IE 浏览器窗口

标题栏：标题栏位于界面的顶端，显示当前访问主页的标题。

菜单栏：菜单栏位于标题栏的下方，使用菜单栏中的命令可以实现浏览器的所有功能。

工具栏：工具栏位于菜单栏的下方，包括一些常用操作的工具按钮，IE 中常用的工具按钮及其功能与 Windows 有所不同，如表 8.3 所示。

表 8.3　IE 中常用的工具按钮及其功能

按　钮	名　称	功　能
	后退	回到上一个所访问的网页
	前进	快速切换到下一个所访问的网页
	停止	单击该按钮可中断网页的打开工作
	刷新	单击该按钮可加载该网页
	主页	启动 Internet Explorer 时默认的起始页
	搜索	在 IE 窗口的左边显示或隐藏“搜索”栏
	收藏夹	在 IE 窗口的左边显示或隐藏收藏夹中的网页名称
	历史	在 IE 窗口的左边窗格中显示或隐藏历史记录列表
	邮件	启动默认的电子邮件程序（Outlook Express）
	打印	打印当前 Web 页

地址栏：地址栏位于工具栏的下方，显示当前访问页面的地址，可在此输入要访问的页面地址以访问该网页。

链接栏：链接栏位于地址栏的右侧，使用链接栏的快速链接，可达到快速访问制定网页的目的。

浏览窗口：位于地址栏和状态栏之间的区域是浏览窗口，显示当前访问站点中的网页内容。

状态栏：状态栏位于 IE 浏览器窗口的最底部，显示与 Internet 站点连接的状态。

8.2.1　使用 IE 浏览器浏览网页

启动 IE 浏览器以后，即可通过 IE 浏览器浏览网页，下面介绍两种浏览网页的方法。

1. 直接输入地址

在 Internet 中都有一个固定的地址，称之为网址。打开 IE 浏览器后，在地址栏中输入要打开的网页地址，例如输入“http://www.sina.com.cn”，然后单击地址栏右侧的转到按钮，或者按回车键即可打开其首页，如图 8.2.2 所示。

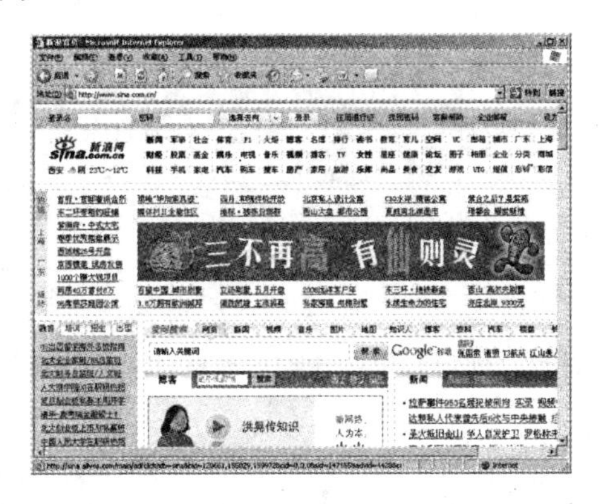

图 8.2.2　新浪首页

2．使用超级链接

在一个网站首页中，会包含很多个超级链接，移动鼠标到网页中包含超链接的文本、图片或按钮上时，此时鼠标指针变成形状，单击鼠标即可打开其超链接。

8.2.2　收藏网页

浏览网页时，可能会发现很多有用的信息，用户可以将它们保存在自己的硬盘上，也可以将它们收藏起来，以备在需要的时候进行查看。

1．保存网页

保存网页的具体操作步骤如下：

（1）使用 IE 6.0 打开要保存的网页，选择文件(F)→另存为(A)...命令，弹出“保存网页”对话框。

（2）在文件名(N):下拉列表框中输入网页的名称；在保存类型(T):下拉列表框中选择要保存网页的类型。用户可以将网页保存为以下 4 种类型：

1）网页，全部（*.htm；*.html）。该类型可以保存网页包含的所有信息。

2）Web 档案，单一文件（*.mht）。该类型只保存网页中的可视信息。

3）网页，仅 HTML（*.htm；*.mhtl）。该类型只保存当前网页中的文字、表格、颜色、链接等信息，而不保存图像、声音或其他文件。

4）文本文件（*.txt）。该类型可将网页保存为文本文件。

2．收藏网页

浏览网页时，可以将喜欢的网页用收藏夹收藏起来，以后再打开该网页时，只要单击收藏夹中的链接即可。

（1）收藏网页。使用收藏夹收藏网页的具体操作步骤如下：

1）使用 IE 6.0 打开要收藏的网页。

2）单击工具栏中的收藏夹按钮，即可打开“收藏夹”面板，如图 8.2.3 所示。单击添加...按钮，弹出“添加到收藏夹”对话框，如图 8.2.4 所示。

图 8.2.3 “收藏夹”面板

图 8.2.4 “添加到收藏夹”对话框

3）单击创建到(C) >>按钮，即可弹出创建到列表框，用户可在该列表框中选择一个收藏网页的文件夹。

4）在“名称”文本框中输入网页的名称，单击确定按钮即可。

（2）整理收藏夹。在 IE 6.0 中，如果用户收藏了多个网页，就需要对收藏夹进行整理，以便于快速查找。整理收藏夹的具体操作步骤如下：

1）在“收藏夹”面板中单击整理...按钮，弹出“整理收藏夹”对话框，如图 8.2.5 所示。

2）单击创建文件夹(C)按钮，即可创建一个文件夹，并为其设置合适的名称。

3）在网页列表框中选择要移动的网页对应的图标，单击移至文件夹(M)...按钮，弹出“浏览文件夹”对话框，如图 8.2.6 所示。

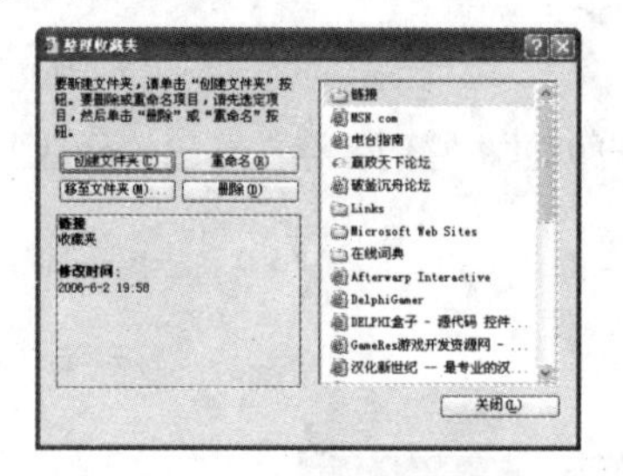

图 8.2.5 “整理收藏夹”对话框

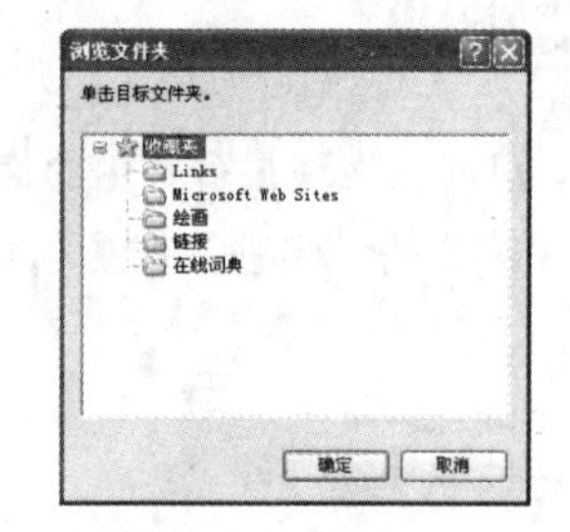

图 8.2.6 “浏览文件夹”对话框

4）在文件夹列表中选择合适的文件夹，单击确定按钮，即可将选中的网页移至该文件夹中。

5）如果要删除收藏夹中的某个网页，将其选中后单击删除(D)按钮即可。

8.2.3 使用历史记录栏

历史记录栏中存放着曾经浏览过的网页，如果用户想要再次浏览该网页，可通过历史记录直接打开。其具体操作步骤如下：

（1）在 IE 浏览器窗口中单击“历史”按钮，即可弹出“历史记录”面板，如图 8.2.7 所示。

（2）单击查看(W)按钮，弹出其下拉菜单，如图 8.2.8 所示。用户可选择相应的命令，按日期、站点、访问次数及当天的访问顺序查看访问过的网页。

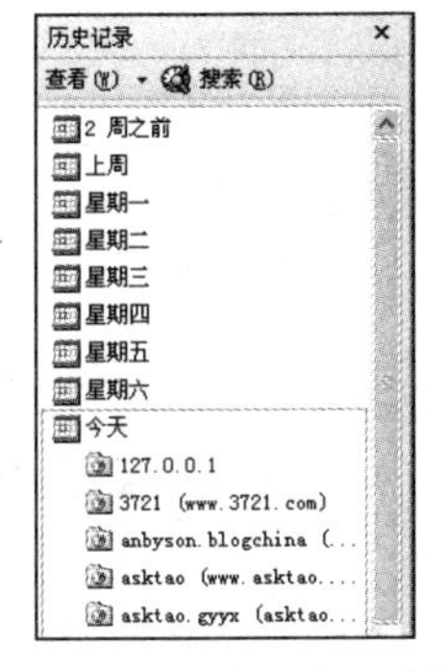

图 8.2.7 “历史记录”面板

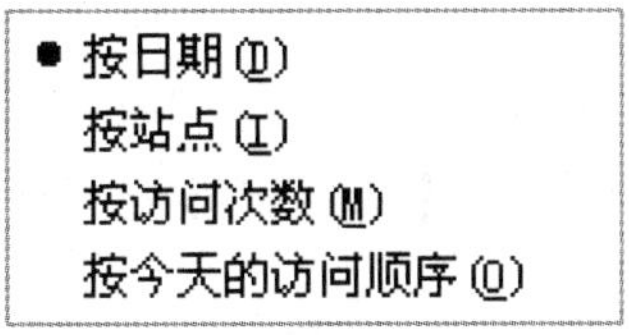

● 按日期(D)
按站点(I)
按访问次数(M)
按今天的访问顺序(O)

图 8.2.8 “查看”下拉菜单

8.2.4 IE 设置

用户在上网的时候可以通过更改 Internet Explorer 的设置来满足自己的需要，以便能够更方便、更安全地使用 Internet Explorer。下面介绍 Internet Explorer 的有关设置。

1. 设置 Internet 连接

Internet 连接向导提供了一条连接 Internet 的捷径，新用户可借助连接向导创建 Internet 连接。创建连接的具体操作步骤如下：

（1）在 IE 的窗口中单击 工具(T) 菜单，然后在其下拉菜单中选择 Internet 选项(O)... 命令，弹出“Internet 选项”对话框。在该对话框中单击 连接 标签，打开如图 8.2.9 所示的 连接 选项卡。

（2）如果使用拨号上网方式，单击 添加(D)... 按钮，在弹出的对话框中进行设置，否则单击“局域网（LAN）设置”选区中的 局域网设置(L)... 按钮，在弹出的对话框中进行设置。

（3）如果 ISP 提供自动配置脚本，则单击“Internet 选项”对话框中的 设置(S)... 按钮，在弹出的如图 8.2.10 所示的“局域网（LAN）设置”对话框中选中 ☑使用自动配置脚本(S) 复选框，并在“地址”文本框中输入 ISP 提供的自动配置脚本名。

图 8.2.9 “连接”选项卡

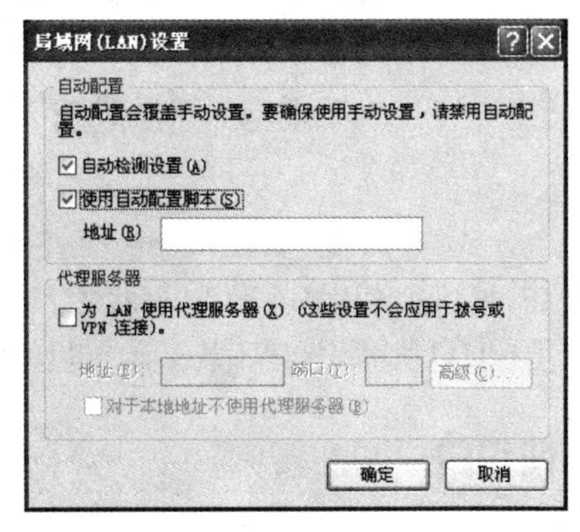

图 8.2.10 “局域网（LAN）设置”对话框

（4）如果使用 ISP 的代理服务器，则选中 ☑为 LAN 使用代理服务器(X) (这些设置不会应用于拨号或 VPN 连接)。 复选框，并在“地址”文本框中输入代理服务器的域名，在“端口”文本框中输入代理服务器的端口号。国内的绝大多数网络站点都是免费的，通常要选中 ☑对于本地地址不使用代理服务器(B) 复选框。

（5）单击 确定 按钮，返回到“Internet 选项”对话框中。

（6）单击[建立连接(U)...]按钮，启动 Internet 连接向导，利用向导的提示可以很容易地完成连接的创建。

2．设置电子邮件

如果要设置电子邮件，可按照以下操作步骤进行：

（1）在“Internet 选项”对话框中单击[程序]标签，打开[程序]选项卡，如图 8.2.11 所示。

（2）单击“电子邮件”下拉列表框右边的下拉按钮，从弹出的下拉列表中选择电子邮件所使用的软件。

（3）单击[确定]按钮保存设置。

3．其他设置

在“Internet 选项”对话框中单击[高级]标签，打开[高级]选项卡，如图 8.2.12 所示。

图 8.2.11 “程序”选项卡

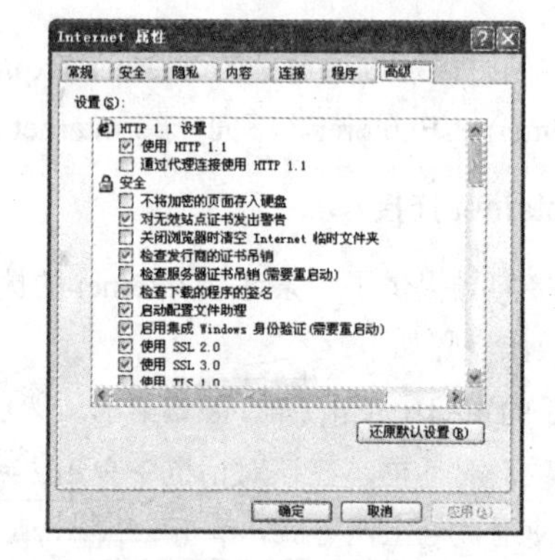

图 8.2.12 “高级”选项卡

可以看出，在[高级]选项卡中的“设置”列表框中有多个选项，如果要对某项进行设置，只要在其中用鼠标单击进行选择，然后单击[确定]按钮即可使所做的设置生效。同时，如果想将所做的设置还原为 Internet Explorer 的原始设置，只要单击列表框下方的[还原默认设置(R)]按钮即可。

8.3 信息的搜索与下载

网络资源十分丰富，因此，要在 Internet 上查找有用的数据不仅困难，而且耗费时间。但是，用户可以借助于 IE、专业搜索引擎以及门户网站进行查找，这将使信息的搜索更加方便、快捷。找到所需要的信息后，用户可以使用迅雷等下载工具将其快速地下载到磁盘中。

8.3.1 使用门户网站搜索

门户网站是指一些能及时报道国内外最新的新闻，提供网络导航，提供大量网络服务的网站，国内较知名的门户网站包括新浪、搜狐、网易等，用户可以使用这些网站提供的搜索服务来搜索需要的信息。

1．新浪

新浪最新推出的搜索引擎名称为“爱问”，它是一个集网页、新闻、图片、音乐、视频等在内的

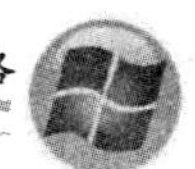

综合性搜索引擎。在地址栏中输入“爱问”的网址 http://www.sowang.com/sinacha.htm，按回车键即可进入其首页，如图 8.3.1 所示。使用爱问搜索信息的具体操作步骤如下：

（1）在搜索栏中输入关键词，单击 搜 索 按钮，即可进行搜索。

（2）单击搜索类别中的某一类，即可弹出相应的搜索栏，如图 8.3.2 所示即为选择新闻后打开的搜索页面。

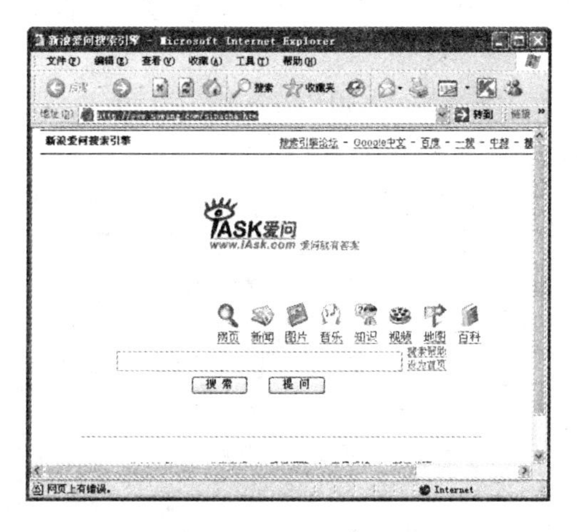

图 8.3.1　新浪爱问的主页

图 8.3.2　新闻搜索页面

（3）用户可先在 **新浪新闻回顾:** 选项区中设置要搜索新闻的具体时间，然后在搜索框中输入要搜索新闻的关键词，单击 搜 索 按钮，即可搜索到相关新闻。

2．搜狗

搜狗是搜狐于 2004 年 8 月 3 日推出的完全自主开发的全球首个第三代互动式中文搜索引擎，也是一个具有独立域名的专业搜索网站。在浏览器的地址栏中输入搜狗搜索引擎的网址 http://www.sogou.com/，按回车键即可进入搜狗搜索引擎的首页，如图 8.3.3 所示。使用搜狗搜索引擎搜索信息的具体操作步骤如下：

（1）在搜索框中输入要查询的关键词，单击 搜 索 按钮，即可查询到相关的网页信息。

（2）用户也可以单击搜索类别，然后再进行更详细的设置，以便于进行查找，如图 8.3.4 所示即为选择地图类后打开的搜索界面。

图 8.3.3　搜狗搜索引擎的首页

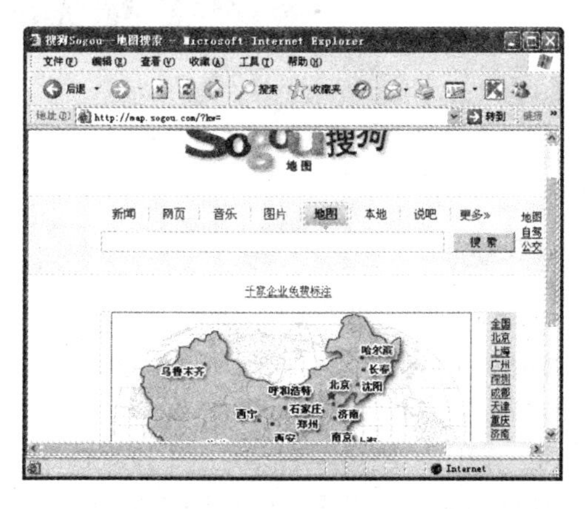

图 8.3.4　地图搜索界面

8.3.2 使用搜索引擎搜索

1. 百度

百度是国内一个比较优秀的搜索引擎，在 IE 浏览器的地址栏中输入百度的网址 http://www.baidu.com，按回车键即可进入百度的首页，如图 8.3.5 所示。使用百度搜索信息的具体操作步骤如下：

（1）在百度提供的搜索分类列表中选择要搜索信息的类别，如用户要搜索图片，单击“图片”超链接，即可打开图片搜索界面，如图 8.3.6 所示。

图 8.3.5 百度首页

图 8.3.6 图片搜索界面

（2）在搜索框内输入要搜索图片的名称，并设置好图片的搜索范围，通过选中搜索框下方的单选按钮设置图片的搜索范围。设置完成后，按回车键即可查找到相关图片，如图 8.3.7 所示。

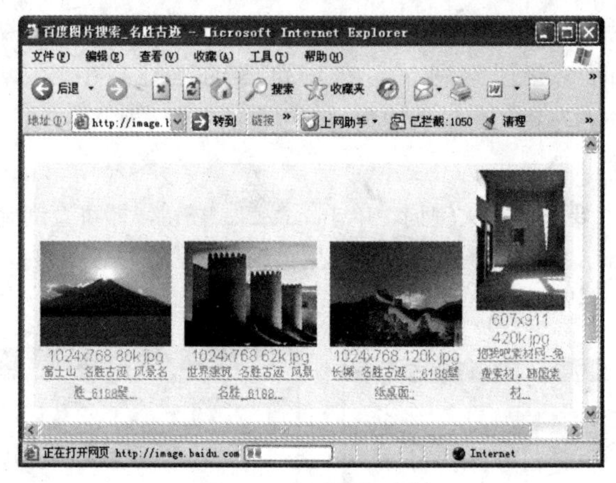

图 8.3.7 搜索到的图片

2. Google

Google 开发出了世界上最大的搜索引擎，提供了最便捷的网上信息查询方法。通过对 30 多亿网页进行整理，Google 可为世界各地的用户提供需要的搜索结果，而且搜索时间通常不到半秒。使用 Google 搜索信息的具体操作步骤如下：

（1）打开 IE 浏览器，在地址栏中输入 Google 的网址 http://www.google.com/intl/zh-CN/，按回车键即可进入 Google 的首页，如图 8.3.8 所示。

（2）在 Google 提供的搜索分类列表中选择要搜索信息所在的类别，如要搜索论坛，单击论坛超链接，即可打开论坛搜索窗口，如图 8.3.9 所示。

图 8.3.8　Google 首页

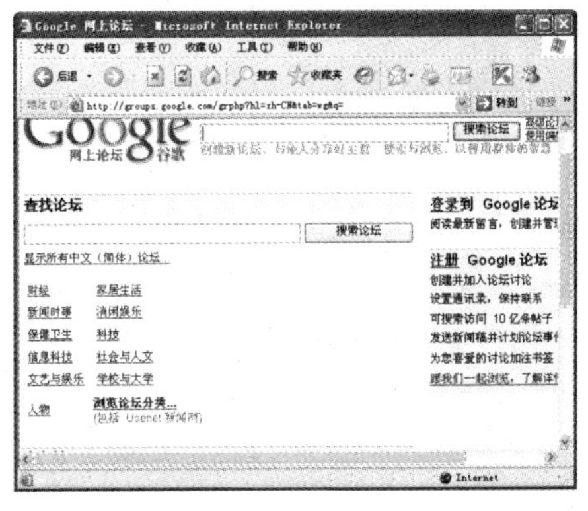

图 8.3.9　论坛搜索窗口

（3）用户可以直接在搜索框中输入要搜索论坛的名称，也可以在论坛类别中单击相应的超链接，逐级进行查找，直至找到目标论坛为止。

8.3.3　在网络中直接下载

当用户在网络中找到需要的文件或资料后，就可以将其下载到计算机磁盘上。如果该文件较小，用户可以直接在网络中单击相应的下载链接进行下载。下面以下载 QQ 2007 为例，介绍在浏览过程中直接下载文件的方法。

（1）打开 IE 浏览器，在地址栏中输入 QQ 官方网站的网址 http://im.qq.com，按回车键即可打开其主页，如图 8.3.10 所示。

（2）单击立即下载按钮，打开文件下载窗口，如图 8.3.11 所示。

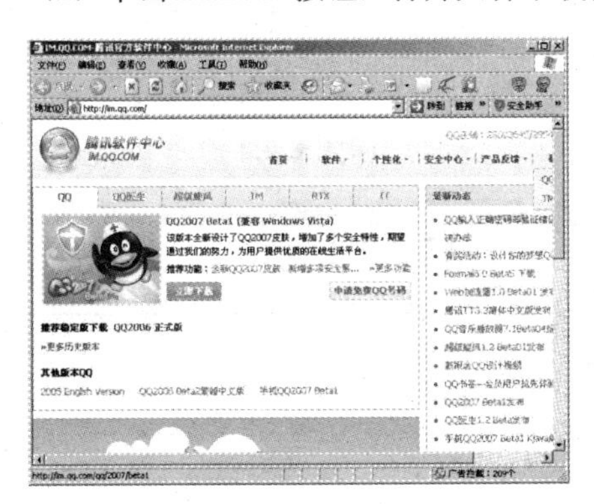

图 8.3.10　腾讯软件中心主页

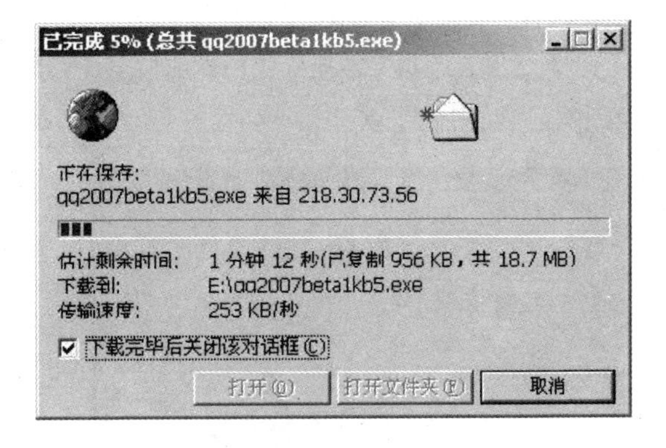

图 8.3.11　文件下载窗口

（3）下载完成后，会弹出“另存为”对话框。用户在该对话框中输入文件名及其保存路径，单击保存(S)按钮即可。

8.4　电子邮件的发送和接收

电子邮件（E-mail）是指在 Internet 上或常规计算机网络上，各个用户之间通过电子信件的形式

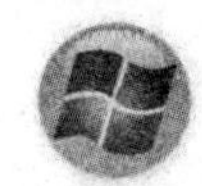

进行通信的一种现代通信方式。它是网络中应用较为广泛的服务之一，具有传送速度快、费用低等特点，而且还可以发送语音、图片等信息，安全性也较高。

8.4.1 申请免费电子邮箱

网络中免费的电子邮箱很多，基本上各大网站中都有免费的邮箱。用户可以为自己申请一个免费电子邮箱，以后就可以方便地收发电子邮件了。

通过网易申请免费电子邮箱的具体操作步骤如下：

（1）打开 IE 浏览器，在地址栏中输入“www.163.com”，然后按回车键，打开网易首页。

（2）在该网页的最上方单击免费邮箱超链接，打开“163 邮箱”网页，如图 8.4.1 所示。

（3）在该网页中单击注册2280兆免费邮箱按钮，打开“网易通行证服务条款”网页，如图 8.4.2 所示。

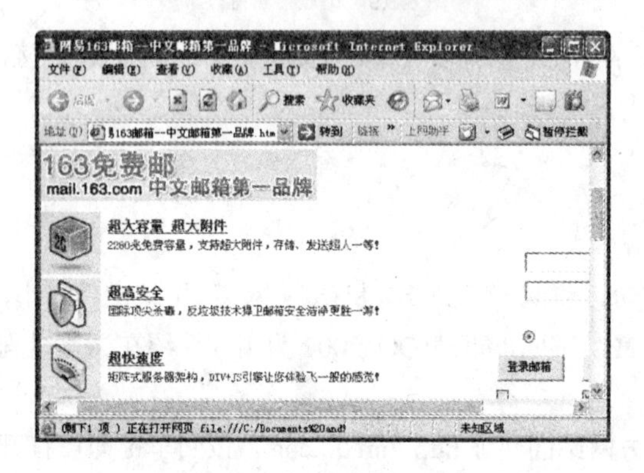

图 8.4.1 “163 邮箱”网页

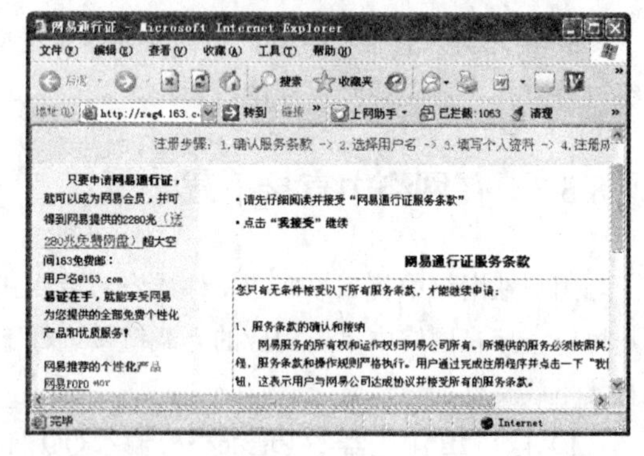

图 8.4.2 “网易通行证服务条款”网页

（4）在该网页中阅读相关条款，单击我 接 受按钮，打开“选择用户名”网页，如图 8.4.3 所示。

（5）在该网页中填写注册邮箱的详细信息，如用户名、登录密码、密码提示问题等，填写完成后，单击提 交 表 单按钮，打开“填写个人资料”网页，如图 8.4.4 所示。

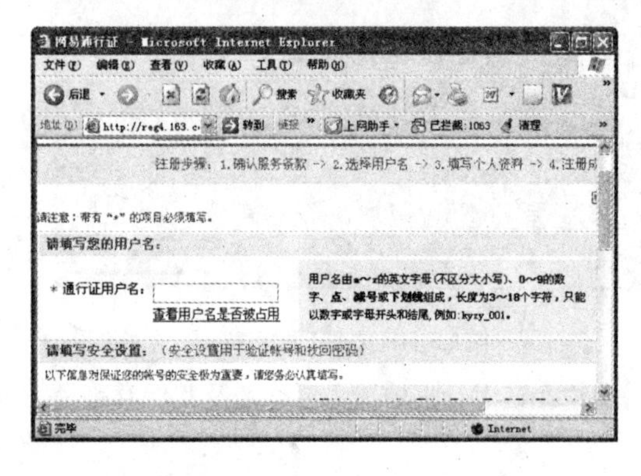

图 8.4.3 “选择用户名”网页

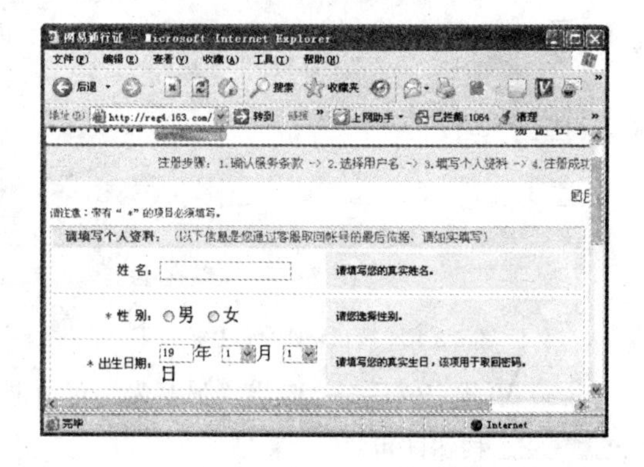

图 8.4.4 “填写个人资料”网页

（6）在该网页中填写用户的姓名、身份证号、性别、出生年月等，填写完成后，单击提 交 表 单按钮，即可打开“注册成功”网页，如图 8.4.5 所示。

至此，免费邮箱已经申请完成，单击该网页中的» 开通2280兆免费邮箱按钮，即可登录到电子邮箱页面，如图 8.4.6 所示。

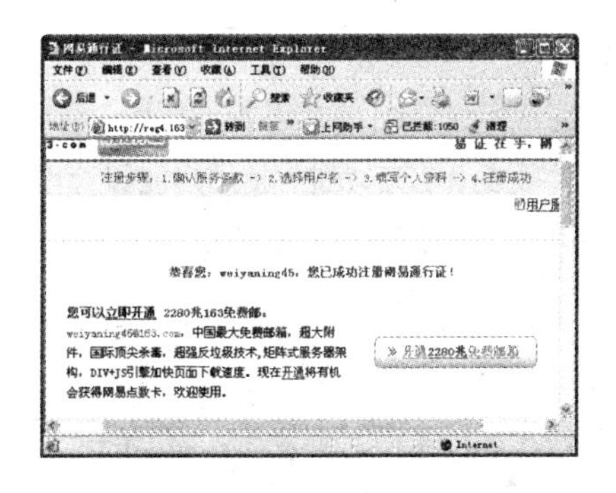

图 8.4.5　“注册成功”网页

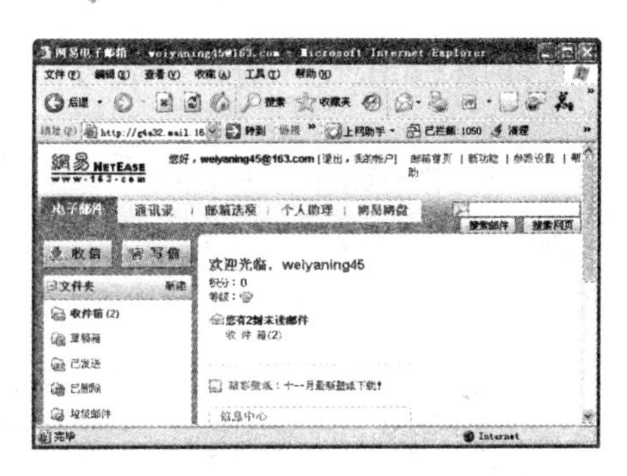

图 8.4.6　电子邮箱页面

8.4.2　使用电子邮箱收发邮件

当电子邮箱申请成功后，就可以使用该电子邮箱进行邮件的收发工作。

1．接收和阅读邮件

在电子邮箱页面中单击 收件箱(2) 按钮，打开收件箱，如图 8.4.7 所示。在收件箱的主题列表中单击相关的信件名称，即可打开信件内容进行阅读，如图 8.4.8 所示。

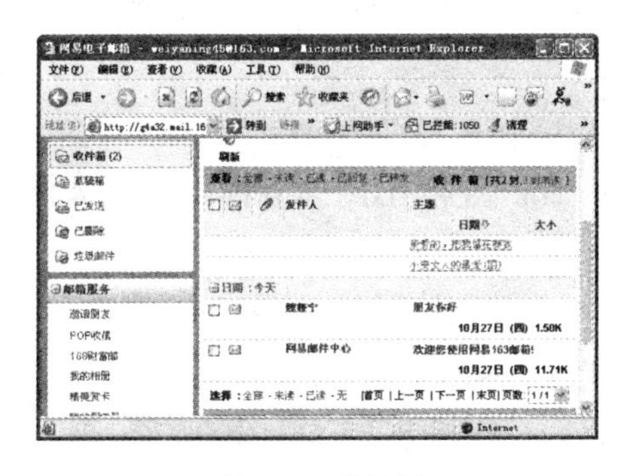

图 8.4.7　收件箱

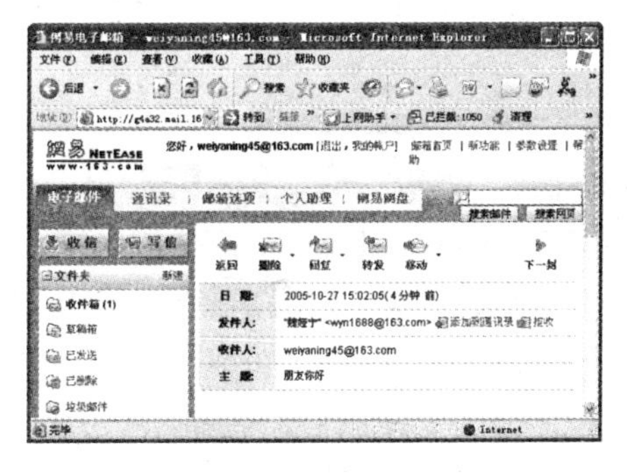

图 8.4.8　阅读信件

2．创建和发送邮件

在电子邮箱页面左边的功能列表框中单击 写信 按钮，打开发件箱，如图 8.4.9 所示。在“发给”文本框中输入收件人的电子邮箱地址；在“主题”文本框中输入该信件的主题；在“主题”下边的文本框中输入信件内容，单击 发 送 按钮，即可发送邮件。

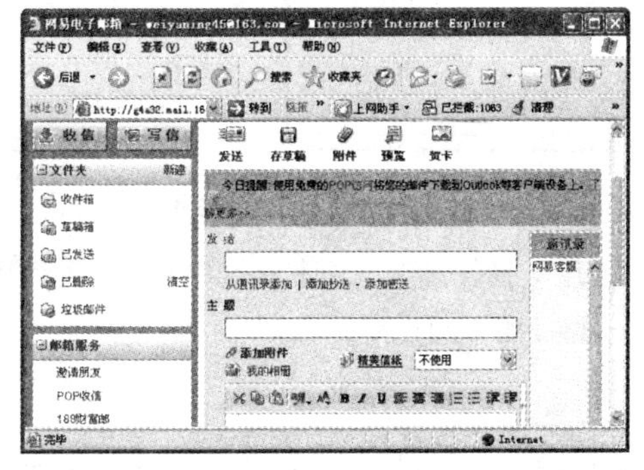

图 8.4.9　发件箱

8.4.3　使用 Outlook Express 收发邮件

Windows XP 内置的 Outlook Express 具有强大的邮件收发和管理功能，使用户能够管理多个电子邮件账户、联系人以及各种邮件，帮助用户在桌面上实现全球范围内的互联通信。

1．设置邮件账号

在 Outlook Express 中设置电子邮件账号的具体操作步骤如下：

（1）选择 开始 → 所有程序(P) → Outlook Express 命令，即可启动 Outlook Express，打开其工作窗口，如图 8.4.10 所示。

（2）选择 工具(T) → 帐户(A)... 命令，弹出“Internet 账户”对话框，如图 8.4.11 所示。

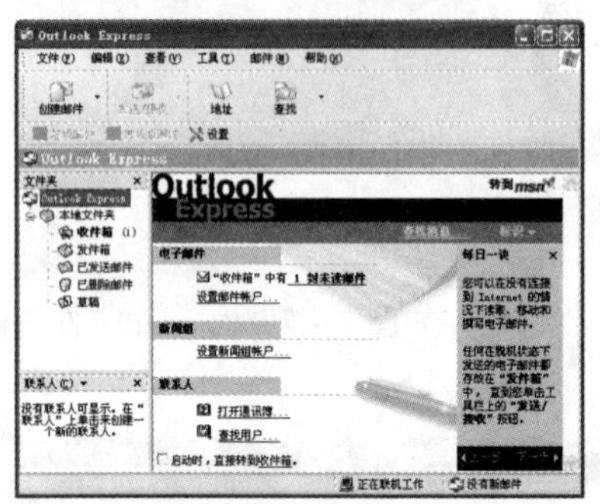

图 8.4.10　Outlook Express 工作窗口

图 8.4.11　“Internet 账户”对话框

（3）选择 添加(A) → 邮件(M)... 命令，弹出“Internet 连接向导”对话框，如图 8.4.12 所示。用户可在该向导的指引下完成邮件账户的设置。

（4）选择 工具(T) → 帐户(A)... 命令，弹出“Internet 账户”对话框。在邮件账户列表中选中刚才创建的账户，单击 属性(P) 按钮，可弹出其对应的属性对话框，如图 8.4.13 所示。

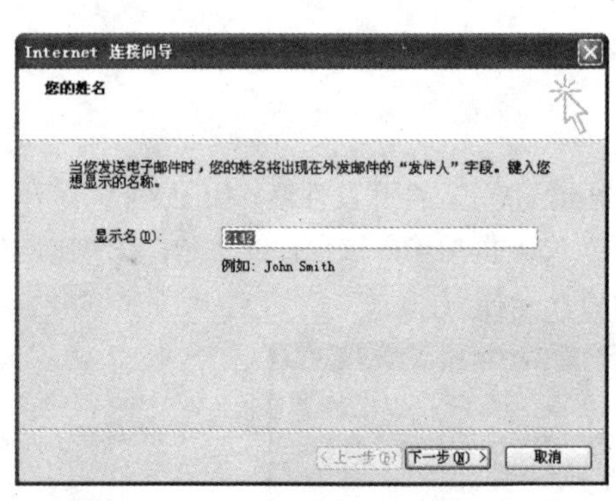

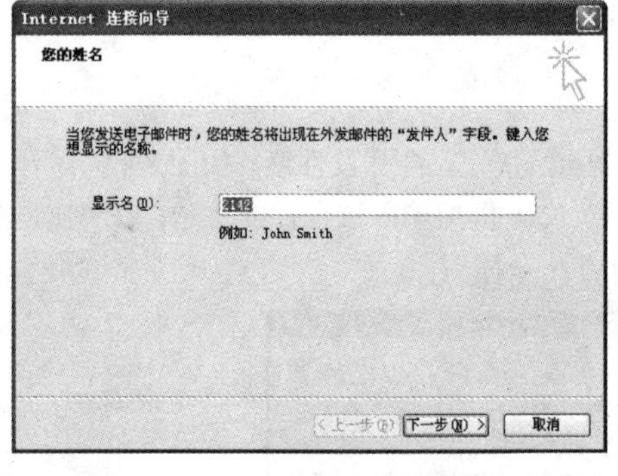

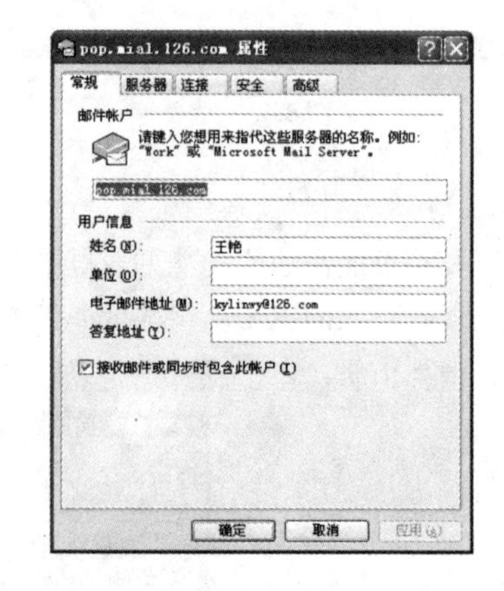

图 8.4.12　“Internet 连接向导”对话框

图 8.4.13　“pop.mial.126.com 属性”对话框

（5）单击 服务器 标签，打开“服务器”选项卡，选中 ☑我的服务器要求身份验证(V) 复选框，单击 确定 按钮，即可完成电子邮件账户的设置。

2．处理邮件

当用户设置好电子邮件账户以后，就可以使用它进行收发电子邮件的操作，如撰写、发送、接收、查看、回复等。

（1）撰写电子邮件。撰写电子邮件的具体操作步骤如下：

1）在 Outlook Express 工作窗口的工具栏中单击 创建邮件 按钮，即可打开新邮件窗口。

2）在 发件人: 下拉列表框中选择要使用的邮件账户；在 收件人: 和 抄送: 文本框中输入收件人的电子邮件地址；在 主题: 文本框中输入邮件的主题；在窗口下方的正文编辑区中输入邮件的正文。

3）如果要传输文件，可单击工具栏中的 附件 按钮，在弹出的“插入附件”对话框中选择要传输的文件。

（2）发送电子邮件。在 Outlook Express 中发送电子邮件的具体操作步骤如下：

1）单击新邮件窗口工具栏中的 发送 按钮，系统将提示首先将邮件放在发件箱中。

2）单击 确定 按钮，即可在 Outlook Express 窗口的发件箱中看到一封新邮件。

3）单击工具栏中的 发送/接收 按钮右侧的下拉按钮，在其下拉菜单中选择 发送全部邮件(S) 命令，即可将所有邮件发送出去。发送完成后，Outlook Express 会将发件箱中的邮件全部移至已发送邮件文件夹中。

（3）接收电子邮件。接收电子邮件和发送电子邮件的操作基本相同，只是在“发送/接收”下拉菜单中选择 接收全部邮件(R) 命令即可。

（4）阅读和回复电子邮件。当用户接收到电子邮件后，就可以阅读并回复该邮件，其具体操作步骤如下：

1）在 Outlook Express 窗口中的收件箱面板中可以看到其中未阅读电子邮件的数量。

2）单击 收件箱 超链接，即可打开收件箱，看到其中的邮件列表。尚未阅读的电子邮件显示为粗体，且发件人前的信封标志也未被打开。

3）在该电子邮件上双击，即可将其打开并进行阅读。

4）在邮件列表中选中要回复的电子邮件，单击工具栏中的 答复 按钮，即可打开答复窗口。

5）用户只要在正文编辑区中输入回复的内容，单击 发送 按钮，即可发送此邮件。

8.5　下载软件迅雷 Thunder

如果用户找到的资料或文件较大，则可以使用下载工具下载。下面以迅雷 5 为例，介绍下载工具的使用方法。

1．普通下载

使用迅雷 5 下载文件的具体操作步骤如下：

（1）在网站中找到下载链接，用鼠标右键单击该链接，在弹出的快捷菜单中选择 使用迅雷下载 命令，即可打开迅雷并进行下载，如图 8.5.1 所示。

（2）如果用户知道下载文件的 URL，可单击 新建 按钮，弹出“建立新的下载任务”对话框，如图 8.5.2 所示。在 网址(URL)(U): 文本框中输入文件所在的网址；在 存储目录(A): 下拉列表框中选择下载的类别及文件存放的路径；在 另存名称(E): 文本框中可以输入文件被下载后保存的名字。设置好相关参数后单击 确定(O) 按钮，即可进行下载。

图 8.5.1　迅雷工作窗口

图 8.5.2　“建立新的下载任务”对话框

2．多任务下载

如果用户要同时下载多个文件，可以按以下操作步骤进行：

（1）选择 文件(F) → 新建批量任务(B)... 命令，弹出“新建批量任务”对话框，如图 8.5.3 所示。

（2）在 URL: 文本框中输入带通配符的批量任务下载地址。允许输入多个通配符，但字符的长度不能超过 1 024 字节。例如：http://www.xunlei.com/(*).zip。

（3）选中 ⊙从 0 到 0 单选按钮，在起始数字文本框中输入数值，可以决定批量任务中起始任务的 URL，最多可以输入 7 个字；在结尾数字文本框中输入数值，可以决定批量任务中结尾任务的 URL。

（4）如果选中 ⊙从 a 到 z (区分大小写) 单选按钮，在起始字母文本框中输入字母，可决定批量任务中起始任务的 URL，输入的范围为 a～z，该项的默认值为 a；在结尾字母文本框中输入字母，可以决定批量任务中结尾任务的 URL，其输入范围为 a～z。

（5）在 通配符长度: 微调框中输入数字，可以决定通配符的长度，其取值范围为 1～5，默认设置为 2。

（6）设置好相关参数后，单击 确定(O) 按钮，即可进行批量下载。

除此之外，用户还可以在网页中提供的链接地址上单击鼠标右键，从弹出的快捷菜单中选择 使用迅雷下载全部链接 命令，即可打开多任务选择面板，如图 8.5.4 所示。用户可在该面板中选择要下载的任务。选择好要下载的任务后，单击 确定(O) 按钮即可。

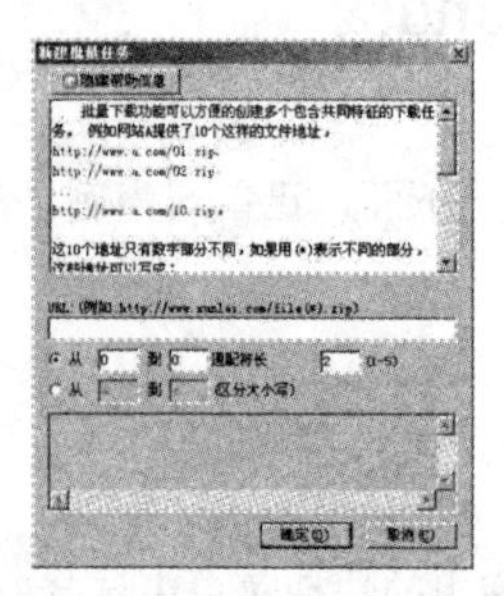

图 8.5.3　“新建批量任务”对话框

图 8.5.4　多任务选择面板

如果用户要对迅雷的下载属性进行设置，可选择 工具(T) → 配置(O)... Alt+O 命令，弹出“配置”对话框，用户可在该对话框中选择不同的标签，对该软件进行详细的设置。

8.6　典型实例——搜索主页

（1）选择 开始 → 程序(P) → Internet Explorer 命令，启动 IE 浏览器。

（2）在浏览器的“地址栏”中输入“http://www.baidu.com”，按回车键，打开百度主页，如图 8.6.1 所示。

（3）单击 图片 超链接，打开百度图片搜索页面，如图 8.6.2 所示。

图 8.6.1　百度主页

图 8.6.2　图片搜索网页

（4）在文本框中输入文本“大自然”，单击 百度搜索 按钮，即可打开搜索到的水果页面，如图 8.6.3 所示。

（5）在该页面中单击需要的图片，即可打开相应的水果图片，如图 8.6.4 所示。

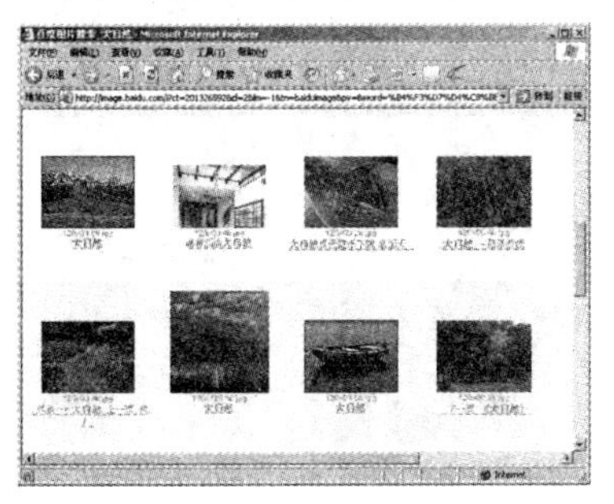

图 8.6.3　搜索结果

图 8.6.4　选择图片

小　　结

本章主要讲述了 Internet 的基础知识、IE 浏览器的使用、在网页上收发电子邮件、用 Outlook Express 收发电子邮件等。通过本章的学习，读者应理解 Internet 的概念，学会使用 IE 浏览器浏览网页、收藏网址、保存网页或图片，掌握搜索引擎、电子信箱等的使用方法。

过关练习八

一、填空题

1．Internet 是________的意思，也称为“因特网”，它是由多个________相互连接而成的网络。Internet 中的每个网络都是通过通信线路与 Internet 连接在一起的，通信线路可以是________、

_________、_________、_________等。

2. 目前，接入 Internet 的主要方式有_________、_________和_________等多种方式。
3. WWW 又称_________或_________，是指在 Internet 上以超文本为基础形成的信息网。
4. Internet 通过__________协议进行数据传输。
5. IP 地址分为两部分，第一个部分是__________，第二个部分是__________。
6. 域名中，第一级域名通常表示__________，第二、三级是子域，第四级是__________。

二、选择题

1. （　）是因特网上的信息实时发布系统，通过它可以发布各种信息。

   （A）电子邮件　　（B）新闻组

   （C）电子公告牌　　（D）WWW

2. 下面选项中，不属于计算机网络基本功能的是（　）。

   （A）资源共享　　（B）数据传递

   （C）提高工作可靠性　　（D）收发传真

3. 下面选项中，属于 C 类 IP 地址的是（　）。

   （A）0.255.255.255　　（B）126.255.255.255

   （C）191.255.255.255　　（D）192.255.255.255

三、简答题

1. 目前 Internet 的上网方式都有哪些？
2. Internet 常见的基本服务都有哪些？
3. 简述 Internet 的用途以及 Internet 的接入方式。
4. 什么叫门户网站？门户网站都提供哪些服务？
5. 在 IE 浏览器中，如何浏览已经浏览过的网页？
6. 如何使用下载工具同时下载多个任务？

四、上机操作题

1. 使用 Google 和百度两种搜索引擎在 Internet 上搜索需要的网页和信息。
2. 在 Internet 上注册一个免费电子邮箱，并为你的朋友发送一封电子邮件。
3. 通过网络在各大门户网站注册一个免费电子邮箱，并练习收发电子邮件。

第9章　行 业 实 例

每个软件都有相对的行业应用范畴，本章主要介绍 Word、Excel、PowerPoint 在不同领域中的简单应用实例。

本章重点

（1）制作会议通知。

（2）制作“心灵驿站”画报。

（3）制作销售亏损表。

（4）制作祝福贺卡。

实例 1　制作会议通知

学习目标

通过本例的学习，主要掌握 Word 文档的一些基本的编辑方法。最终效果如图 9.1.1 所示。

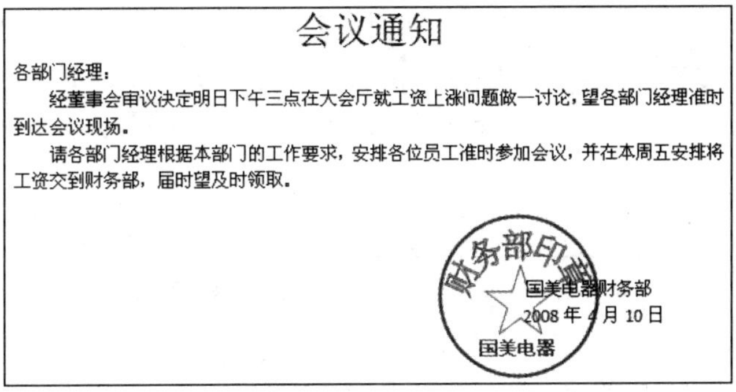

会议通知

各部门经理：

经董事会审议决定明日下午三点在大会厅就工资上涨问题做一讨论，望各部门经理准时到达会议现场。

请各部门经理根据本部门的工作要求，安排各位员工准时参加会议，并在本周五安排将工资交到财务部，届时望及时领取。

财务部印章

国美电器财务部

2008 年 4 月 10 日

国美电器

图 9.1.1　会议通知

操作步骤

（1）启动 Word 2007 应用程序，并创建一个空白文档。

（2）在文档中输入文本，如图 9.1.2 所示。

（3）选中文本“会议通知”，并设置其字号为“二号”、“居中”显示，效果如图 9.1.3 所示。

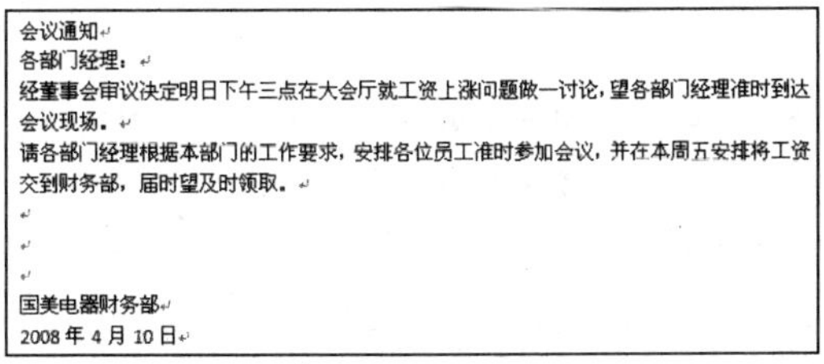

会议通知

各部门经理：

经董事会审议决定明日下午三点在大会厅就工资上涨问题做一讨论，望各部门经理准时到达会议现场。

请各部门经理根据本部门的工作要求，安排各位员工准时参加会议，并在本周五安排将工资交到财务部，届时望及时领取。

国美电器财务部

2008 年 4 月 10 日

图 9.1.2　输入文本

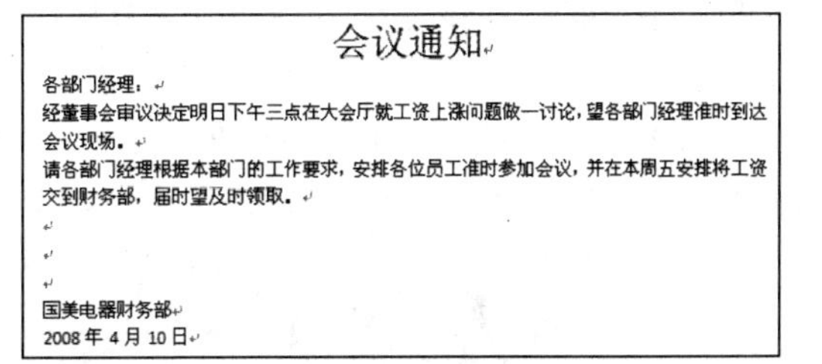

会议通知

各部门经理：

经董事会审议决定明日下午三点在大会厅就工资上涨问题做一讨论，望各部门经理准时到达会议现场。

请各部门经理根据本部门的工作要求，安排各位员工准时参加会议，并在本周五安排将工资交到财务部，届时望及时领取。

国美电器财务部

2008 年 4 月 10 日

图 9.1.3　设置文档标题

（4）选中文档中的其他文本，设置文本的字号为“五号”。设置正文中第 1 段文本为“左对齐”显示，第 2 段和第 3 段文本均设置为“首行缩进 2 个字符”，再选中文档的最后两行文本，设置为“右对齐”显示。此时，正文的显示效果如图 9.1.4 所示。

（5）打开“插入”选项卡，在“插图”组中单击“形状”按钮，在弹出的下拉列表中选择“椭圆”按钮，按住“Shift”键，在文档中绘制一个正圆，如图 9.1.5 所示。

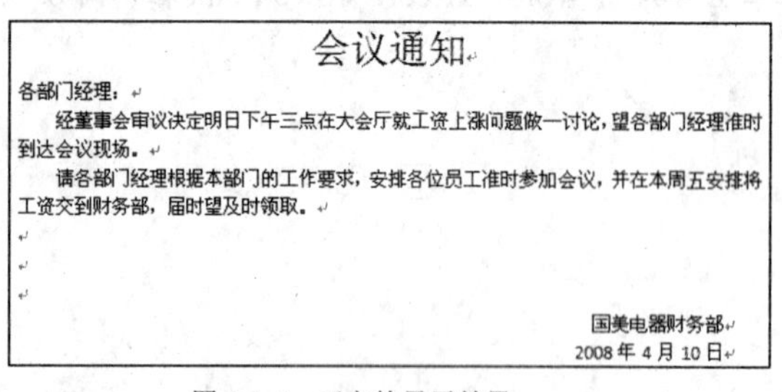

会议通知

各部门经理：

经董事会审议决定明日下午三点在大会厅就工资上涨问题做一讨论，望各部门经理准时到达会议现场。

请各部门经理根据本部门的工作要求，安排各位员工准时参加会议，并在本周五安排将工资交到财务部，届时望及时领取。

国美电器财务部

2008 年 4 月 10 日

图 9.1.4　正文的显示效果

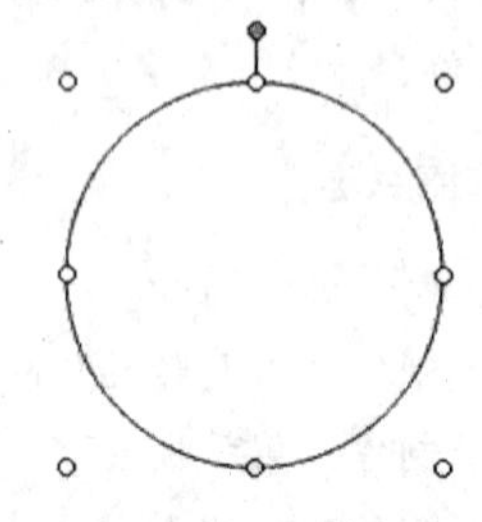

图 9.1.5　绘制正圆

（6）在绘制的正圆上单击鼠标右键，在弹出的快捷菜单中选择 设置自选图形格式(O)... 命令，弹出 设置自选图形格式 对话框，打开 颜色与线条 选项卡，如图 9.1.6 所示。

（7）在该选项卡中的“线条”选区中设置线条“颜色”为“红色”；“粗细”为“2 磅”，单击 确定 按钮，效果如图 9.1.7 所示。

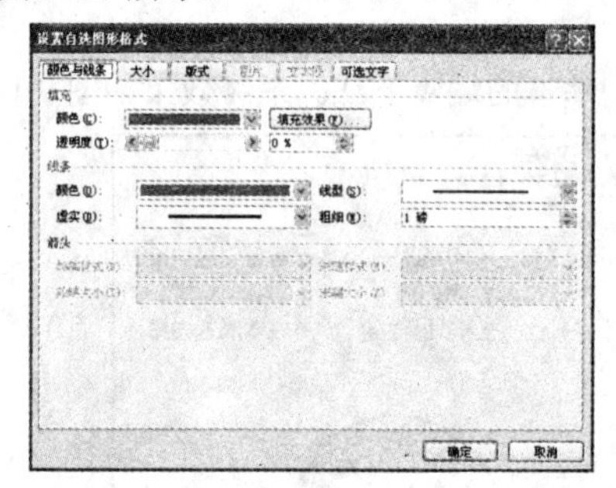

图 9.1.6　“颜色与线条”选项卡

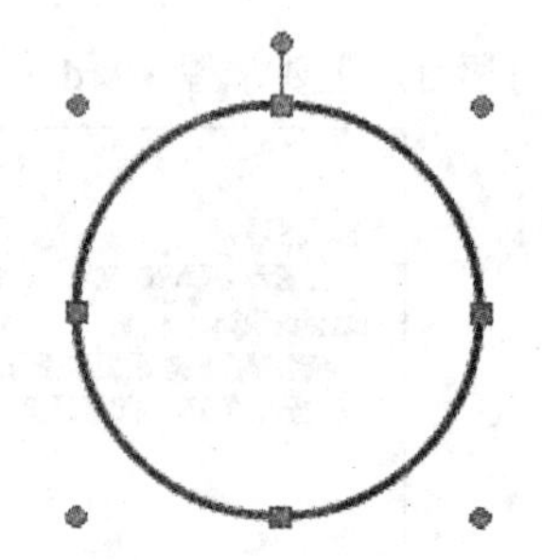

图 9.1.7　设置自选图形格式

（8）打开“插入”选项卡，在“文本”组中单击 艺术字 按钮，在弹出的下拉菜单中选择第 1 行第 3 列的艺术字样式，单击鼠标，弹出 编辑艺术字文字 对话框。

（9）在该对话框中的“文字”文本框中输入文本“财务部印章”；在“字体”下拉列表中选择“宋体”选项；在“字号”下拉列表中选择“28 磅”。

（10）设置完成后，单击 确定 按钮，在文档中插入艺术字，效果如图 9.1.8 所示。

（11）双击插入的艺术字，自动打开“格式”工具栏，在“艺术字样式”组中单击“填充”按钮右侧的下三角按钮，在弹出的下拉列表中选择标准色“红色”；单击“形状轮廓”按钮右侧的下三角按钮，在弹出的下拉列表中选择标准色“红色”。

（12）单击“格式”工具栏中的 排列 按钮，弹出如图 9.1.9 所示的下拉列表，在该列表中单击“文字环绕”按钮，在弹出的下拉菜单中选择“浮于文字上方”选项，效果如图 9.1.10 所示。

图 9.1.8　插入艺术字效果

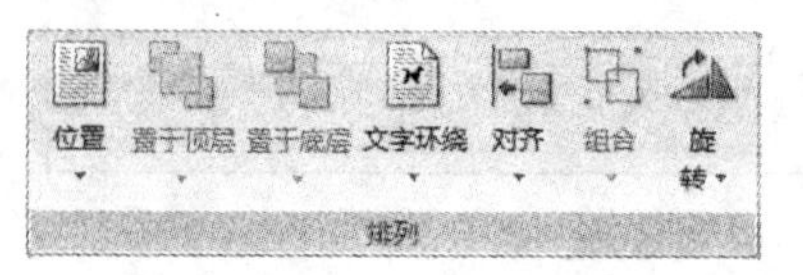

图 9.1.9　“排列”下拉列表

（13）调整艺术字的形状，并和前边绘制的正圆进行组合，效果如图 9.1.11 所示。

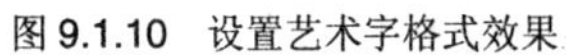

图 9.1.10　设置艺术字格式效果　　图 9.1.11　调整并组合艺术字

（14）打开“插入”选项卡，在“插图”组中单击“形状”按钮，在弹出的下拉列表中选择“五角星”，按住“Shift”键并拖动鼠标，在文档中绘制一个五角星，如图 9.1.12 所示。

（15）将绘制的五角星线条颜色设置为“红色”，线条粗细为“1 磅”，效果如图 9.1.13 所示。

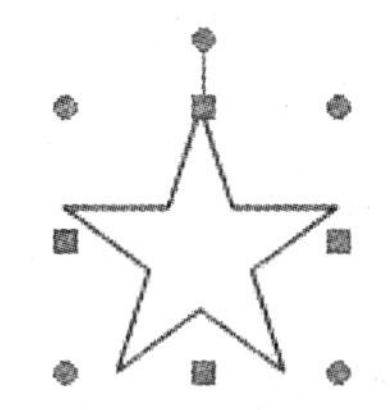

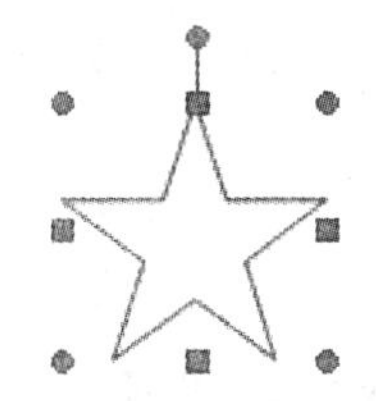

图 9.1.12　绘制五角星　　图 9.1.13　设置自选图形格式

（16）调整五角星的大小和位置，效果如图 9.1.14 所示。

（17）打开“插入”选项卡，在“文本”组中单击按钮，在弹出的下拉菜单中选择“绘制文本框”命令，在文档中绘制一个文本框，并在文本框中输入文本“国美电器”。

（18）设置文本框内容的字体为“宋体”，字号为“二号”，字体颜色为“红色”。然后设置文本框的填充颜色为“无填充颜色”，线条颜色为“无线条颜色”。

（19）调整所有图形的位置和大小，并全部选中，单击鼠标右键，从弹出的快捷菜单中选择 组合(G) → 组合(G) 命令，将图形组合，效果如图 9.1.15 所示。

图 9.1.14　调整图形大小和位置　　图 9.1.15　组合自选图形

（20）将组合的自选图形移至适当的位置，至此会议通知制作完成，最终效果如图 9.1.1 所示。

实例 2　制作“心灵驿站”画报

学习目标

通过本实例的制作，主要掌握 Word 2007 的排版、插图、艺术字的使用、符号的插入、字符的设置、文本框的使用以及形状的绘制等知识。最终效果如图 9.2.1 所示。

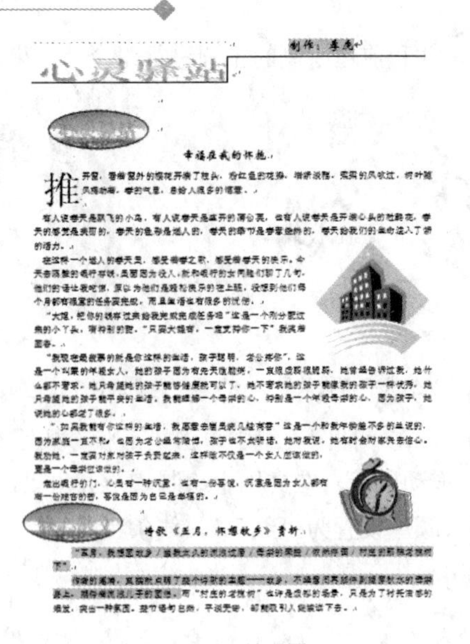

图 9.2.1　效果图

操作步骤

（1）启动 Word 2007 应用程序，创建一个新文档，打开“页面布局”选项卡，在“页面设置”组中单击“对话框启动器”按钮，弹出“页面设置”对话框，打开“纸张”选项卡，设置参数如图 9.2.2 所示。

（2）打开“页边距”选项卡，在“页边距”选区中设置左右页边距分别为“2.5 厘米”，单击确定按钮即可。然后在文档中输入如图 9.2.3 所示的文本内容。

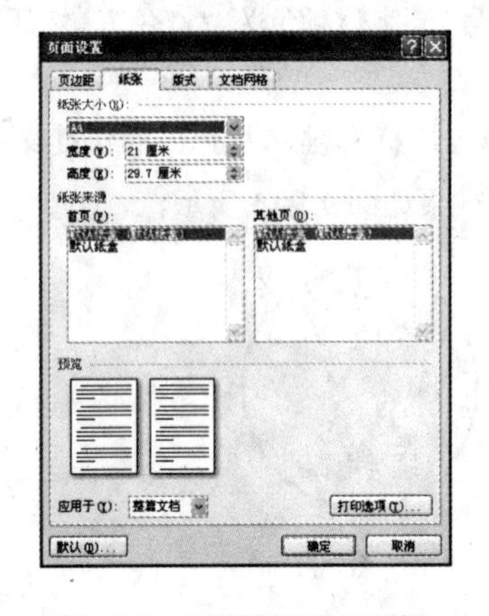

图 9.2.2　“页面设置”对话框

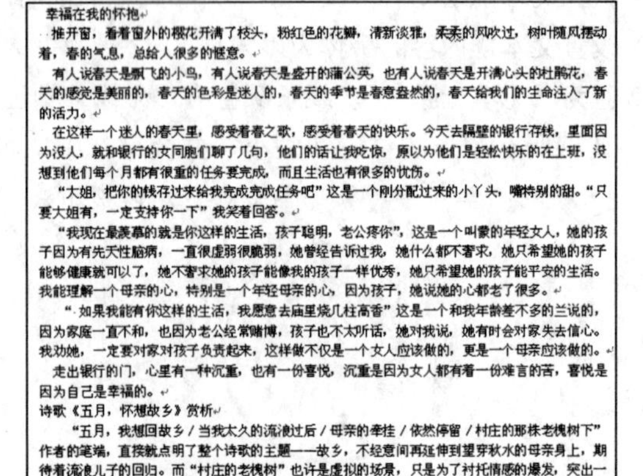

幸福在我的怀抱

推开窗，看着窗外的樱花开满了枝头，粉红色的花瓣，清新淡雅，柔柔的风吹过，树叶随风摆动着，春的气息，总给人很多的惬意。

有人说春天是飘飞的小鸟，有人说春天是盛开的蒲公英，也有人说春天是开满心头的杜鹃花，春天的感觉是美丽的，春天的色彩是迷人的，春天的季节是春意盎然的，春天给我们的生命注入了新的活力。

在这样一个迷人的春天里，感受着春之歌，感受着春天的快乐。今天去隔壁的银行存钱，里面因为没人，就和银行的女同胞们聊了几句，他们的话让我吃惊，原以为他们是轻松快乐的在上班，没想到他们每个月都有很重的任务要完成，而且生活也有很多的忧伤。

“大姐，把你的钱存过来给我完成完成任务吧”这是一个刚分配过来的小丫头，嘴特别的甜。“只要大姐有，一定支持你一下”我笑着回答。

“我现在最羡慕的就是你这样的生活，孩子聪明，老公疼你”，这是一个叫蒙的年轻女人，她的孩子因为有先天性脑病，一直很虚弱很脆弱，她曾经告诉过我，她什么都不奢求，她只希望她的孩子能够健康就可以了，她不奢求她的孩子能像我的孩子一样优秀，她只希望她的孩子能平安的生活。我能理解一个母亲的心，特别是一个年轻母亲的心，因为孩子，她说她的心都老了很多。

“如果我能有你这样的生活，我愿意去庙里烧几柱高香”这是一个和我年龄差不多的兰说的，因为家庭一直不和，也因为老公经常赌博，孩子也不太听话，她对我说，她有时会对家失去信心。我劝她，一定要对家对孩子负责起来，这样做不仅是一个女人应该做的，更是一个母亲应该做的。

走出银行的门，心里有一种沉重，也有一份喜悦，沉重是因为女人都有着一份难言的苦，喜悦是因为自己是幸福的。

诗歌《五月，怀想故乡》赏析

“五月，我想回故乡 / 当我太久的流浪过后 / 母亲的牵挂 / 依然停留 / 村庄的那株老槐树下”作者的笔端，直接就点明了整个诗歌的主题——故乡，不经意间再延伸到望穿秋水的母亲身上，期待着流浪儿子的回归。而“村庄的老槐树”也许是虚拟的场景，只是为了衬托情感的爆发，突出一种氛围。整节语句自然，平淡无奇，却能吸引人继续读下去。

图 9.2.3　输入文本内容

（3）选中“幸福在我的怀抱”文本，打开“开始”选项卡，在“段落”组中单击“居中”按钮，在“字体”组中单击“字体”列表框右侧的“下拉”按钮，在弹出的下拉列表中选择“华文新魏”选项。

（4）将光标置于“幸福在我的怀抱”第一段，打开“插入”选项卡，在“文本”组中单击首字下沉按钮，在弹出的下拉列表中选择“下沉”选项，调整下沉字的大小及位置，效果如图 9.2.4 所示。

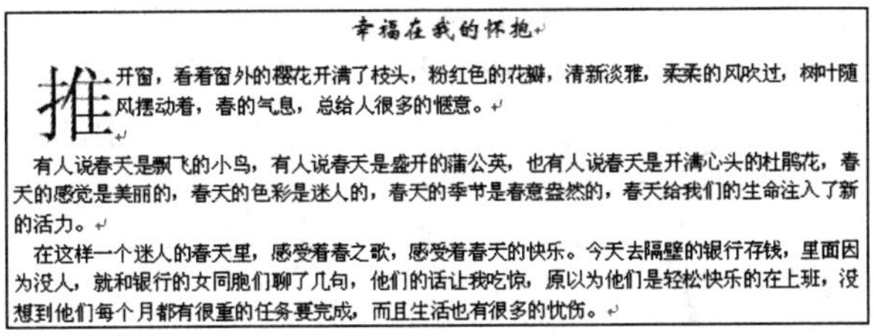

幸福在我的怀抱

推开窗，看着窗外的樱花开满了枝头，粉红色的花瓣，清新淡雅，柔柔的风吹过，柳叶随风摆动着，春的气息，总给人很多的惬意。

有人说春天是飘飞的小鸟，有人说春天是盛开的蒲公英，也有人说春天是开满心头的杜鹃花，春天的感觉是美丽的，春天的色彩是迷人的，春天的季节是春意盎然的，春天给我们的生命注入了新的活力。

在这样一个迷人的春天里，感受着春之歌，感受着春天的快乐。今天去隔壁的银行存钱，里面因为没人，就和银行的女同胞们聊了几句，他们的话让我吃惊，原以为他们是轻松快乐的在上班，没想到他们每个月都有很重的任务要完成，而且生活也有很多的忧伤。

图 9.2.4　“首字下沉”效果

（5）打开“插入”选项卡，在“插图”组中单击 形状 按钮，在弹出下拉列表中单击“矩形”按钮，在文档中插入一个高“1.5 厘米”、宽“4 厘米”的小椭圆。并单击鼠标右键，选择 设置自选图形格式(O)... 命令，设置其为四周型。

（6）选择椭圆，单击鼠标右键，选择 设置自选图形格式(O)... 命令，在“设置自选图形格式”对话框中单击 颜色与线条 按钮，在弹出的下拉列表中选择 填充效果(F)... 选项；单击 图片 按钮，在弹出的下拉列表中选择 选择图片(L)... 选项，弹出 选择图片 对话框，如图 9.2.5 所示。

图 9.2.5　“选择图片”对话框

（7）在该对话框中，选中相应的图片文件，单击 插入(S) 按钮，单击 确定 按钮返回“设置自选图形格式”对话框，再次单击 确定 按钮，效果如图 9.2.6 所示。

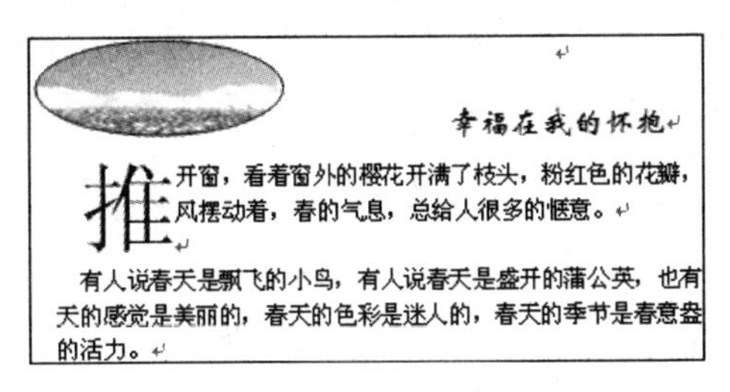

幸福在我的怀抱

推开窗，看着窗外的樱花开满了枝头，粉红色的花瓣，风摆动着，春的气息，总给人很多的惬意。

有人说春天是飘飞的小鸟，有人说春天是盛开的蒲公英，也有天的感觉是美丽的，春天的色彩是迷人的，春天的季节是春意盎的活力。

图 9.2.6　插入图片背景后的效果

（8）打开“插入”选项卡，在“文本”组中单击 艺术字 按钮，在弹出的下拉列表中选择“艺术字样式 13”，单击鼠标，弹出“编辑艺术字文字”对话框，在文本框中输入“心灵驿站”，单击 确定 按钮插入艺术字。

（9）选中插入的艺术字，单击鼠标右键，在弹出的快捷菜单中选择 设置艺术字格式(O)... 命令，弹出“设置艺术字格式”对话框，在“颜色与线条”选项卡中设置填充颜色和线条颜色均为“黑色”，打开“版式”选项卡，在“环绕方式”选区中选择“衬于文字上方”选项，单击 确定 按钮，调整艺术字的大小及位置，效果如图 9.2.7 所示。

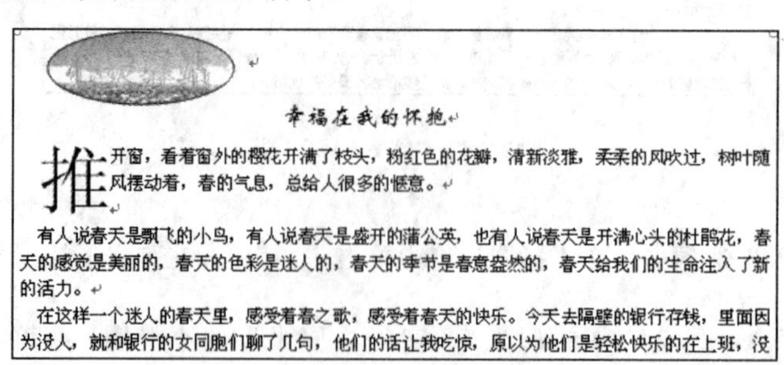
幸福在我的怀抱

推开窗，看着窗外的樱花开满了枝头，粉红色的花瓣，清新淡雅，柔柔的风吹过，树叶随风摆动着，春的气息，总给人很多的惬意。

有人说春天是飘飞的小鸟，有人说春天是盛开的蒲公英，也有人说春天是开满心头的杜鹃花，春天的感觉是美丽的，春天的色彩是迷人的，春天的季节是春意盎然的，春天给我们的生命注入了新的活力。

在这样一个迷人的春天里，感受着春之歌，感受着春天的快乐。今天去隔壁的银行存钱，里面因为没人，就和银行的女同胞们聊了几句，他们的话让我吃惊，原以为他们是轻松快乐的在上班，没

图 9.2.7　设置艺术字效果

（10）选中“心灵驿站”艺术字及后面的小矩形框，按住“Ctrl”键的同时拖动鼠标，将其复制一份。选中复制的艺术字，单击鼠标右键，在弹出的快捷菜单中选择 编辑文字(X)... 命令，弹出“编辑艺术字文字”对话框，在其中删除“心灵驿站”文字，然后输入“修心散文”，单击 确定 按钮。调整矩形与艺术字的位置。

（11）选中“五月，我想回故乡 / 当我太久的流浪过后 / 母亲的牵挂 / 依然停留 / 村庄的那株老槐树下”段落，在“开始”选项卡中单击“字体”组中的“字符底纹”按钮 A 。用同样的方法，为段落 2 第一句话设置段落效果，如图 9.2.8 所示。

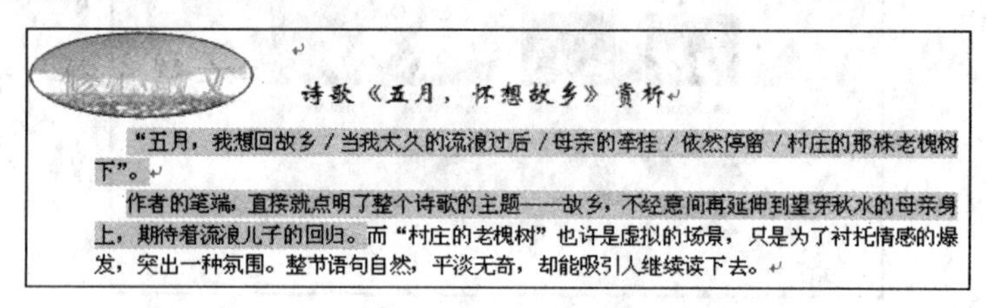
诗歌《五月，怀想故乡》赏析

“五月，我想回故乡 / 当我太久的流浪过后 / 母亲的牵挂 / 依然停留 / 村庄的那株老槐树下”。

作者的笔端，直接就点明了整个诗歌的主题——故乡，不经意间再延伸到望穿秋水的母亲身上，期待着流浪儿子的回归。而“村庄的老槐树”也许是虚拟的场景，只是为了衬托情感的爆发，突出一种氛围。整节语句自然，平淡无奇，却能吸引人继续读下去。

图 9.2.8　设置字符底纹效果

（12）打开“插入”选项卡，单击“插图”组中的 形状 按钮，在弹出的下拉列表中单击“肘形连接符”按钮，在文档中绘制线条。然后选中线条，在“格式”选项卡中单击“形状样式”组中的 形状轮廓 按钮，在弹出的下拉列表中选择 粗细(W) → 1 磅 命令，调整线条的大小及位置，如图 9.2.9 所示。

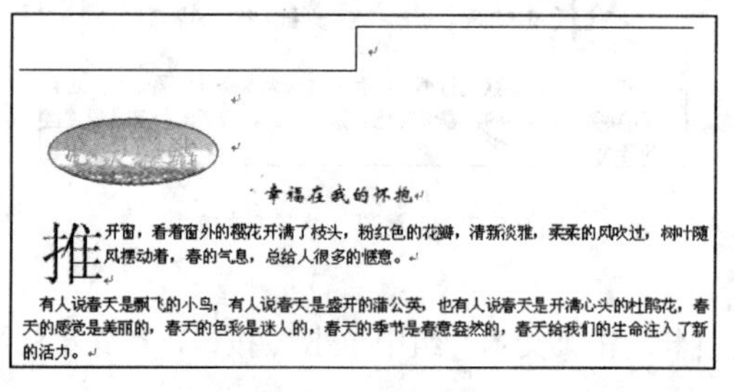
幸福在我的怀抱

推开窗，看着窗外的樱花开满了枝头，粉红色的花瓣，清新淡雅，柔柔的风吹过，树叶随风摆动着，春的气息，总给人很多的惬意。

有人说春天是飘飞的小鸟，有人说春天是盛开的蒲公英，也有人说春天是开满心头的杜鹃花，春天的感觉是美丽的，春天的色彩是迷人的，春天的季节是春意盎然的，春天给我们的生命注入了新的活力。

图 9.2.9　绘制线条

（13）插入艺术字“心灵驿站”，调整其大小及其位置，并设置艺术版式为紧密型，如图 9.2.10

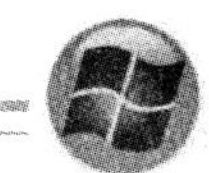

所示。

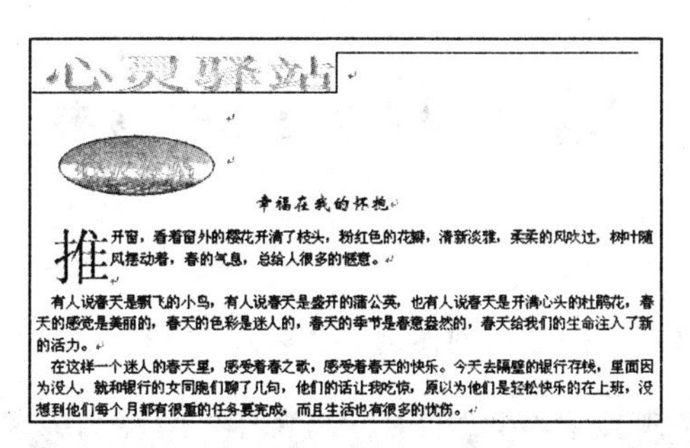

图 9.2.10　插入艺术字

（14）打开“插入”选项卡，在“文本”组中单击按钮，选择“简单文本框”选项，在文档中插入文本框，并输入文本“制作：李虎”，设置字号为“小三”、字体为“华文新魏”，并添加底纹效果，如图 9.2.11 所示。

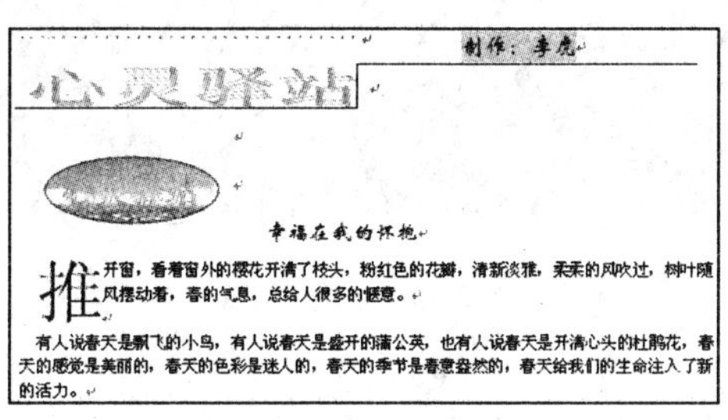

图 9.2.11　插入文本框

（15）打开“插入”选项卡，在“插图”组中单击按钮，打开“剪贴画”任务窗格，单击任务窗格底部的管理剪辑...超链接，打开收藏夹 - Microsoft 剪辑管理器窗口，在该窗口中插入如图 9.2.12 所示的剪贴画，并设置图片版式为四周型。

图 9.2.12　插入剪贴画

（16）调整文档的位置，最终效果如图 9.2.1 所示。

实例 3　制作销售亏损表

学习目标

熟练运用求和公式，巧妙使用图例并对图例进行修饰，如图 9.3.1 所示。

图 9.3.1　最终效果图

操作步骤

（1）启动 Excel 2007 应用程序，新建一个空白工作簿。

（2）在工作表中输入相关数据，如图 9.3.2 所示。

（3）选中 G2 单元格，在“开始”选项卡中的“编辑”选项区中单击“自动求和”按钮 Σ，按“Enter”键，效果如图 9.3.3 所示。

A	B	C	D	E	F	G
	项目	一月份	二月份	三月份	四月份	总额
收入	销售额	50000	60000	64000	5000	
支出数	工资费	5000	5100	5200	4000	
	财务费	4200	4100	4000	3900	
	租赁费	3100	2800	3300	3500	
	广告费	1200	1400	1500	1740	
	购物支出	35000	38000	30000	29000	
	总额					
亏损	季度亏损					
	年度亏损					
	月份亏损					

图 9.3.2　输入数据

A	B	C	D	E	F	G
	项目	一月份	二月份	三月份	四月份	总额
收入	销售额	50000	60000	64000	5000	179000
支出数	工资费	5000	5100	5200	4000	
	财务费	4200	4100	4000	3900	
	租赁费	3100	2800	3300	3500	
	广告费	1200	1400	1500	1740	
	购物支出	35000	38000	30000	29000	
	总额					
亏损	季度亏损					
	年度亏损					
	月份亏损					

图 9.3.3　求和结果

（4）选中 G2 单元格，拖动单元格黑色边框右下角的黑色小点至 G8 单元格，将求和公式复制到 G3～G8 单元格，结果如图 9.3.4 所示。

（5）选中 C9 单元格，在“开始”选项卡中的“编辑”选项区中单击“自动求和”按钮 Σ，按“Enter”键。

（6）重复步骤（4）的操作，将公式复制到 D9～G9 单元格，结果如图 9.3.5 所示。

（7）计算季度亏损。季度亏损等于销售收入减去支出合计，双击 C10 单元格，输入“＝”，单击“C2”单元格，再输入“-”，单击 C9 单元格，如图 9.3.6 所示，按“Enter”键，得出计算结果。

（8）选中 C10 单元格，用鼠标拖动黑色边框右下角的黑色小点，将公式复制到 D10～G10 单元

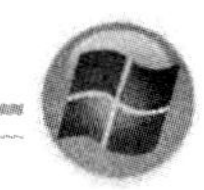

格，如图 9.3.7 所示。

A	B	C	D	E	F	G
	项目	一月份	二月份	三月份	四月份	总额
收入	销售额	50000	60000	64000	5000	179000
支出数	工资费	5000	5100	5200	4000	19300
	财务费	4200	4100	4000	3900	16200
	租赁费	3100	2800	3300	3500	12700
	广告费	1200	1400	1500	1740	5840
	购物支出	35000	38000	30000	29000	132000
	总额	48500				
亏损	季度亏损					
	年度亏损					
	月份亏损					

图 9.3.4　复制公式

A	B	C	D	E	F	G
	项目	一月份	二月份	三月份	四月份	总额
收入	销售额	50000	60000	64000	5000	179000
支出数	工资费	5000	5100	5200	4000	19300
	财务费	4200	4100	4000	3900	16200
	租赁费	3100	2800	3300	3500	12700
	广告费	1200	1400	1500	1740	5840
	购物支出	35000	38000	30000	29000	132000
	总额	48500	51400	44000	42140	186040
亏损	季度亏损					
	年度亏损					
	月份亏损					

图 9.3.5　复制公式结果

A	B	C	D	E	F	G
	项目	一月份	二月份	三月份	四月份	总额
收入	销售额	50000	60000	54360	40000	204360
						0
支出额	工资费	5000	5100	5200	5300	20600
	财务费	4200	4100	4000	3900	16200
	租赁费	3100	2800	3300	3500	12700
	广告费	1200	1400	1500	1740	5840
	购物支出	35000	38000	30000	29000	132000
	总额	48500	51400	44000	43440	187340
亏损	季度亏损	=C2-C9				
	年度亏损					
	月份亏损					

图 9.3.6　输入公式

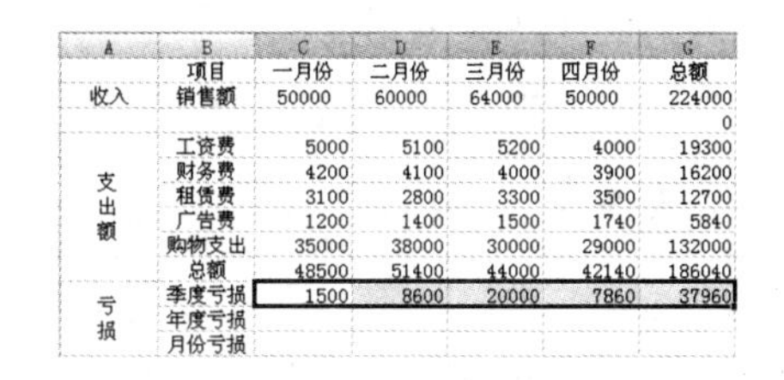

A	B	C	D	E	F	G
	项目	一月份	二月份	三月份	四月份	总额
收入	销售额	50000	60000	64000	50000	224000
						0
支出额	工资费	5000	5100	5200	4000	19300
	财务费	4200	4100	4000	3900	16200
	租赁费	3100	2800	3300	3500	12700
	广告费	1200	1400	1500	1740	5840
	购物支出	35000	38000	30000	29000	132000
	总额	48500	51400	44000	42140	186040
亏损	季度亏损	1500	8600	20000	7860	37960
	年度亏损					
	月份亏损					

图 9.3.7　计算季度损益

（9）计算年度亏损。年度亏损等于上季亏损加上本季亏损。双击 C11 单元格，输入“＝”，单击“C10”单元格，如图 9.3.8 所示，按“Enter”键显示结果。

（10）双击 D11 单元格，输入“＝”，单击“D10”单元格，再输入“+”，然后单击“C11”单元格，如图 9.3.9 所示。

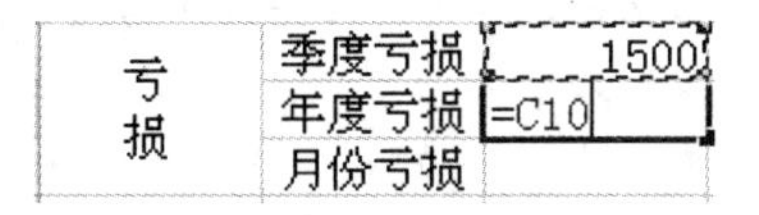

亏损	季度亏损	1500
	年度亏损	=C10
	月份亏损	

图 9.3.8　直接引用

亏损	季度亏损	1500	8600
	年度亏损	1500	=D10+C11
	月份亏损		

图 9.3.9　计算年度损益

（11）重复步骤（4）的操作，将 D11 单元格中的年度亏损公式复制到 E11～G11 单元格，如图 9.3.10 所示。

（12）选中 A1～G2 单元格，按住“Ctrl”键，选中 B9～F10 单元格，在“插入”选项卡中的“图表”选项区中单击柱形图按钮，弹出其下拉列表，如图 9.3.11 所示。

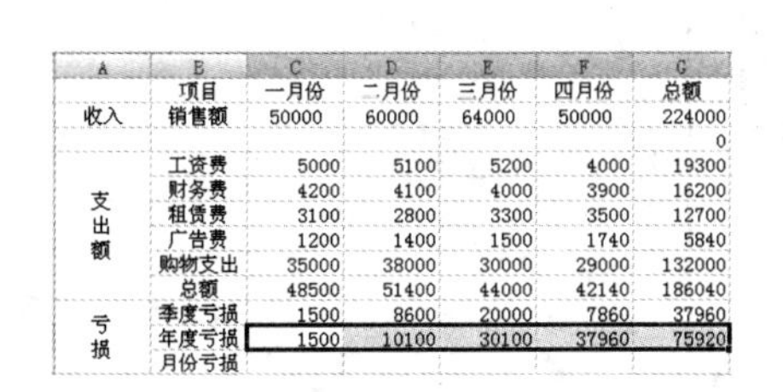

A	B	C	D	E	F	G
	项目	一月份	二月份	三月份	四月份	总额
收入	销售额	50000	60000	64000	50000	224000
						0
支出额	工资费	5000	5100	5200	4000	19300
	财务费	4200	4100	4000	3900	16200
	租赁费	3100	2800	3300	3500	12700
	广告费	1200	1400	1500	1740	5840
	购物支出	35000	38000	30000	29000	132000
	总额	48500	51400	44000	42140	186040
亏损	季度亏损	1500	8600	20000	7860	37960
	年度亏损	1500	10100	30100	37960	75920
	月份亏损					

图 9.3.10　复制公式

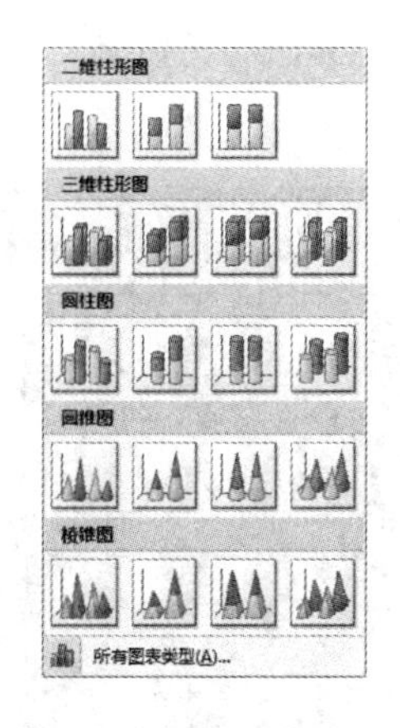

图 9.3.11　柱形图下拉列表

（13）在该列表中的“三维柱形图”选项区中选择第一个图表样式，即可在工作表中插入一个图表，如图 9.3.12 所示。

（14）选中创建的图表，将其移至合适位置。

（15）将鼠标指针置于图表右下角的控制点处，当其变成↘形状时，单击并拖动鼠标，将图表调整至合适大小。

（16）使图表处于选中状态，在“图表工具”上下文工具中的“布局”选项卡中的“当前所选内容”选项区中单击“设置所选内容格式”按钮，弹出“设置图表区格式”对话框。

（17）在“填充”选项区中选中“图片或纹理填充(P)”单选按钮，如图 9.3.13 所示。单击“文件(F)...”按钮，弹出“插入图片”对话框。

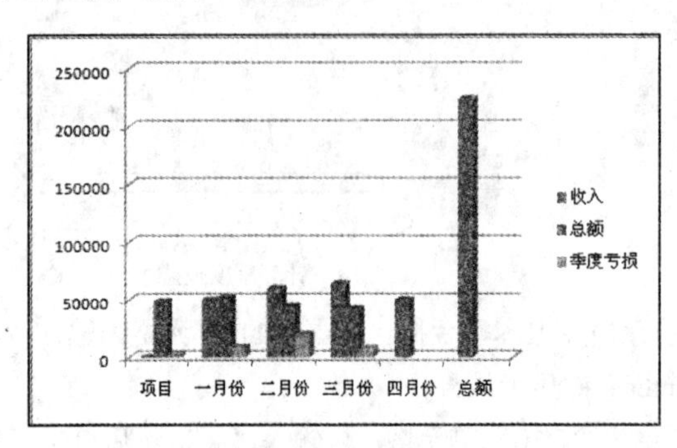

图 9.3.12　创建的图表

图 9.3.13　“设置图表区格式”对话框

（18）在该对话框中选择合适的图片，单击“插入(S)”按钮，即可将该图片作为图表背景。至此，该亏损表制作完成，最终效果如图 9.3.1 所示。

实例 4　制作祝福贺卡

学习目标

提高制作幻灯片的水平，能熟练地运用 PowerPoint 制作出各种贺卡。最终效果如图 9.4.1 所示。

操作步骤

（1）单击“Office”按钮，然后在弹出的菜单中选择“新建”选项，弹出“新建演示文稿”对话框，如图 9.4.2 所示。

图 9.4.1　最终效果图

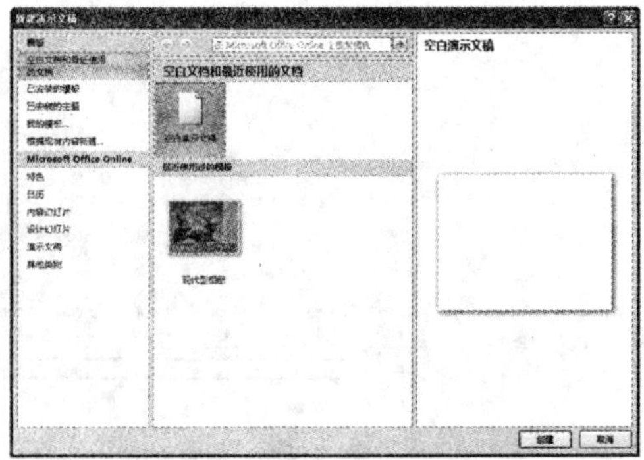

图 9.4.2　“新建演示文稿”对话框

（2）在该对话框左侧的“模板”列表框中选择“空白文档和最近使用的文档”选项，然后在对话框右侧的列表框中选择“空白演示文稿”选项，单击 创建 按钮，即可创建一个空白的演示文稿，如图 9.4.3 所示。

（3）选中幻灯片中的占位符，按“Delete”键将其删除。

（4）打开 设计 选项卡，单击“主题”组中的 背景样式 按钮，在弹出的下拉列表中选择 设置背景格式(B)... 命令，弹出 设置背景格式 对话框，在该对话框中选中 图片或纹理填充(P) 单选按钮，如图 9.4.4 所示。

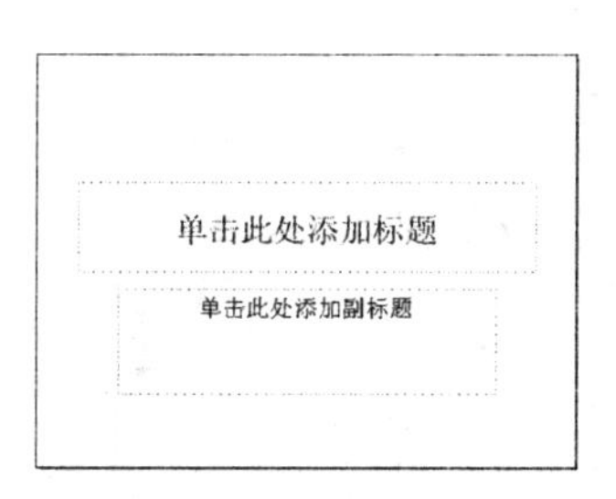

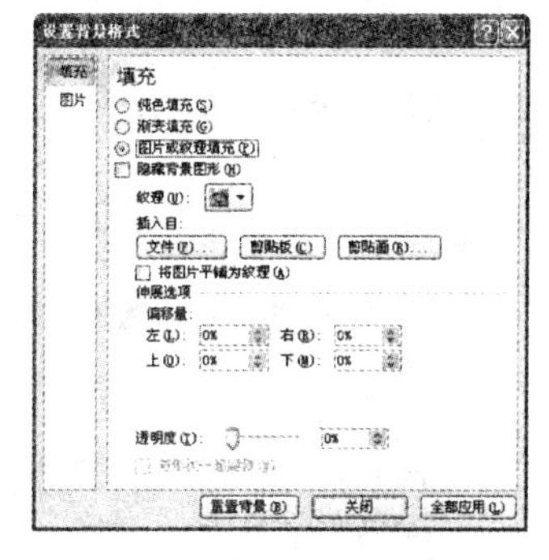

图 9.4.3　新建幻灯片文件　　图 9.4.4　“设置背景格式”对话框

（5）在该对话框中单击 文件(F)... 按钮，弹出 插入图片 对话框，如图 9.4.5 所示。

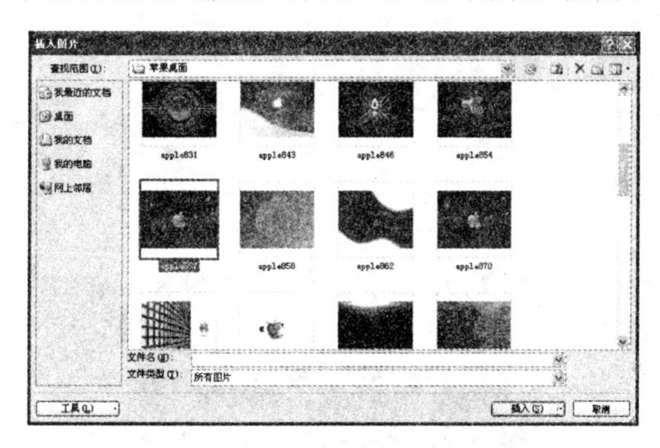

图 9.4.5　“插入图片”对话框

（6）在该对话框中选择需要的背景图片，单击 插入(S) 按钮，返回到 设置背景格式 对话框中，单击 关闭 按钮，效果如图 9.4.6 所示。

图 9.4.6　设置背景图片效果

（7）打开 插入 选项卡，在“文本”组中单击 艺术字 按钮，弹出其下拉列表，如图 9.4.7 所示。

（8）在该下拉列表中选择艺术字样式 9，并在文本框中输入艺术字文本“Happy birthday”，并设置其字体格式，效果如图 9.4.8 所示。

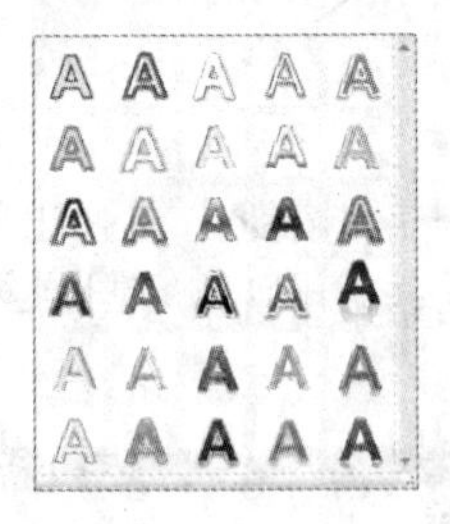

图 9.4.7 “艺术字”下拉列表

图 9.4.8 插入艺术字效果

（9）打开 插入 选项卡，在“插图”组中单击 图片 按钮，弹出 插入图片 对话框，如图 9.4.9 所示。

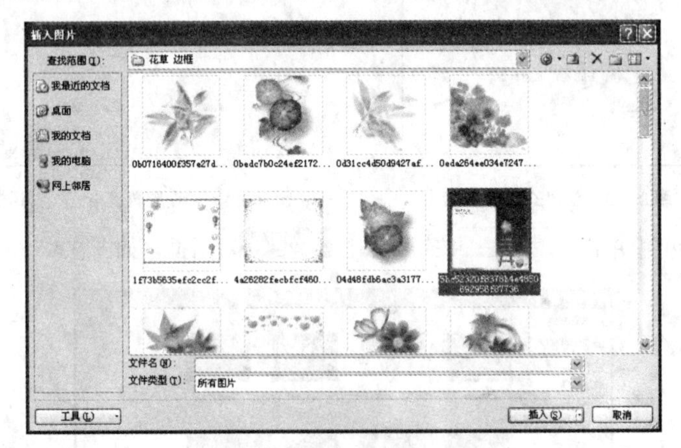

图 9.4.9 “插入图片”对话框

（10）在该对话框中选择需要的图片，单击 插入(S) 按钮，在幻灯片中插入图片，图片样式设置为柔化边缘矩形，并调整图片的大小和位置，效果如图 9.4.10 所示。

图 9.4.10 插入图片效果

（11）打开 插入 选项卡，在“文本”组中单击 文本框 按钮，在弹出的下拉列表中选择 横排文本框(H) 命令，在幻灯片中插入文本框，并在文本框中输入文本“星光璀璨，明天就是你的生日了，提前祝你生日快乐、身体健康、百事可乐”，设置其字体为“华文新魏”，字号为“28 磅”，字体颜色为“绿色”，效果如图 9.4.11 所示。

（12）重复步骤（9）和（10）的操作，在幻灯片中插入其他的图片，效果如图 9.4.12 所示。

图9.4.11　插入文本框效果

图9.4.12　插入其他图片

（13）打开插入选项卡，在“插图”组中单击形状按钮，在弹出的下拉列表中选择“文本框”按钮，在幻灯片中插入一个文本框，如图9.4.13所示，

（14）在插入的自选图形上单击鼠标右键，从弹出的快捷菜单中选择设置形状格式(O)...命令，弹出设置形状格式对话框，如图9.4.14所示。

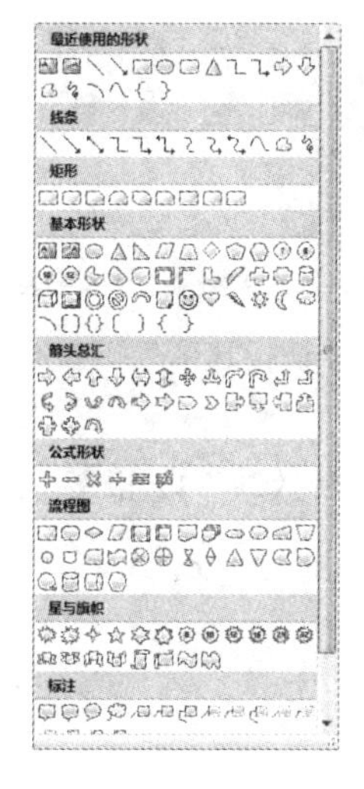

图9.4.13　设置自选图形效果

图9.4.14　“设置形状格式”对话框

（15）在该对话框中单击填充按钮，在“填充”选区选中无填充(N)单选按钮；单击线条颜色按钮，在“线条颜色”选区中单击“颜色”按钮，在弹出的下拉列表中选择自选图形的线条颜色，最后单击关闭按钮完成设置，效果如图9.4.15所示。

（16）在插入的自选图形上单击鼠标右键，从弹出的快捷菜单中选择编辑文字(X)命令，在自选图形上添加文本，并设置文本格式，效果如图9.4.16所示。

图9.4.15　设置自选图形效果

图9.4.16　在自选图形上添加文本

（17）打开动画选项卡，在“动画”组中的“动画”下拉列表无动画中选择需要的动画效果；单击自定义动画按钮，打开“自定义动画”任务窗格，如图 9.4.17 所示。

（18）在该任务窗格中单击添加效果按钮，在弹出的下拉列表中选择需要的动画效果。

（19）打开动画选项卡，在“切换到此幻灯片”组中的“切换效果”下拉列表中设置幻灯片的切换效果，如图 9.4.18 所示。

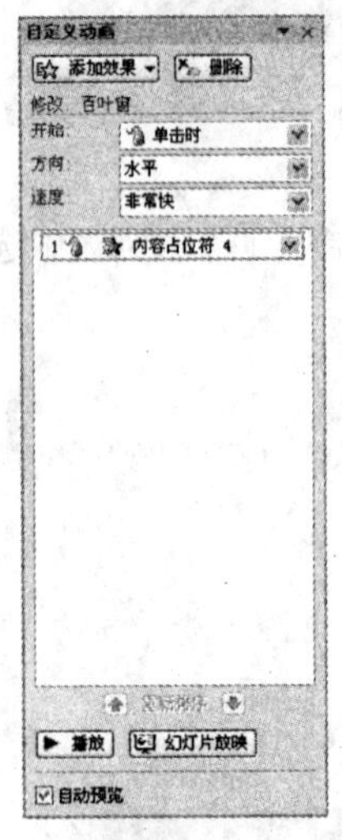

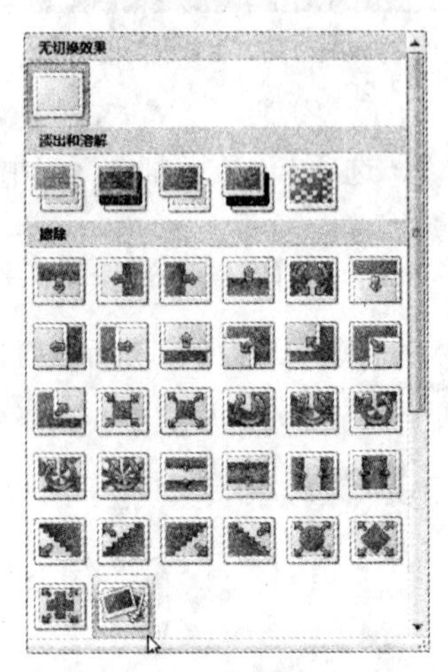

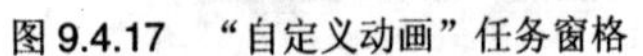
图 9.4.17 “自定义动画”任务窗格

图 9.4.18 “切换效果”下拉列表

（20）在“切换声音”下拉列表中选择“掌声”选项；在“切换速度”下拉列表中选择“中速”选项。

（21）设置完成后，单击 PowerPoint 窗口左下角的“幻灯片放映”按钮，即可观看幻灯片放映效果，最终效果如图 9.4.1 所示。